E.-U. Schlünder

Einführung in die Wärmeübertragung

Aus dem Programm Technische Thermodynamik

Grundlegende Literatur:

Berkeley Physik Kurs, Band 5 Statistische Physik,
von F. Reif

Grundlagen der Technischen Thermodynamik,
von N. Elsner

Physikalische Chemie,
von G. M. Barrow

Konvektiver Impuls-, Wärme- und Stoffaustausch,
von M. Jischa

Technische Thermodynamik,
von K.-F. Knoche

Einführung in die Wärmeübertragung
von E.-U. Schlünder

Probability and Heat,
Fundamentals of Thermostatistics
by F. Schlögl

Vieweg

Ernst-Ulrich Schlünder

Einführung in die Wärmeübertragung

Für Maschinenbauer, Verfahrenstechniker, Chemie-Ingenieure, Chemiker, Physiker ab 4. Semester

6., verbesserte Auflage

Mit 108 Bildern

Friedr. Vieweg & Sohn   Braunschweig / Wiesbaden

CIP-Titelaufnahme der Deutschen Bibliothek

Schlünder, Ernst-Ulrich:
Einführung in die Wärmeübertragung: für Maschinenbauer, Verfahrenstechniker, Chemie-Ingenieure, Chemiker, Physiker ab 4. Semester / Ernst-Ulrich Schlünder. – 6., verb. Aufl. – Braunschweig; Wiesbaden: Vieweg, 1989
ISBN-13: 978-3-528-53314-4 e-ISBN-13: 978-3-322-84049-3
DOI: 10.1007/978-3-322-84049-3

Die Wiedergabe der Seiten 49–55 und 72–75 aus dem VDI-Wärmeatlas erfolgt mit Genehmigung des VDI-Verlages, Düsseldorf

1. Auflage 1972
2., verbesserte Auflage 1975
3., völlig überarbeitete Auflage 1981
4., durchgesehene Auflage 1983
5., durchgesehene Auflage 1986
6., verbesserte Auflage 1989

(In der 1. und 2. Auflage erschien das Buch unter dem Titel „Einführung in die Wärme- und Stoffübertragung".)

Der Verlag Vieweg ist ein Unternehmen der Verlagsgruppe Bertelsmann International.

Druck und buchbinderische Verarbeitung: Lengericher Handelsdruckerei, Lengerich
Softcover reprint of the hardcover 6th edition 1989

Vorwort

Das Skriptum „Einführung in die Wärmeübertragung" ist aus dem früheren Skriptum „Einführung in die Wärme- und Stoffübertragung", 2. Auflage 1975, entstanden. Es ist ebenso wie das frühere Skriptum dem Umfang nach für eine Vorlesung von vier Semesterwochenstunden konzipiert, wobei in dieser Zeit die Übungsstunden enthalten sind. Indessen wurde die „Stoffübertragung" vollständig herausgenommen, da sich gezeigt hat, daß hierfür eine eigene Vorlesung notwendig ist. Anstelle dessen wurde in erheblichem Umfang die Theorie der Wärmeapparate auf elementarer Basis aufgenommen. Sie lehrt, wozu die Lehre von der Wärmeübertragung in der Praxis benötigt wird. Außerdem ist ein Kapitel den physikalischen Grundvorgängen der Wärmeübertragung gewidmet. Sie liefern die Begründung der in der Praxis benutzten phänomenologischen Gesetze und zeigen vor allem die Grenzen ihrer Anwendbarkeit. Der Rest der Vorlesung, d. s. etwa 50 %, ist dann den klassischen Standardfällen der Wärmeübertragung gewidet. Übungsaufgaben mit Lösungsblättern beschließen den Text.

Die Vorlesung „Einführung in die Wärmeübertragung" verfolgt zwei Ziele. Einmal soll sie demjenigen, der im Rahmen seines Studiums nur diese eine Vorlesung über dieses Fachgebiet hört, ein soweit abgeschlossenes Wissen vermitteln, daß er damit einfache praktische Probleme lösen kann. Zum anderen soll aus der Vorlesung verständlich werden, wie man von einer bestimmten Fragestellung zu einer bestimmten Lösung kommt.

Die erste Forderung verlangt Vollständigkeit, die zweite Ausführlichkeit. Beide Forderungen sind in Anbetracht der begrenzten Vorlesungszeit nicht in vollem Umfang zu erfüllen.

Die Bemühungen, einen Kompromiß zu finden, führten dazu, schwierigere mathematische Ableitungen völlig wegzulassen. Wird z.B. ein Problem durch eine partielle Differentialgleichung beschrieben, so wird nur die Aufstellung dieser Gleichung, d.h. die Übersetzung des physikalischen Sachverhaltes in die Sprache der Mathematik, nicht aber die formale Auflösung dieser Gleichung ausführlicher behandelt. Daneben wird dann das Endergebnis der formalen Auflösung mitgeteilt, da dieses ja für die Behandlung praktischer Probleme benötigt wird.

Ein solches Vorgehen ist vom Standpunkt der akademischen Lehre aus gesehen nicht sehr befriedigend und – abgesehen von dem äußeren Zwang, die Studienzeit zu verkürzen – nur dadurch zu rechtfertigen, daß für denjenigen, der das Fachgebiet in wissenschaftlichem Sinne studieren will, Vertiefungsvorlesungen angeboten werden, in denen die in dieser einführenden Vorlesung notwendigerweise enthaltenen inhaltlichen wie methodischen Lücken geschlossen werden.

Herrn Dr.-Ing. H. Martin sei für die Ausarbeitung der Übungsbeispiele, Herrn Ing. L. Eckert und Herrn Dipl.-Ing. W. Bühler für die sorgfältigen Korrekturen, Frl. S. Obreiter für die Anfertigung der Zeichnungen und Frau Th. Zepezauer für das einwandfreie Schreiben des Textes an dieser Stelle gedankt.

Karlsruhe

Prof. Dr.-Ing. Dr. h.c./INPL *E.-U. Schlünder*

Vorwort zur 6. verbesserten Auflage

In der 6. verbesserten Auflage der „Einführung in die Wärmeübertragung" wurde der Tatsache Rechnung getragen, daß auch der VDI-Wärmeatlas, das Standard-Nachschlagewerk für die Ingenieurpraxis, in neuer Auflage erschienen ist. Danach wurde durchgehend die Bezeichnung „Wärmeaustauscher" durch „Wärmeübertrager" ersetzt. Außerdem wurden die dem Umfang und Inhalt nach erweiterten Arbeitsblätter „Konstruktive Hinweise für den Bau von Wärmeübertragern" übernommen.

Karlsruhe, August 1989

Prof. Dr.-Ing. Dr.h.c./INPL *E.-U. Schlünder*

Inhalt

1. Wärmeaustauschapparate

1.1 Der Rührkessel

1.1.1 Der dampfbeheizte Rührkessel

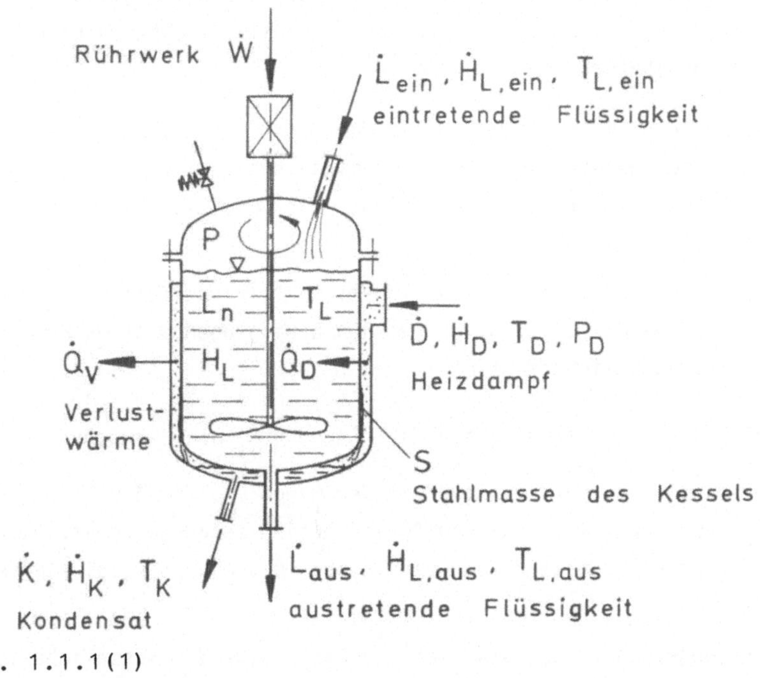

Abb. 1.1.1(1)

I. Beschreibung des Gegenstandes

Dem Rührkessel mit dem Fassungsvermögen L wird die Flüssigkeitsmenge $\dot{L}_{ein}$ zugeführt, während die Menge $\dot{L}_{aus}$ abgezogen wird. Die zufließende Menge führt dem Kessel den Enthalpiestrom $\dot{H}_{L,ein}$ zu, die abfließende Menge entzieht dem Kessel den Enthalpiestrom $\dot{H}_{L,aus}$. Der Flüssigkeitsinhalt L wird ständig umgerührt, dabei wird dem Kessel die Rührleistung $\dot{W}$ zugeführt. Die Kesselwand kann durch kondensierenden Dampf beheizt werden. Der eintretende Heizdampf sei beim Druck P_D gesättigt, das abfließende Kondensat verläßt den Heizmantel im Siedezustand.

II. Formulierung der Frage

a) Der Kessel sei leer und unbeheizt, das Rührwerk sei abgestellt. Zur Zeit t=0 wird der Zufluß geöffnet und die Menge $\dot{L}_{ein}$ fließt dem Kessel zu; der Abfluß bleibt geschlossen.

Wie lange dauert es, bis der Kessel sein normales Füllvolumen L_n erreicht hat? Gibt es einen Beharrungszustand? Gibt es einen Gleichgewichtszustand?

b) Der Kessel sei zur Zeit t=0 mit der Menge L_n, die die Temperatur T_{LA} habe, gefüllt. Die Zu- und Ablaufventile sind geschlossen, der Rührwerkmotor sei abgeschaltet. Die Dampf- und Kondensatventile seien geöffnet.

Wie lange dauert es, bis der Kesselinhalt seine Temperatur von T_{LA} auf T_{LE} geändert hat? Unter welchen Bedingungen gibt es Beharrungs- oder Gleichgewichtszustände?

c) Wie b), jedoch mit eingeschaltetem Rührwerk.

d) Der Kessel sei zur Zeit t=0 mit der Menge L_n, die die Temperatur T_{LA} habe, gefüllt. Ein- und Auslaßventile seien geöffnet, Dampf- und Kondensatventil seien geschlossen. Das Rührwerk sei eingeschaltet.

Wie lange dauert es, bis sich die Temperatur des Kesselinhaltes von T_{LA} auf T_{LE} geändert hat? Unter welchen Umständen gibt es Beharrungs- oder Gleichgewichtszustände?

III. Formulierung der physikalischen Grundgesetze, auf die die Beantwortung der unter Punkt II gestellten Fragen gegründet werden kann.

Es gibt 3 Klassen von physikalischen Grundgesetzen:

III.1 Die Erhaltungssätze

III.2 Die Gleichgewichtsbedingungen

III.3 Die kinetischen Ansätze

Die Gesetze der 1. Klasse gelten a priori und unbedingt, sofern ihre Anwendung auf abgegrenzte Räume beschränkt wird.

Die Gesetze der 2. Klasse gelten unter den gleichen Bedingungen ebenfalls unbedingt. Ob indessen ein vorausgesagtes Gleichgewicht sich tatsächlich einstellt, hängt davon ab, ob die Einstellgeschwindigkeit schnell genug ist. Hierüber geben

die Gesetze der 3. Klasse Auskunft. Diese Gesetze gelten a posteriori und sind stets nur näherungsweise gültig. Sie werden daher auch nur "kinetische Ansätze" genannt.

Die Gesetze der 1. Klasse werden unterteilt in die Sätze von der Erhaltung

III.1.1 der Masse

III.1.2 der Energie

III.1.3 des Impulses

Die Gesetze der 2. Klasse werden (etwas willkürlich) unterteilt in die der

III.2.1 mechanischen Gleichgewichte

III.2.2 thermischen Gleichgewichte

III.2.3 chemischen Gleichgewichte

Die Gesetze der 3. Klasse werden unterteilt in die kinetischen Ansätze zur Beschreibung des Transports von

III.3.1 Masse (Diffusion und Strömung der Masse)

III.3.2 Energie (Diffusion von Energie)

III.3.3 Impuls (Diffusion von Impuls)

sowie zur Beschreibung der Umwandlungsgeschwindigkeit chemischer Spezies

III.3.4 reaktionskinetische Ansätze.

Die Anwendung dieser Grundgesetze zur Beantwortung der unter Punkt II gestellten Fragen ist notwendig und hinreichend; weitere Grundgesetze stehen nicht zur Verfügung. Das Problem der Lösungsfindung besteht demnach nur darin, herauszufinden, welche Grundgesetze unter welchen Bedingungen wie angewendet bzw. geeignet ausformuliert werden müssen. Dies soll an konkreten Beispielen gelehrt werden.

Beantwortung der Frage IIa)

Zur Beantwortung dieser Frage genügt die Anwendung des Massenerhaltungssatzes III.1.1. Hierzu muß zuallererst der Anwendungsraum (Kontrollraum, Bilanzraum) festgelegt werden. Solche Festlegungen sind willkürlich und müssen so getroffen werden, daß die gesuchten und die gegebenen Größen sich entweder in ihm befinden oder ihn durchstoßen. Im vorliegenden Beispiel sei der Bilanzraum durch die Außenwand des Kessels gegeben. Dann gilt

in den Kessel eintretende Masse =
aus dem Kessel austretende Masse +
im Kessel akkumulierte Masse

oder in Symbolen

$$dL_{ein} = dL_{aus} + dL_{akku} \qquad 1.1.1(1)$$

mit

$$dL_{ein} = \dot{L}_{ein}\, dt \;, \qquad dL_{aus} = \dot{L}_{aus}\, dt \qquad 1.1.1(2)$$

und

$$dL_{akku} = dL \qquad 1.1.1(3)$$

folgt

$$\dot{L}_{ein} = \dot{L}_{aus} + \frac{dL}{dt} \quad . \qquad 1.1.1(4)$$

Dabei sind die Dimensionen von L bzw. dL Masse, d.h. kg, von $\dot{L}$ Massenstrom, d.h. kg/s und von t bzw. dt Zeit, d.h. s. Laut Voraussetzung ist $\dot{L}_{aus} = 0$ und $\dot{L}_{ein}$ = const. Damit kann nun im nächsten Schritt,

IV. Die Entwicklung nach den gesuchten Größen

erfolgen:

$$dt = \frac{dL}{\dot{L}_{ein}} \qquad 1.1.1(5)$$

Im fünften Schritt erfolgt die

V. Mathematische Auflösung

$$\int_0^{t_n} dt = \frac{1}{\dot{L}_{ein}} \int_0^{L_n} dL \qquad 1.1.1(6)$$

$$t_n = \frac{L_n}{\dot{L}_{ein}} \qquad 1.1.1(7)$$

In einem 6. Schritt muß dann die so erhaltene Lösung noch daraufhin untersucht werden, ob sie auch "physikalisch sinnvoll" ist. Mathematische Lösungen müssen nicht immer eine physikalische Bedeutung haben oder mit der Erfahrung übereinstimmen.

VI. Diskussion des Ergebnisses

Zur Zeit t=0 ist L=0, in Übereinstimmung mit Gl. 1.1.1(6). Indessen nun zu den weiteren Fragen unter Punkt IIa. Gibt es einen Beharrungszustand? Antwort nein, denn ein Beharrungszustand ist dadurch definiert, daß die Akkumulation verschwindet, d.h.

$$\frac{dL}{dt} = 0 \qquad 1.1.1(8)$$

ist. Daraus folgt mit Gl. 1.1.1(4) für den Beharrungszustand

$$\dot{L}_{ein} = \dot{L}_{aus} \quad . \qquad 1.1.1(9)$$

Da $\dot{L}_{aus} = 0$, jedoch $\dot{L}_{ein} \neq 0$ ist, kann die Beharrungsbedingung nicht erfüllt werden.

Die Antwort auf die weitere Frage, ob ein Gleichgewichtszustand existiert, lautet ja. Die Gleichgewichtsbedingung lautet, daß sämtliche Ströme verschwinden, also

$$\dot{L}_{ein} = 0 \qquad 1.1.1(10)$$

und $$\dot{L}_{aus} = 0 \qquad 1.1.1(11)$$

Letzteres ist voraussetzungsgemäß erfüllt; ersteres tritt dann ein, wenn der Druck im Kessel so weit angestiegen ist, daß er gleich dem Druck in der Zuleitung ist. Sodann ist das Gesetz III.2.1 vom mechanischen Gleichgewicht erfüllt.

Im folgenden sollen nun die weiteren Fragen II.b) bis II.d) nach dem gleichen Ablaufschema beantwortet werden, um diese methodische Vorgehensweise zu üben und dabei Schritt für Schritt weitere Grundgesetze systematisch anwenden zu lernen.

Beantwortung der Frage II.b)

Bilanzraum "Kesselinnenmantel"

$$dE_{zu} = dE_{ab} + dE_{akku} \qquad 1.1.1(12)$$

$$dE_{zu} = \dot{E}_{zu}\ dt \qquad 1.1.1(13)$$

$$dE_{ab} = \dot{E}_{ab}\ dt \qquad 1.1.1(14)$$

$$\dot{E}_{zu} = \dot{E}_{ab} + \frac{dE_{akku}}{dt} \qquad 1.1.1(15)$$

$$\dot{E}_{zu} = \dot{Q}_D \qquad 1.1.1(16)$$

$$\dot{E}_{ab} = 0 \qquad 1.1.1(17)$$

$$E_{akku} = H_L + H_S \qquad 1.1.1(18)$$

H_L ist die Enthalpie des Kesselinhaltes, H_S ist die Enthalpie des Kessels selbst.

$$\frac{dE_{akku}}{dt} = \frac{dH_L}{dt} + \frac{dH_S}{dt} \qquad 1.1.1(19)$$

$$H_L = c_L\ L_n\ T_L \qquad 1.1.1(20)$$

$$H_S = c_s\ S\ T_s \qquad 1.1.1(21)$$

$$\frac{dH_L}{dt} + \frac{dH_S}{dt} = c_L\ L_n \frac{dT_L}{dt} + c_s\ S \frac{dT_s}{dt} \qquad 1.1.1(22)$$

Gleichung 1.1.1(22) kann vereinfacht werden. Mit guter Näherung ist $T_s = T_L$. Dann gilt

$$\frac{dH_L}{dt} + \frac{dH_S}{dt} = (c_L\ L_n + c_s\ S)\ \frac{dT_L}{dt} \qquad 1.1.1(23)$$

Die Energiebilanz für den Bilanzraum "Kesselinnenmantel" lautet damit

$$\boxed{\dot{Q}_D = (c_L\ L_n + c_s\ S)\ \frac{dT_L}{dt}} \qquad 1.1.1(24)$$

Bilanzraum sei nun der Kesselaußenmantel.

$$\dot{E}_{zu} = \dot{H}_D \qquad 1.1.1(25)$$

$$\dot{E}_{ab} = \dot{H}_K + \dot{Q}_V \qquad 1.1.1(26)$$

$$\frac{d}{dt} E_{akku} = (c_L\ L_n + c_s\ S)\ \frac{dT_L}{dt} \qquad 1.1.1(27)$$

$$\dot{H}_D = \dot{D} h''_D \qquad 1.1.1(28)$$

$$\dot{H}_K = \dot{D} h'_D \qquad 1.1.1(29)$$

$$\dot{H}_D - \dot{H}_K = \dot{D}(h''_D - h'_D) = \dot{D}\ \Delta h_{vD} \qquad 1.1.1(30)$$

Δh_{vD} ist die Kondensationsenthalpie des Heizdampfes.

Die Energiebilanz für den Bilanzraum "Kesselaußenmantel" lautet demnach

$$\boxed{\dot{D}\ \Delta h_{vD} = \dot{Q}_V + (c_L L_n + c_s\ S)\ \frac{dT_L}{dt}} \qquad 1.1.1(31)$$

Gl. 1.1.1(31) besagt, daß die durch die Kondensationswärme des Heizdampfes frei werdende Wärme die Wärmeverluste $\dot{Q}_V$ und die Aufheizwärme für den Kesselinhalt L_n und die Stahlteile S decken muß.

Bilanzraum sei schließlich der Heizmantel.

$$\dot{E}_{zu} = \dot{H}_D \qquad 1.1.1(32)$$

$$\dot{E}_{ab} = \dot{H}_K + \dot{Q}_V + \dot{Q}_D \qquad 1.1.1(33)$$

$$\frac{d}{dt} E_{akku} = 0 \qquad 1.1.1(34)$$

Daraus folgt die Energiebilanz für diesen Bilanzraum

$$\boxed{\dot{D}\ \Delta h_{vD} = \dot{Q}_V + \dot{Q}_D} \qquad 1.1.1(35)$$

Aus der Skizze des Kessels ersieht man, daß

"Bilanzraum Kesselaußenmantel" minus
"Bilanzraum Heizmantel" gleich
"Bilanzraum Kesselinnenmantel" ist.

Daraus folgt:
Gleichung 1.1.1(31) minus Gleichung 1.1.1(35) ist gleich Gleichung 1.1.1(24); d.h. nur jeweils zwei der drei angeschriebenen Bilanzen sind voneinander unabhängig, die jeweils dritte liefert keine neue Aussage. Gleichwohl können alle drei Gleichungen alternativ benutzt werden.

III.3.2 Kinetische Ansätze für die Energieübertragung

Energieübertragung (Wärmeübertragung) durch die Kesselinnenwand

$$\dot{Q}_D = A_D \, k_D \, (T_D - T_L) \qquad 1.1.1(36)$$

Energieübertragung durch die Kesselaußenwand

$$\dot{Q}_V = A_V \, k_V \, (T_D - T_\infty) \qquad 1.1.1(37)$$

A_D = Fläche der Kesselinnenwand (ohne Deckel)
A_V = Fläche der Kesselaußenwand (ohne Deckel)
k_D = Wärmedurchgangskoeffizient für den Kesselinnenmantel $[W/m^2K]$
k_V = Wärmedurchgangskoeffizient für den Kesselaußenmantel $[W/m^2K]$

Die kinetischen Ansätze nach den Gln. 1.1.1(36) und 1.1.1(37) besagen, daß der Wärmestrom $\dot{Q}[W]$ proportional der Durchtrittsfläche A $[m^2]$ und dem Unterschied der Temperaturen zu beiden Seiten der Wand $(T_D - T_L)$ bzw. $(T_D - T_\infty)$ ist. Diese Ansätze sind in der Praxis nicht streng, aber für diesen Zweck mit hinreichender Genauigkeit erfüllt. Eine genauere Analyse dieser Ansätze wird im Kapitel 2 gegeben.

IV. Entwicklung nach den gesuchten Größen

Eliminiert man in den Energiebilanzen nach Gl. 1.1.1(24),(31) und(35) die Wärmeströme $\dot{Q}$ mit Hilfe der kinetischen Ansätze nach den Gln. 1.1.1(36) und 1.1.1(37), so entstehen Gleichungen, in denen als Variable nur noch die Temperatur T_L und die Zeit t auftreten. Da nach $T_L = T_L(t)$ gefragt war, ist diese Elimination ein gangbarer Weg zur Beantwortung der gestellten Frage.

Aus Gl. 1.1.1(24) und Gl. 1.1.1(36) folgt

$$A_D\, k_D(T_D - T_L) = (c_L\, L_n + c_s\, S)\, \frac{dT_L}{dt} \qquad 1.1.1(38)$$

Aus Gl. 1.1.1(31) und Gl. 1.1.1(37) folgt

$$\dot{D}\, \Delta h_v = A_V k_V(T_D - T_\infty) + (c_L\, L_n + c_s\, S)\, \frac{dT_L}{dt} \qquad 1.1.1(39)$$

Aus Gl. 1.1.1(35) sowie Gl. 1.1.1(36) und Gl. 1.1.1(37) folgt

$$\dot{D}\, \Delta h_v = A_V k_V(T_D - T_\infty) + A_D\, k_D(T_D - T_L) \qquad 1.1.1(40)$$

Man sieht, daß zur Berechnung von $T_L(t)$ nur Gl. 1.1.1(38) geeignet ist. Kennt man $T_L(t)$, so läßt sich aus Gl. 1.1.1(40) die zeitliche Abhängigkeit des Heizdampfverbrauches bestimmen. Gleichung 1.1.1(39) ließe sich ebenfalls für diesen Zweck verwenden. Sie muß das gleiche Ergebnis liefern, da sie (siehe oben) keine neue Aussage enthalten kann. Sie ließe sich jedoch für eine formale Kontrollrechnung verwenden.

Zweckmäßig führen wir jetzt dimensionslose Variable ein. Zunächst ist

$$dT_L = -\, d(T_D - T_L) \qquad 1.1.1(41)$$

da T_D = const. Bildet man

$$\frac{T_D - T_L}{T_D - T_{LA}} \equiv \theta \qquad 1.1.1(42)$$

so hat man die Variable T_L "normiert". Zur Zeit t=0 ist $T_L = T_{LA}$ und die Größe θ nimmt den Wert 1 an. Andererseits kann T_L in diesem Fall niemals größer als T_D werden, d.h. θ ist niemals kleiner null. Die normierte Temperatur θ des Kesselinhaltes liegt also stets zwischen null und eins. Faßt man außerdem die übrigen Parameter (Konstanten) der Gl. 1.1.1(38) mit der Variablen t (Zeit) zusammen, dann entsteht eine dimensionslose Zeit

$$\tau \equiv \frac{k_D\, A_D}{c_L\, L_n + c_s\, S} \cdot t \quad . \qquad 1.1.1(43)$$

Die Größe τ ist eine "Kennzahl". Im Unterschied zu einer "normierten" Größe ist eine "Kennzahl" stets ein Quotient von <u>verschiedenen</u> physikalischen Größen.

In Gleichung 1.1.1(43) hat der Ausdruck

$$\frac{c_L\ L_n + c_s\ S}{k_D\ A_D} = t_R \qquad 1.1.1(44)$$

die Dimension einer Zeit. Sie wird die "Relaxationszeit" des Aufheizvorganges genannt. Die Gl. 1.1.1(38) läßt sich nunmehr dimensionslos anschreiben

$$\boxed{\theta + \frac{d\theta}{d\tau} = 0} \qquad 1.1.1(45)$$

Sie beschreibt ein Anfangswertproblem $\theta(\tau)$ mit der Bedingung

$$\theta(0) = 1 \qquad 1.1.1(46)$$

Auch die Gl. 1.1.1(40) läßt sich entsprechend umformen und man erhält

$$\dot{D}\ \frac{\Delta h_{vD}}{A_D\ k_D(T_D - T_{LA})} = \frac{A_V\ k_V(T_D - T_\infty)}{A_D\ k_D(T_D - T_{LA})} + \theta \qquad 1.1.1(47)$$

oder

$$\frac{\dot{Q}_K}{\dot{Q}_{DA}} = \frac{\dot{Q}_V}{\dot{Q}_{DA}} + \theta \qquad 1.1.1(48)$$

$\dot{Q}_K$ ist die (zeitlich veränderliche) vom Heizmantel abgegebene Kondensationswärme, $\dot{Q}_{DA}$ die zur Zeit t=0 verbrauchte Aufheizwärme und $\dot{Q}_V$ die (zeitlich unveränderliche) Verlustwärme.

V. Mathematische Auflösung

$$-\int_0 d\tau = \int_1 \frac{d\theta}{\theta} \qquad 1.1.1(49)$$

$$\boxed{\theta = e^{-\tau}} \qquad 1.1.1(50)$$

$$\boxed{\dot{D} = \frac{1}{\Delta h_V}\left\{A_V\ k_V(T_D - T_\infty) + A_D k_D(T_D - T_{LA})e^{-\tau}\right\}} \qquad 1.1.1(51)$$

VI. Diskussion des Ergebnisses

Nach hinreichend langer Zeit wird $\theta=0$, d.h. $T_L = T_D$; der Kesselinhalt steht im thermischen Gleichgewicht mit dem Heizmantel, der Wärmestrom $\dot{Q}_D$ wird gleich null. Andererseits wird unter den gleichen Bedingungen $\dot{Q}_V$ nicht gleich null; d.h. zwischen Heizmantel und Umgebung wird für $t = \infty$ nur ein Beharrungszustand erreicht.

Beantwortung der Frage II.c)

III.1.2 Energiebilanz

Bilanzraum sei der Kesselinnenmantel. Bilanz wie unter Frage II.b), Gleichung 1.1.1(24), jedoch zusätzliche Energiezufuhr durch das Rührwerk

$$\dot{Q}_D + \dot{W} = (c_L L_n + c_s S) \frac{dT_L}{dt} \quad . \qquad 1.1.1(52)$$

III.3.2 Kinetischer Ansatz

Wie Gleichung 1.1.1(36)

$$\dot{Q}_D = A_D k_D (T_D - T_L) \qquad 1.1.1(53)$$

IV. Entwicklung nach den gesuchten Größen

Aus Gleichung 1.1.1(52) und 1.1.1(53) folgt

$$A_D k_D(T_D - T_L) + \dot{W} = (c_L L_n + c_s S) \frac{dT_L}{dt} \qquad 1.1.1(54)$$

Einführung dimensionsloser Größen

θ nach Gleichung 1.1.1(42) und τ nach Gleichung 1.1.1(43) sowie

$$\dot{W}^* = \frac{\dot{W}}{A_D k_D (T_D - T_{LA})} \qquad 1.1.1(55)$$

ergibt die Gleichung zur Bestimmung der Funktion $\theta(\tau)$ bzw. $T_L(t)$:

$$\boxed{\dot{W}^* + \theta + \frac{d\theta}{d\tau} = 0} \qquad 1.1.1(56)$$

mit der Anfangsbedingung $\theta(0) = 1$.

V. Mathematische Auflösung

$$-\int_0 d\tau = \int_1 \frac{d\theta}{\theta + \dot{W}^*} \qquad 1.1.1(57)$$

$$\boxed{\theta = (1+\dot{W}^*)\, e^{-\tau} - \dot{W}^*} \qquad 1.1.1(58)$$

VI. Diskussion des Ergebnisses

Für $\tau = 0$ ist θ voraussetzungsgemäß gleich 1. Für $\tau \to \infty$ ergibt sich

$$\theta(\infty) = - \dot{W}^* \qquad 1.1.1(59)$$

oder wieder rücktransformiert

$$A_D\, k_D (T_L - T_D) = \dot{W} \quad . \qquad 1.1.1(59a)$$

Das heißt, daß sich der Kesselinhalt über T_D hinaus erwärmt und schließlich Wärme an den Heizmantel, dessen Temperatur mit T_D = const vorgegeben war, abgibt.

Frage: Ist das technisch möglich?
Antwort: Nein, denn wegen des zeitlich veränderlichen Heizdampfbedarfes muß ein statisch wirkender Kondensatableiter verwendet werden, s. Abb. 1.1.1(2)

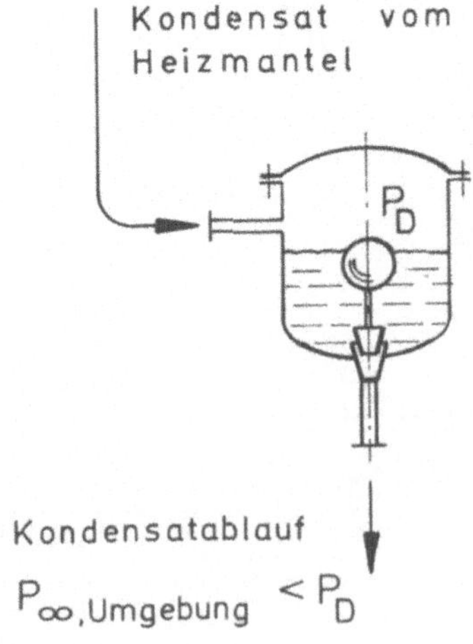

Abb. 1.1.1(2)
Kondensatableiter mit
Schwimmerventil

der den Heizmantel stets verschlossen hält, wenn kein Kondensat anfällt. Für $T_L > T_D$ fällt nun aber kein Kondensat mehr an. Demnach kann auch kein Dampf durch den Heizmantel ins Freie strömen und dabei ggf. Wärme abführen. Tatsächlich ist also die Voraussetzung T_D = const nicht mehr erfüllbar. Kessel und Heizmantel heizen sich ständig weiter auf.

Frage: bis zu welcher Temperatur?

Antwort: Es sind zwei Fälle denkbar.

a) Die Flüssigkeit im Kessel fängt an zu kochen.

b) Bevor die Flüssigkeit im Kessel zu kochen beginnt, wird ein Beharrungszustand erreicht, bei dem die zugeführte Energie $\dot{W}$ gerade gleich der Verlustwärme $\dot{Q}_V$ wird.

Gleichung 1.1.1(58) gilt also nur für

$$0 \leqslant \theta \leqslant 1$$

Für $\theta < 0$ lautet die Energiebilanz für den Kontrollraum "Kesselaußenmantel":

III.1.2 $$\dot{E}_{zu} = \dot{W} \qquad 1.1.1(60)$$

$$\dot{E}_{ab} = \dot{Q}_V \qquad 1.1.1(61)$$

$$\frac{d}{dt} E_{akku} = (c_L L_n + c_s S + c_D D) \frac{dT_L}{dt} \qquad 1.1.1(62)$$

wobei angenommen ist, daß mit ausreichender Näherung $T_L = T_S = T_D$ ist. T_D ist jetzt nicht mehr die vom Druck P_D aufgeprägte Kondensationstemperatur des Heizdampfes, sondern seine nunmehr zeitlich veränderliche Überhitzungstemperatur. D ist die im Heizmantel enthaltene und dort eingeschlossene Heizdampfmasse. Die Energiebilanz lautet also

$$\dot{W} = \dot{Q}_V + (c_L L_n + c_s S + c_D D) \frac{dT_L}{dt} \qquad 1.1.1(63)$$

Der kinetische Ansatz für die Verlustwärme $\dot{Q}_V$ lautet nun

III.3.2 $$\dot{Q}_V = A_V k_V' (T_L - T_\infty) \qquad 1.1.1(64)$$

Bemerkenswert ist, daß $\dot{Q}_V$ jetzt auch zeitlich veränderlich sein muß (wegen $T_L = T_L(t)$) und daß der Wärmedurchgangskoeffizient k_V' nicht der gleiche ist, wie der im Bereich $\theta > 0$ wirksame Wärmedurchgangskoeffizient k_V, da die Verlustwärme $\dot{Q}_V$ nunmehr durch den mit stagnierendem Heizdampf gefüllten Heizmantel hindurchgeleitet werden muß. (Die Energiequelle, die $\dot{Q}_V$ deckt, liegt für $\theta < 0$ im Kesselinnern, für $\theta > 0$ im Heizmantel!) Wegen des zusätzlichen Wärmedurchgangswiderstandes des dampfgefüllten Heizmantels ist stets $k_V' < k_V$!

IV. Entwicklung nach den gesuchten Größen

Aus Gleichung 1.1.1(63) und 1.1.1(64) folgt

$$\dot{W} = A_V\, k_V' \,(T_L - T_\infty) + (c_L\, L_n + c_S\, S + c_D\, D) \frac{dT_L}{dt} \qquad 1.1.1(65)$$

Praktisch kann man den Summanden $c_D\, D$ gegenüber den beiden anderen in der Klammer stehenden vernachlässigen, die Dampfmasse im Heizmantel ist viel kleiner als die Masse des Kessels und des Kesselinhaltes. Zweckmäßigerweise benutzt man jetzt wieder die gleichen dimensionslosen Variablen θ und τ wie im Bereich $0 < \theta < 1$, damit man beide Bereiche $\theta < 0$ und $\theta > 0$ einheitlich darstellen kann. Sodann erhalten wir aus Gl. 1.1.1(65) zunächst

$$\dot{W}^* = \frac{A_V\, k_V'}{A_D\, k_D} \cdot \frac{T_L - T_\infty}{T_D - T_{LA}} - \frac{d\theta}{d\tau} \qquad 1.1.1(66)$$

Gehen wir davon aus, daß die Anfangstemperatur des Kessels gleich der Umgebungstemperatur war, also $T_{LA} = T_\infty$, dann ist

$$\frac{T_L - T_\infty}{T_D - T_{LA}} = \frac{-(T_D - T_L) + (T_D - T_{LA})}{T_D - T_{LA}} = -\Theta + 1 \qquad 1.1.1(67)$$

Mit der Abkürzung

$$\frac{A_V\, k_V'}{A_D\, k_D} = a \qquad 1.1.1(68)$$

lautet dann die Grundgleichung 1.1.1(66)

$$\boxed{\dot{W}^* + a\,(\theta - 1) + \frac{d\theta}{d\tau} = 0} \qquad 1.1.1(69)$$

Zweckmäßig wählen wir als Zeitpunkt 0 für die Integration der Gl. 1.1.1(69) den Augenblick, in dem $\theta = 0$ ist. Um Verwechslungen mit der Zeitkoordinate τ für den Bereich $0 < \theta < 1$ auszuschließen, sollte man bei der mathematischen Auflösung besser τ durch τ' ersetzen.

V. Mathematische Auflösung

$$-\int_0 d\tau' = \int_0 \frac{d\theta}{\dot{W}^* + a(\theta-1)} \qquad 1.1.1(70)$$

Die Integration liefert

$$\boxed{\theta = (\frac{\dot{W}^*}{a} - 1)(e^{-a\tau'} - 1)} \qquad 1.1.1(71)$$

VI. Diskussion des Ergebnisses

Zunächst Prüfung der Grenzwerte von Gl. 1.1.1(71). Für $\tau' = 0$ wird voraussetzungsgemäß θ gleich null. Für $\tau' \to \infty$ folgt

$$\theta = 1 - \frac{\dot{W}^*}{a}$$

oder rücktransformiert

$$\dot{W} = A_V \, k'_V \, (T_L - T_{LA}) = \dot{Q}_V \quad . \qquad 1.1.1(72)$$

Gleichung 1.1.1(72) gibt also die vorerwähnte zweite Möglichkeit eines Beharrungszustandes wieder, bei dem $\dot{W} = \dot{Q}_V$ ist. Voraussetzung für die Existenz eines solchen Zustandes ist, daß die nach Gl. 1.1.1(72) erreichbare Temperatur des Kesselinhaltes unter der Siedetemperatur desselben liegt. Ist dies nicht der Fall, beginnt der Kesselinhalt vor Erreichen der Beharrungstemperatur zu kochen. Der Kesseldruck steigt, bis das Sicherheitsventil abbläst und nach einer weiteren Zeitspanne der gesamte Kesselinhalt in die Umgebung entwichen ist.

Frage: wie lange dauert es, bis der gesamte Kesselinhalt in die Umgebung entwichen ist?

Die Antwort liefern wieder die Energiebilanz nach III.1.2 und der kinetische Ansatz nach III.3.2.

Die Energiebilanz für den Bilanzraum "Kesselaußenmantel" lautet

$$\dot{E}_{zu} = \dot{W} \qquad 1.1.1(73)$$

$$\dot{E}_{ab} = \dot{Q}_V + \dot{L}\, h_L'' \qquad 1.1.1(74)$$

$$\frac{d}{dt} E_{akku} = \frac{dH_L}{dt} \qquad 1.1.1(75)$$

$\dot{L}$ ist die je Zeiteinheit aus dem Sicherheitsventil entweichende Dampfmasse [kg/s]. h_L'' ist die Enthalpie des beim Abblasedruck des Sicherheitsventils P_s entweichenden Dampfes. Die Enthalpie des Kesselinhaltes ist

$$H_L = c_L\, L\, T_{LS} \qquad 1.1.1(76)$$

wobei T_{LS} die zum Abblasedruck P_s gehörende Siedetemperatur des Kesselinhaltes ist. Sie bleibt während der Verdampfung des Kesselinhaltes konstant. Demnach ist

$$\frac{dH_L}{dt} = c_L\, T_{LS} \frac{dL}{dt} \qquad 1.1.1(77)$$

Somit lautet die Energiebilanz

$$\dot{W} = \dot{Q}_V + \dot{L}\, h_L'' + c_L\, T_{LS} \frac{dL}{dt} \qquad 1.1.1(78)$$

Ferner liefert die Massenbilanz für denselben Bilanzraum

$$\dot{M}_{zu} = 0 \qquad 1.1.1(79)$$

$$\dot{M}_{ab} = \dot{L} \qquad 1.1.1(80)$$

$$\dot{M}_{akku} = \frac{dL}{dt} \qquad 1.1.1(81)$$

und mit

$$\dot{M}_{zu} = \dot{M}_{ab} + \dot{M}_{akku} \qquad 1.1.1(82)$$

$$\dot{L} + \frac{dL}{dt} = 0 \qquad 1.1.1(83)$$

Dies in die Energiebilanz nach Gl. 1.1.1(78) eingesetzt, ergibt:

$$\dot{W} = \dot{Q}_V - (h_L'' - c_L\, T_{LS}) \frac{dL}{dt} \qquad 1.1.1(84)$$

Nun ist

$$c_L\, T_{LS} = h_L' \qquad 1.1.1(85)$$

die Enthalpie der siedenden Kesselflüssigkeit. Ferner ist

$$h_L'' - h_L' = \Delta h_{vL} \qquad 1.1.1(86)$$

gerade die Verdampfungswärme des Kesselinhaltes bei T_{LS}. Das Ergebnis der Bilanzgleichung lautet also

$$\boxed{\dot{W} = \dot{Q}_V - \Delta h_{vL} \frac{dL}{dt}} \qquad 1.1.1(87)$$

Der kinetische Ansatz für $\dot{Q}_V$ lautet

III.3.2 $\dot{Q}_V = A_V\, k'_V\, (T_{LS} - T_\infty)$

$$\dot{Q}_V = A_V\, k'_V\, (T_{LS} - T_{LA}) = \dot{Q}_{VS} = \text{const} \quad . \qquad 1.1.1(88)$$

IV. Entwicklung nach den gesuchten Größen

Aus Gleichung 1.1.1(87) und 1.1.1(88) folgt

$$\dot{W} - \dot{Q}_{VS} = - \Delta h_{vL} \frac{dL}{dt} \qquad 1.1.1(89)$$

Zwecks Einführung dimensionsloser Größen bilden wir

$$\tau^+ \equiv \frac{\dot{W} - \dot{Q}_{VS}}{\Delta h_{vL}\, L_n}\, t \qquad 1.1.1(90)$$

und

$$\Lambda = \frac{L}{L_n} \qquad 1.1.1(91)$$

Gleichung 1.1.1(89) lautet dann

$$\boxed{\frac{d\,\Lambda}{d\tau^+} + 1 = 0} \qquad 1.1.1(92)$$

Die Anfangsbedingung lautet

$$\Lambda(0) = 1 \qquad 1.1.1(93)$$

V. Mathematische Auflösung

$$- \int_0 d\tau^+ = \int_1 d\,\Lambda \qquad 1.1.1(94)$$

$$\boxed{\tau^+ = 1 - \Lambda}$$

VI. Diskussion des Ergebnisses

Die gesuchte Zeitspanne ergibt sich für $\Lambda = 0$, d.h. $\tau^+ = \tau_{Ende} = 1$. Die Lösung existiert indessen nur für $\dot{W} > \dot{Q}_{VS}$! Beharrungs- oder Gleichgewichtszustände existieren nicht.

Beantwortung der Frage II.d)

III.1.1 Massenbilanz, Bilanzraum gleich Kesselinnen- oder Außenmantel

$$\dot{L}_{ein} = \dot{L}_{aus} + \frac{dL}{dt} \qquad 1.1.1(95)$$

Da lt. Voraussetzung $\frac{dL}{dt} = 0$ ist, muß

$$\dot{L}_{aus} = \dot{L}_{ein} = \dot{L} \qquad 1.1.1(96)$$

sein.

III.1.2 Energiebilanz, Bilanzraum gleich Kesselinnen- oder Außenmantel

$$\dot{E}_{zu} = \dot{H}_{ein} + \dot{W} \qquad 1.1.1(97)$$

$$\dot{E}_{ab} = \dot{H}_{aus} + \dot{Q}_V \qquad 1.1.1(98)$$

$$\dot{E}_{akku} = \frac{dH_L}{dt} + \frac{dH_S}{dt} + \cancel{\frac{dH_D}{dt}} \qquad 1.1.1(99)$$

$$\dot{H}_{ein} = c_L \dot{L} T_{L,ein} \qquad 1.1.1(100)$$

$$\dot{H}_{aus} = c_L \dot{L} T_{L,aus} \qquad 1.1.1(101)$$

$$H_L = c_L L T_L \qquad 1.1.1(102)$$

Der Rührkesselinhalt sei durch den Rührer stets vollkommen durchmischt, d.h. der Zustand des Kesselinhaltes ist zu einem Zeitpunkt an jedem Ort im Kesselinnern derselbe. Dann muß

$$T_{L,aus} = T_L \qquad 1.1.1(103)$$

sein. Somit lautet die Energiebilanz

$$c_L \dot{L} T_{L,ein} + \dot{W} = c_L \dot{L} T_L + \dot{Q}_V + (c_L L + c_s S) \frac{dT_L}{dt} \qquad 1.1.1(104)$$

III.3.2 Kinetischer Ansatz für die Verlustwärme

$$\dot{Q}_V = A_V \, k_V' \, (T_L - T_\infty) \qquad 1.1.1(105)$$

Es sei wiederum $T_\infty = T_{LA}$.

IV. Entwicklung nach den gesuchten Größen

Elimination von $\dot{Q}_V$ aus Gl. 1.1.1(104) mit Hilfe von Gl. 1.1.1(105) ergibt

$$c_L \, \dot{L}(T_{L,ein} - T_L) + A_V k_V'(T_{LA} - T_L) + \dot{W} + (c_L \, L + c_s \, S) \frac{d(T_{LA} - T_L)}{dt} = 0 \qquad 1.1.1(106)$$

Wir normieren die Temperatur so, daß ihre normierten Zahlenwerte zwischen null und eins liegen:

$$\theta \equiv \frac{T_{LA} - T_L}{T_{LA} - T_{L,ein}} \qquad 1.1.1(107)$$

Eine dimensionslose Zeit kann man auf verschiedene Weise bilden, z.B.

$$\tau = \frac{A_V \, k_V'}{c_L \, L + c_s \, S} \, t \qquad 1.1.1(108)$$

oder aber

$$\tau = \frac{c_L \, \dot{L}}{c_L \, L + c_s \, S} \, t \qquad 1.1.1(109)$$

Frage: Welche der beiden Definitionen ist besser?

Antwort: Die zweite, wenn man davon ausgehen kann, daß die Verlustwärme klein gegen die dem Kessel zugeführte Energie $\dot{H}_{ein}$ ist und man auch dann noch eine endliche Zeitvariable haben möchte, wenn die Wärmeverluste z.B. durch sehr dicke Isolierung des Kessels verschwindend klein gehalten werden.

Mit τ nach Gl. 1.1.1(109) ergeben sich aus Gl. 1.1.1(106) die restlichen dimensionslosen Größen:

$$\dot{W}^* = \frac{\dot{W}}{c_L \, \dot{L}(T_{LA} - T_{L,ein})} \qquad 1.1.1(110)$$

und

$$v = \frac{A_V\, k_V'}{c_L\, \dot{L}} \qquad 1.1.1(111)$$

Mit diesen Definitionen lautet dann die Energiebilanz entsprechend Gleichung 1.1.1(106)

$$\boxed{\dot{W}^* - 1 + (1+v)\theta + \frac{d\theta}{d\tau} = 0} \qquad 1.1.1(112)$$

mit der Anfangsbedingung $\theta(0) = 0$

$\dot{W}^* - 1$ kann man noch zu $\dot{W}^0$ zusammenfassen, wobei

$$\dot{W}^* - 1 = \dot{W}^0 = - \left(\frac{\dot{W}}{c_L \dot{L}(T_{L,ein} - T_{LA})} + 1\right) \qquad 1.1.1(113)$$

ist. (Bei abgeschaltetem Rührwerk wäre $\dot{W}^0 = - 1$)

V. Mathematische Auflösung

$$- \int_0 d\tau = \int_0 \frac{d\theta}{\dot{W}^0 + (1+v)\,\theta} \qquad 1.1.1(114)$$

$$\boxed{\theta = \frac{\dot{W}^0}{1+v}\left[e^{-(1+v)\tau} - 1\right]} \qquad 1.1.1(115)$$

VI. Diskussion des Ergebnisses

Für $\tau = 0$ ist voraussetzungsgemäß $\theta = 0$. Für $\tau \to \infty$ folgt

$$\theta(\infty) = - \frac{\dot{W}^0}{1+v} \qquad 1.1.1(116)$$

oder rücktransformiert

$$T_L(\infty) - T_{LA} = \frac{\dot{W} + c_L\, \dot{L}(T_{L,ein} - T_{LA})}{(c_L\, \dot{L} + A_V\, k_V')} \qquad 1.1.1(117)$$

Es existiert demnach ein Beharrungszustand, bei dem der Kesselinhalt die zeitlich konstante Temperatur $T_L(\infty)$ annimmt. $T_L(\infty)$ kann dabei $\gtreqless T_{L,ein}$ sein, je nachdem, ob $A_V\, k_V' \lesseqgtr \dot{W}_L$ ist. Für den Fall $T_L(\infty) > T_{L,ein}$ ist vorausgesetzt, daß $T_L(\infty)$ unter der Siedetemperatur T_{LS} des Kesselinhaltes bleibt. Gleichung 1.1.1(117) kann auch noch umgeschrieben werden

$$A_V\, k_V'(T_L(\infty) - T_{LA}) = \dot{W} + c_L\, \dot{L}(T_{L,ein} - T_L(\infty)) \qquad 1.1.1(117a)$$

Wegen $T_{LA} = T_\infty$ folgt daraus

$$\dot{Q}_V = \dot{W} + \dot{H}_{L,ein} - \dot{H}_{L,aus} \qquad 1.1.1(118)$$

Dieses Ergebnis hätte man auch unmittelbar aus der Energiebilanz nach Gl. 1.1.1(104) erhalten können, wenn man dort die Bedingung für den Beharrungszustand, nämlich $\frac{dT_L}{dt} = 0$ einsetzt.

Zusammenfassung des Kapitels 1.1.1

"Der dampfbeheizte Rührkessel" - Lehren und Erkenntnisse

Wir haben gesehen, daß die Analyse des Betriebsverhalten eines dampfbeheizten Rührkessels zweckmäßig nach folgendem Schema durchgeführt werden sollte:

I. Beschreibung des Gegenstandes
II. Formulierung der Frage
III. Bereitstellung der physikalischen Grundgesetze
IV. Entwicklung nach den gesuchten Größen
V. Mathematische Auflösung
VI. Diskussion des Ergebnisses

Dieses Schema läßt sich nicht nur auf die Analyse von Rührkesseln, sondern praktisch auf sämtliche Apparate und Anlagen der Verfahrenstechnik und des Maschinenbaues anwenden. Es besitzt recht allgemeine Bedeutung, und wir werden auch bei allen weiteren Analysen im Rahmen dieser Vorlesung davon Gebrauch machen.

Die einzelnen Schritte dieses Schemas enthalten folgende Maßnahmen:

I. Beschreibung des Gegenstandes
Anfertigung einer Skizze des betreffenden Gegenstandes, aus der alle notwendigen Angaben entnommen werden können, wie prinzipielle konstruktive Ausführung, Funktionsweise, alle ein- und austretenden Massen- und

Energieströme sowie alle Zustandsgrößen. Festlegung von Bezeichnungen und Symbolen.

II. Formulierung der Frage

Es ist zunächst in Worten und dann mit den in I. festgelegten Symbolen in funktionaler Schreibweise ($y\{x\}$) festzulegen, welches die gesuchten und welches die gegebenen Größen sind. Falls möglich, ist bereits an dieser Stelle zu prüfen, ob angesichts der Zahl und Art der gesuchten Größen die Zahl und Art der gegebenen Größen ausreichend ist.

III. Bereitstellung der physikalischen Grundgesetze

Es sind diejenigen physikalischen Grundgesetze anzuschreiben, in denen die gesuchten und die gegebenen Größen unmittelbar oder mittelbar enthalten sind. Es gibt drei Klassen von physikalischen Grundgesetzen

1. Erhaltungssätze
2. Gleichgewichtsbedingungen
3. Kinetische Ansätze .

IV. Entwicklung nach den gesuchten Größen

Es sind die in den Grundgesetzen enthaltenen, aber nicht gefragten Größen zu eliminieren. Dadurch entstehen abgeleitete Gleichungen, die die gesuchten mit den gegebenen Größen verknüpfen. Diese Gleichungen enthalten in der Regel Variable und Parameter. Beide sind nach Möglichkeit durch Normierung und/oder Kennzahlbildung dimensionslos zu machen. Dadurch wird die Zahl der Parameter verringert. Außerdem läßt sich bereits zahlenmäßig die Größenordnung der gesuchten Lösung an Hand der gebildeten Kennzahlen abschätzen.

V. Mathematische Auflösung

Dieser Schritt beinhaltet ausschließlich formale Operationen. Neue Sachverhalte werden weder eingeführt, noch können solche auf diesem Wege gefunden werden. Formale Operationen sind Auflösen von Gleichungen, Differentationen, Integrationen etc. Die Auflösungsmethoden sind entweder algebraischer, analytischer oder numerischer Art.

VI. Diskussion des Ergebnisses

Die unter Punkt V. erhaltenen Lösungen des Problems bedürfen einer zweifachen Prüfung; einer formalen und einer inhaltlichen.

Die formale Prüfung erstreckt sich lediglich auf Formfehler (Rechenfehler). Ein Prüfverfahren, das zwar nur notwendige, aber keine hinreichenden Bedingungen enthält, ist das Aufsuchen von Grenzwerten und/oder asymptotisch gültigen Gesetzmäßigkeiten, die - wie man meist auf einfache Weise begründen kann - in den vollständigen Lösungen enthalten sein müssen.

Die inhaltliche Prüfung ist eine Beurteilung der unter Punkt V. erhaltenen Lösungen an Hand der Erfahrung! Es gibt formale Lösungen, die für eine gegebene Situation keinen physikalischen, d.h. aus der Erfahrung abgeleiteten Sinn haben. Solche Lösungen müssen dann ausgeschieden werden.

Bei der Analyse des Betriebsverhaltens des dampfbeheizten Rührkessels wurden unter Punkt III. nicht alle verfügbaren physikalischen Grundgesetze aufgeführt. Die Erhaltungssätze für Masse und Energie sowie die kinetischen Ansätze für Massen- und Energieströme waren offensichtlich ausreichend zur Beantwortung der gestellten Fragen.

Indessen ist anzumerken, daß stillschweigend auch Gleichgewichtsbedingungen benutzt werden. Sie hatten jedoch in diesem Falle eine so einfache Form (Gleichheit von Temperaturen und Drücken), daß sie nicht ausdrücklich erwähnt wurden.

Ein wichtiger Punkt bei der Anwendung der Erhaltungssätze ist die Lage und Größe des Bilanzraumes. Die Lage des Bilanzraumes ist so zu wählen, daß die gesuchten und die gegebenen Größen in den Erhaltungssätzen unmittelbar oder mittelbar erscheinen. Die Größe eines Bilanzraumes darf nur solche Ausmaße haben, daß innerhalb desselben alle Zustandsgrößen einen eindeutigen Wert haben. Hierauf wird im Kapitel 1.1.2 "Der flüssigkeitsbeheizte Rührkessel" noch besonders eingegangen.

Es ist deutlich geworden, daß bei der Analyse des Betriebsverhaltens eines dampfbeheizten Rührkessels Grundwissen aus anderen Vorlesungen benötigt wird. Die Erhaltungssätze wie auch die Gleichgewichtsbedingungen sind Gegenstand der Mechanik und der Thermodynamik. (Erster und zweiter Hauptsatz)

Sowohl die Erhaltungssätze wie auch die Gleichgewichtsbedingungen enthalten jedoch keine Aussage über den zeitlichen Ablauf, d.h. über die Geschwindigkeit von Zustandsänderungen. Aussagen hierüber werden erst in den "Kinetischen Ansätzen" gemacht. In das Fachgebiet "Wärmeübertragung" im engeren Sinne fällt demnach von alldem, was bis zu dieser Stelle besprochen wurde, nur der Ansatz

$$\dot{Q} = A\ k\ (T_{Medium\ 1} - T_{Medium\ 2}) \qquad 1.1.1(119)$$

mit dem sogenannten Wärmedurchgangskoeffizienten $k[W/m^2K]$. Alles andere gehört in die Fachgebiete Mechanik und Thermodynamik und ist insofern nicht eigentlich Gegenstand dieser Vorlesung, wohl aber notwendiges Rüstzeug , das bei der Lösung von Wärmeübertragungsproblemen immer zusammen mit dem kinetischen Ansatz für die Wärmeübertragung zur Anwendung kommt.

1.1.2 Der flüssigkeitsbeheizte Rührkessel

I. Beschreibung des Gegenstandes

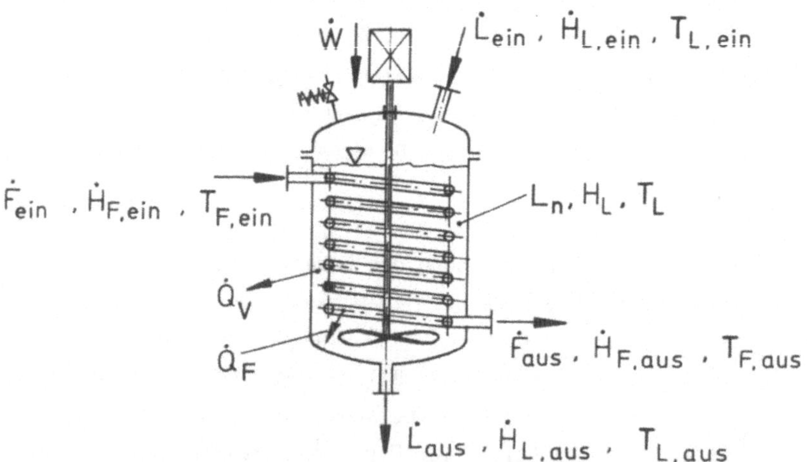

Abb. 1.1.2(1)

Es handelt sich um den gleichen Kessel wie unter Kap. 1.1.1 beschrieben, bis auf den Dampfmantel, der hier durch eine innenliegende, von heißer Flüssigkeit durchflossene Rohrschlange ersetzt ist. Die Beheizung des Kesselinhaltes erfolgt durch Wärmeabgabe der Heizschlange bei gleichzeitiger Abkühlung der Heizflüssigkeit (z.B. ein Wärmeträgeröl) von $T_{F,ein}$

auf $T_{F,aus}$. Die Flüssigkeit im Kessel sei durch das Rührwerk ständig ideal durchmischt.

II. Formulierung der Frage

Der Kessel habe den Flüssigkeitsinhalt L_n. Dieser hat zur Zeit t = 0 die Anfangstemperatur T_{LA}, die gleich der Umgebungstemperatur T_∞ sein möge. Außerdem wird der Kessel ständig von der Menge $\dot{L}_{ein} = \dot{L}_{aus} = \dot{L}$, die mit der Temperatur $T_{L,ein}$ in den Kessel eintritt, durchflossen. $T_{L,ein}$ sei ebenfalls gleich der Umgebungstemperatur T_∞. Zur Zeit t = 0 werden das Rührwerk eingeschaltet und die Zu- und Abflußventile für die Heizflüssigkeit geöffnet. Durch die Heizschlange fließe dann die Menge $\dot{F}_{ein}=\dot{F}_{aus}=\dot{F}$.

Wie lange dauert es, bis der Kesselinhalt L_n von T_{LA} auf eine bestimmte Temperatur T_L aufgeheizt ist? Existieren Beharrungs- und/oder Gleichgewichtszustände?

III. Bereitstellung der physikalischen Grundgesetze

Die Mengenbilanzen sind bereits mit der Fragestellung beantwortet; es findet keine Akkumulation von Masse im Kessel statt. Für die Energiebilanzen, die zur Beantwortung der gestellten Fragen benötigt werden, müssen zunächst wieder geeignete Bilanzräume festgelegt werden.

a) ganzer Kessel

$$\dot{H}_{F,ein}+\dot{H}_{L,ein}+\dot{W} = \dot{H}_{F,aus}+\dot{H}_{L,aus}+\dot{Q}_V+\frac{dH_L}{dt}+\frac{dH_S}{dt}+\cancel{\frac{dH_F}{dt}}^{*)} \qquad 1.1.2(1)$$

b) Kessel ohne Heizschlange

$$\dot{Q}_F+\dot{H}_{L,ein}+\dot{W} = \dot{H}_{L,aus}+\dot{Q}_V+\frac{dH_L}{dt}+\frac{dH_S}{dt} \qquad 1.1.2(2)$$

c) Heizschlange

$$\dot{H}_{F,ein} = \dot{Q}_F+\dot{H}_{F,aus}+\cancel{\frac{dH_F}{dt}}^{*)} \qquad 1.1.2(3)$$

Da Bilanzraum c) plus Bilanzraum b) gleich Bilanzraum a) ist, muß auch gelten: Gl. 1.1.2(3) plus Gl. 1.1.2(2) gleich Gl. 1.1.2(1). Es sind also nur jeweils zwei dieser Gleichungen voneinander unabhängig.

*)Die Enthalpieänderung der Heizschlange samt Inhalt sei vernachlässigt.

Die Enthalpieströme H lassen sich ausdrücken durch

$$\dot{H}_L = c_L \dot{L} T_L \qquad 1.1.2(4)$$

$$\dot{H}_F = c_F \dot{F} T_F \qquad 1.1.2(4a)$$

Entsprechend gilt für die Enthalpie des Kesselinhaltes

$$H_L = c_L L_n T_L \qquad 1.1.2(5)$$

und für die Enthalpie der Stahlteile des Kessels

$$H_S = c_S S T_S \qquad 1.1.2(6)$$

Es sei wiederum angenommen, daß T_S praktisch gleich T_L und außerdem wegen der vollständigen Durchmischung $T_L = T_{L,aus}$ ist.

Die Wärmeströme $\dot{Q}_F$ und $\dot{Q}_V$ werden nun wieder mit Hilfe der kinetischen Ansätze mit den Temperaturen T_L und T_F in Verbindung gebracht:

$$\dot{Q}_V = A_V k_V(T_L - T_\infty) \qquad 1.1.2(7)$$

und

$$\dot{Q}_F = A_F k_F(T_F - T_L)_{mittel} \qquad 1.1.2(8)$$

Hier tritt nun folgendes Problem zu Tage: Da sich die Heizflüssigkeit in der Rohrschlange abkühlt, muß $T_F = T_F(A_F)$ sein. Diese Funktion ist zunächst unbekannt. Deswegen kann man in Gl. 1.1.2(8) als treibendes Temperaturgefälle auch nur einen zunächst unbekannten Mittelwert einsetzen, nämlich $(T_F - T_L)_{mittel}$. Insofern kann an dieser Stelle noch nicht zum nächsten Punkt IV "Entwicklung nach den gesuchten Größen" übergegangen werden. Vielmehr müssen zunächst noch die physikalischen Grundlagen zur Bestimmung der Funktion $T_F(A_F)$ bereitgestellt werden.

Die Ermittlung der Funktion $T_F(A_F)$ wird ihrerseits wiederum auf Energiebilanzen und kinetische Ansätze für die Energieübertragung gegründet.

Wir gehen davon aus, daß T_F eine stetige und differenzierbare Funktion von A_F ist. Sodann hat T_F einen eindeutigen Wert nur innerhalb eines Volumeninkrementes dV_F, das durch den Strömungsquerschnitt f der Rohrschlange und ihr Längeninkrement dz gebildet wird, siehe Abb. 1.1.2(2).

$$dV_F = f \cdot dz \qquad 1.1.2(9)$$

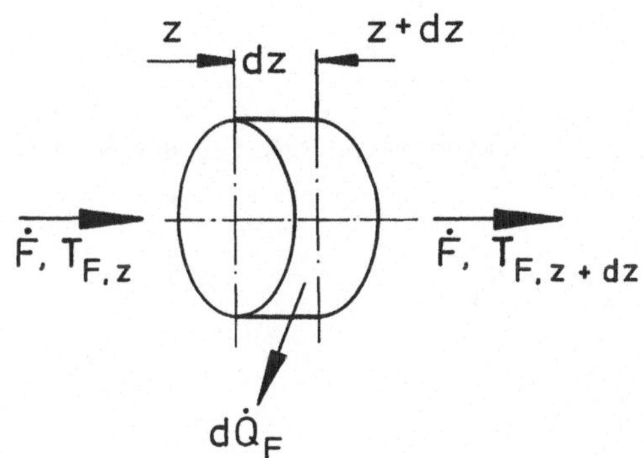

Abb. 1.1.2(2)
Volumenelement der Heizschlange

Der Bilanzraum zur Erstellung der Energiebilanz darf also in diesem Falle nicht größer als dV_F sein. Ferner muß bedacht werden, daß die Temperatur des Kesselinhaltes eine Funktion der Zeit ist, d.h. $T_L = T_L(t)$. Demnach kann auch die Temperatur in der Heizschlange T_F nicht zeitlich konstant sein. Es ist also $T_F = T_F(z,t)$ eine zweidimensionale Funktion, wohingegen T_L wegen der dauernden räumlichen Vermischung nur eindimensional ist. Dies zu beachten ist wichtig für die Erstellung der entsprechenden Energiebilanz für den Bilanzraum dV_F. Sie lautet mit

$$\dot{E}_{ein} = \dot{H}_{F,z} \qquad 1.1.2(10)$$

$$\dot{E}_{aus} = \dot{H}_{F,z+dz} + d\dot{Q}_F \qquad 1.1.2(11)$$

$$\frac{dE}{dt} = \frac{\partial}{\partial t}(dH_F) \qquad 1.1.2(12)$$

$$\dot{H}_{F,z} = \dot{H}_{F,z+dz} + d\dot{Q}_F + \frac{\partial}{\partial t}(dH_F) \qquad 1.1.2(13)$$

Nun ist

$$\dot{H}_{F,z+dz} = \dot{H}_{F,z} + \frac{\partial \dot{H}_F}{\partial z}\,dz \qquad 1.1.2(14)$$

womit die Energiebilanz lautet

$$\frac{\partial \dot{H}_F}{\partial z}\,dz + d\dot{Q}_F + \frac{\partial}{\partial t}(dH_F) = 0 \qquad 1.1.2(15)$$

Ferner ist

$$\dot{H}_F = c_F\, \dot{F}\, T_F = c_F\, \rho_F\, f\, u_F\, T_F \qquad 1.1.2(16)$$

und

$$dH_F = c_F\, \rho_F\, f\, T_F\, dz \quad . \qquad 1.1.2(17)$$

Dies in Gl. 1.1.2(15) eingesetzt ergibt

$$\boxed{\rho_F \; c_F \; f \left[u_F \frac{\partial T_F}{\partial z} + \frac{\partial T_F}{\partial t} \right] + \frac{d\dot{Q}_F}{dz} = 0} \qquad 1.1.2(18)$$

Im nächsten Schritt ist $\dot{Q}_F$ zu eliminieren. Der kinetische Ansatz, der hierzu dienen kann, lautet

$$d\dot{Q}_F = k_F(T_F(z,t) - T_L(t)) \, dA_F \quad . \qquad 1.1.2(19)$$

Da

$$dA_F = U \cdot dz \qquad 1.1.2(20)$$

worin $U = \pi d$ der Rohrumfang ist, folgt

$$\boxed{\frac{d\dot{Q}_F}{dz} = U \; k_F \; (T_F - T_L)} \qquad 1.1.2(21)$$

Hiermit und mit der Energiebilanz sind die physikalischen Grundgesetze zur Berechnung der gesuchten Funktion $T_L(t)$ soweit bereitgestellt, daß mit dem nächsten Schritt, dem Schritt IV, begonnen werden kann.

IV. Entwicklung nach den gesuchten Größen

Wir haben gesehen, daß man zur Berechnung der eindimensionalen Temperaturfunktion $T_L(t)$ auch die zweidimensionale Temperaturfunktion $T_F(z,t)$ kennen muß. Wir wenden uns daher zunächst der letzteren zu. Eliminiert man $d\dot{Q}_F/dz$ in Gl. 1.1.2(18) mit Hilfe der Gl. 1.1.2(21), so folgt

$$c_F \; \rho_F \; f \left[u_F \frac{\partial T_F}{\partial z} + \frac{\partial T_F}{\partial t} \right] + U \; k_F(T_F - T_L) = 0 \qquad 1.1.2(22)$$

In dieser Gleichung ist die Temperatur $T_L = T_L(t)$, die ja gesucht ist, noch unbekannt. Gleichung 1.1.2(22) kann daher in dieser Form nicht unmittelbar integriert werden. Das Problem läßt sich jedoch vereinfachen, wenn man bedenkt, daß der Flüssigkeitsinhalt der Heizschlange in der Regel viel kleiner als der Flüssigkeitsinhalt des Kessels ist. Demnach kann man in erster Näherung den Wärmebedarf zur Aufheizung des Flüssigkeitsinhaltes der Heizschlange vernachlässigen und damit $\frac{\partial T_F}{\partial t} = 0$ setzen. Damit lautet dann Gl. 1.1.2(22)

$$\frac{\rho_F \; c_F \; f \; u_F}{U \; k_F} \frac{\partial T_F}{\partial z} + (T_F(z,t) - T_L(t)) = 0 \qquad 1.1.2(23)$$

Diese Gleichung kann unmittelbar über z integriert werden, da T_L in Bezug auf diese Variable eine Konstante ist. Zweckmäßig bilden wir wieder dimensionslose Variable, und zwar durch Normierung eine dimensionslose Temperatur

$$\theta_F \equiv \frac{T_F(z,t) - T_L(t)}{T_{F,ein} - T_L(t)} \qquad 1.1.2(24)$$

und durch Kennzahlbildung eine dimensionslose Lauflänge der Rohrschlange

$$\zeta \equiv \frac{k_F\ U}{\rho_F\ c_F\ u_F\ f}\, z \qquad 1.1.2(25)$$

Erweitert man Gl. 1.1.2(25) noch mit der Länge l der Rohrschlange und bedenkt man, daß

$$U \cdot l = A_F$$

sowie

$$\rho_F\ c_F\ u_F\ f = c_F\ \dot{F}$$

ist, so lautet Gl. 1.1.2(25) auch

$$\zeta = \frac{k_F\ A_F}{c_F\ \dot{F}}\, z^* \qquad 1.1.2(26)$$

mit

$$z^* = \frac{z}{l}\ . \qquad 1.1.2(27)$$

Die Größe $k_F\ A_F/c_F\ \dot{F}$ spielt eine wichtige Rolle sowohl bei der Auslegung wie auch bei der Analyse des Betriebsverhaltens von Wärmeaustauschern. Im englischen Schrifttum wird sie die "Anzahl der Übertragungseinheiten" (number of transfer units, NTU) nach einem Vorschlag von Chilton+) genannt. Wir wollen diese Bezeichnung übernehmen

$$NTU_F \equiv \frac{k_F\ A_F}{c_F\ \dot{F}} \qquad 1.1.2(28)$$

Die physikalische Bedeutung der NTU ist eine zweifache. Zum einen folgt aus den Gln. 1.1.2(3), 1.1.2(4a) und 1.1.2(8)

$$c_F\ \dot{F}(T_{F,ein} - T_{F,aus}) = k_F\ A_F(T_F - T_L)_{mittel} \qquad 1.1.2(29)$$

+) Chilton, T.H. and A.P. Colburn: Distillation and Absorption in Packed Columns. Ind.Engng.Chem. 27 (1935) 3, S. 255/260.

woraus sich durch Umstellung ergibt, daß

$$\frac{k_F\ A_F}{c_F\ \dot{F}} = NTU_F = \frac{T_{F,ein} - T_{F,aus}}{(T_F - T_L)_{mittel}} \qquad 1.1.2(30)$$

ist. Die rechte Seite der Gl. 1.1.2(30) ist das Verhältnis von Temperaturänderung des Mengenstromes $\dot{F}$ in der Rohrschlange zum mittleren Temperaturunterschied zwischen der Flüssigkeit in der Rohrschlange und der Flüssigkeit im Kessel, (Abb.1.1.2(1)). Dieses Verhältnis ist häufig als sog. "thermische Aufgabenstellung" vorgegeben. Die linke Seite der Gl. 1.1.2(30) ist das Verhältnis zweier Apparateeigenschaften, nämlich des Wärmeübertragungsvermögens $k_F\ A_F$ und des Wärmespeichervermögens $c_F\ \dot{F}$. Die linke Seite der Gl. 1.1.2(30) stellt eine Kennzahl der "technischen Realisierung" der auf der rechten Seite dieser Gleichung stehenden "thermischen Aufgabe" dar. Die NTU ist also das Bindeglied zwischen diesen beiden Gegebenheiten.

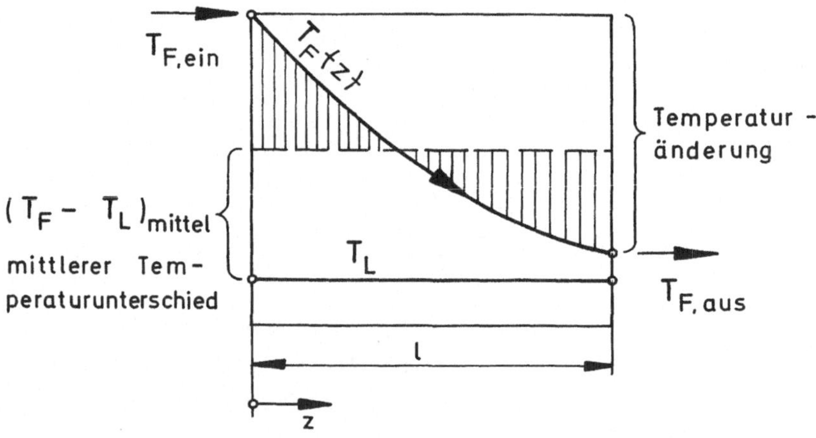

Abb. 1.1.2(3) Qualitativer Verlauf der Temperatur in der Heizschlange

Die NTU hat aber auch noch eine zweite Bedeutung. Wenn man bedenkt, daß die mittlere Verweilzeit t_v der Flüssigkeit in der Heizschlange gegeben ist durch das Verhältnis von Flüssigkeitsinhalt F zur Flüssigkeitsdurchsatz $\dot{F}$, d.h.

$$t_{v,F} = \frac{F}{\dot{F}} = \frac{1}{u_F} \qquad 1.1.2(31)$$

$$(F = \rho_F\ f\ 1 \text{ und } \dot{F} = \rho_F\ f\ u_F)$$

dann läßt sich Gl. 1.1.2(28) auch schreiben

$$NTU_F = \frac{k_F\ A_F}{c_F\ F}\, t_{V,F} \quad . \qquad 1.1.2(32)$$

Man sieht, die NTU_F ist eine dimensionslose Verweilzeit der Flüssigkeit in der Heizschlange. Mit dieser Bedeutung entnimmt man der Gl. 1.1.2(30) unmittelbar, daß die Flüssigkeit in der Heizschlange z.B. sehr lange verweilen muß, wenn die Temperaturänderung groß, der Temperaturunterschied jedoch klein sein sollen.

Der Ausdruck

$$\frac{c_F\ F}{k_F\ A_F} = t_{R,F} \qquad 1.1.2(33)$$

ist die sog. "Relaxationszeit" der Flüssigkeit in der Heizschlange. Sie ist ein Maß dafür, wie schnell diese Flüssigkeit auf eine "thermische Störung" reagiert, was z.B. für Regelvorgänge wichtig ist. Damit folgt schließlich noch

$$NTU_F = \frac{t_{V,F}}{t_{R,F}} \quad . \qquad 1.1.2(34)$$

Mit den eingeführten dimensionslosen Variablen lautet nun die Gl.1.1.2(23)

$$\boxed{\frac{d\theta_F}{d\zeta} + \theta_F = 0} \qquad 1.1.2(35)$$

mit

$$\zeta = NTU_F z^* \quad . \qquad 1.1.2(36)$$

Diese Gleichung ist zu lösen für die Randbedingung $\theta_F(0) = 1$. Aus der Lösung erhält man für die Stelle $z^* = 1$ die Austrittstemperatur $T_{F,aus}(t)$ der Heizflüssigkeit zu jedem Zeitpunkt t.

Damit kennt man auch die Austrittsenthalpie $\dot{H}_{F,aus}$ der aus der Heizschlange austretenden Flüssigkeit zu jedem Zeitpunkt t. Mit dieser Information läßt sich sodann die Energiebilanz um den gesamten Kessel nach Gl.1.1.2(1) integrieren und die gesuchte Funktion $T_L(t)$ bestimmen. Gl. 1.1.2(1) lautet, wenn man die Enthalpien durch die Temperaturen ersetzt und $\dot{Q}_V$ mit dem kinetischen Ansatz nach Gl. 1.1.2(7) eliminiert

$$c_F \dot{F} T_{F,ein} + c_L \dot{L} T_{L,ein} + \dot{W} = c_F \dot{F} T_{F,aus} + c_L \dot{L} T_{L,aus} +$$
$$+ k_V A_V(T_L - T_\infty) + (c_L L_n + c_s S) \frac{dT_L}{dt} \qquad 1.1.2(37)$$

Nun waren gegeben $T_{L,ein} = T_{LA} = T_\infty$ sowie $T_{L,aus} = T_L$. Wir führen auch hier wieder dimensionslose Variable und Parameter ein:

$$\theta_L \equiv \frac{T_L(t) - T_\infty}{T_{F,ein} - T_\infty} \qquad 1.1.2(38)$$

$$\tau \equiv \frac{c_L \dot{L}}{c_L L_n + c_s S} t \qquad 1.1.2(39)$$

$$w \equiv \frac{\dot{W}}{c_L \dot{L}(T_{F,ein} - T_\infty)} \qquad 1.1.2(40)$$

$$v \equiv \frac{k_V A_V}{c_L \dot{L}} \qquad 1.1.2(41)$$

$$m \equiv \frac{c_F \dot{F}}{c_L \dot{L}} \qquad 1.1.2(42)$$

Bedenkt man noch, daß definitionsgemäß

$$\theta_{F,aus} = \theta_F(z^* = 1) = \theta_F(NTU)$$

$$\theta_F(NTU) = \frac{T_{F,aus} - T_L}{T_{F,ein} - T_L}$$

ist, so folgt durch Umformung der Zusammenhang

$$\frac{T_{F,ein} - T_{F,aus}}{T_{F,ein} - T_\infty} = (1-\theta_F(NTU))(1-\theta_L) \qquad 1.1.2(43)$$

Damit läßt sich dann Gleichung 1.1.2(37) wie folgt in dimensionsloser Form schreiben:

$$\boxed{- \left\{m(1-\theta_F(NTU)) + w\right\} + \left\{1+m(1-\theta_F(NTU))+v\right\} \theta_L + \frac{d\theta_L}{d\tau} = 0} \qquad 1.1.2(44)$$

Die Anfangsbedingung lautet

$$\theta_L\{0\} = 0 \quad .$$

V. Mathematische Auflösung

Die Integration der Gl. 1.1.2(35) ergibt

$$-\int_0^{NTU} d\zeta = \int_1^{\theta_F\{NTU\}} \frac{d\theta_F}{\theta_F} \qquad 1.1.2(45)$$

$$\boxed{\theta_F\{NTU\} = e^{-NTU}} \qquad 1.1.2(46)$$

Die Gl. 1.1.2(44) lautet damit

$$-\left\{m(1-e^{-NTU}) + w\right\} + \left\{1+m(1-e^{-NTU}) + v\right\} \theta_L + \frac{d\theta_L}{d\tau} = 0 \qquad 1.1.2(47)$$

Zweckmäßig wenden wir uns der Frage zu, ob Beharrungs- oder Gleichgewichtszustände existieren. Im Beharrungszustand ist $\frac{d\theta_L}{d\tau} = 0$.

Sofern solche Zustände existieren, sollten sie für $\tau \to \infty$ erreicht werden. Aus Gl. 1.1.2(47) folgt

$$\boxed{\theta_L = \theta_{L,\infty} = \frac{m(1-e^{-NTU}) + w}{1 + m(1-e^{-NTU}) + v}} \qquad 1.1.2(48)$$

Demnach existieren Beharrungszustände ($\frac{d\theta}{d\tau} = o$), jedoch keine Gleichgewichtszustände, da die Energieströme $\dot{Q}_V$, $\dot{W}$, $\dot{H}_L$ und $\dot{H}_F$ stets $\neq 0$ sind.

Zweckmäßig formt man die Gl. 1.1.2(47) durch Einführung von $\theta_{L,\infty}$ nach Gl. 1.1.2(48) noch einmal um:

$$\left\{1+m(1-e^{-NTU}) + v\right\} (\theta_L - \theta_{L,\infty}) + \frac{d\theta_L}{d\tau} = 0 \qquad 1.1.2(49)$$

Nunmehr läßt sich auch noch eine erweiterte dimensionslose Zeit bilden

$$\tau^* \equiv \left\{1+m(1-e^{-NTU}) + v\right\} \tau \qquad 1.1.2(50)$$

Damit nimmt Gl. 1.1.2(47) schließlich die einfache Form an

$$\theta_L - \theta_{L,\infty} + \frac{d\theta_L}{d\tau^*} = 0 \qquad 1.1.2(51)$$

Sie hat die Lösung

$$-\int_0 d\tau^* = \int_0 \frac{d\theta_L}{\theta_L - \theta_{L,\infty}} \qquad 1.1.2(52)$$

$$\boxed{\theta_L = \theta_{L,\infty}(1-e^{-\tau^*})} \qquad 1.1.2(53)$$

VI. Diskussion des Ergebnisses

Für t=0, d.h. $\tau^*= 0$, wird voraussetzungsgemäß $\theta_L = 0$.
Für $t\to\infty$, d.h. $\tau^*\to \infty$, geht θ_L gegen $\theta_{L,\infty}$, d.h., es wird der Beharrungszustand erreicht.

Die Beharrungstemperatur des Kesselinhaltes $\theta_{L,\infty}$ folgt aus Gl. 1.1.2(48). Sie kann nach dieser Gleichung durchaus auch größer als eins sein. Das heißt aber, daß der Kesselinhalt heißer als die Zulauftemperatur der Heizflüssigkeit werden muß. In diesem Falle würde die Heizschlange als Kühlschlange wirken, um einen Teil der durch das Rührwerk zugeführten Energie abzuführen.

Frage: Ist diese Umkehr der ursprünglichen Funktion der Heizschlange technisch möglich?

Antwort: Ja, denn nach Gl. 1.1.2(21) wird $d\dot{Q}_F < 0$, wenn $T_L > T_F$ wird.

Vorausgesetzt ist in diesem Falle, daß T_L in keinem Fall die Siedetemperatur des Kesselinhaltes überschreitet, da sonst Verdampfung eintritt.

1.2 Der Doppelrohrapparat

I. Beschreibung des Gegenstandes

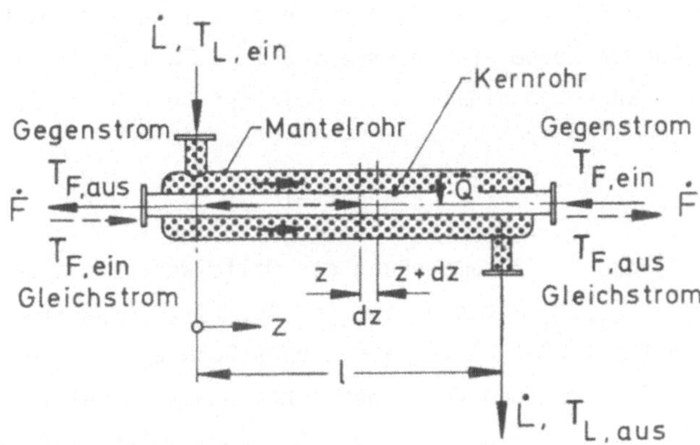

Abb. 1.2(1) Doppelrohrapparat

Wie in der Abb. 1.2(1) dargestellt, fließt durch das Mantelrohr der Flüssigkeitsstrom $\dot{L}$, während im Kernrohr der Flüssigkeitsstrom $\dot{F}$ entweder im Gegenstrom (←—) oder im Gleichstrom (– –→) dazu geführt werden kann. Sind die Eintrittstemperaturen beider Ströme verschieden, so wird zwischen ihnen durch die Wand des Kernrohres hindurch Wärme ausgetauscht.

II. Formulierung der Frage

Wenn die beiden Flüssigkeitsströme $\dot{L}$ und $\dot{F}$ und ihre Eintrittstemperaturen $T_{L,ein}$ und $T_{F,ein}$ gegeben sind, wie groß sind dann die Austrittstemperaturen $T_{L,aus}$ und $T_{F,aus}$ bei Gleich- und bei Gegenstrom im stationären Zustand?

III. Bereitstellung der physikalischen Grundlagen

Energiebilanzen

a) Bilanzraum "ganzer Apparat"

$$c_L \dot{L} T_{L,ein} + c_F \dot{F} T_{F,ein} = c_L \dot{L} T_{L,aus} + c_F \dot{F} T_{F,aus} \qquad 1.2(1)$$

Diese Bilanz verknüpft $T_{L,aus}$ mit $T_{F,aus}$, erlaubt jedoch noch nicht die Berechnung dieser beiden Temperaturen.

b) Bilanzraum "Mantelrohr"

$$c_L \dot{L} T_{L,ein} - \dot{Q} = c_L \dot{L} T_{L,aus} \qquad 1.2(2)$$

Hierbei ist $\dot{Q}$ die längs des gesamten Kernrohres zwischen $\dot{L}$ und $\dot{F}$ ausgetauschte Wärme. Da der Temperaturunterschied $T_L - T_F$ lokal veränderlich ist, d.h. von der Längenkoordinate z abhängig ist, entsteht beim kinetischen Ansatz

$$\dot{Q} = kA\,(T_L - T_F)_{mittel} \qquad 1.2(3)$$

die Schwierigkeit, daß der Zusammenhang des Mittelwertes des Temperaturunterschiedes $(T_L-T_F)_{mittel}$ mit den Ein- und Austrittstemperaturen zunächst nicht bekannt ist. Der Ausweg aus dieser Schwierigkeit besteht nun darin, daß man die Bilanzen und den kinetischen Ansatz nicht für den ganzen Apparat, sondern lokal, d.h. an einer herausgegriffenen Stelle z ansetzt. Ist f der Strömungsquerschnitt des Kernrohres, dann ist der lokale Bilanzraum für das Kernrohr $dV = f \cdot dz$. Dieser Bilanzraum hat die Wärme - übertragungsfläche $dA = U \cdot dz$, wenn U der Umfang des Kernrohres ist. Die Energiebilanz lautet hierfür im Falle des Gleichstromes mit

$$\dot{E}_{zu} = \dot{H}_{F,z} + d\dot{Q} \qquad 1.2(4)$$

$$\dot{E}_{ab} = \dot{H}_{F,z+dz} \qquad 1.2(5)$$

$$\frac{dE}{dt} = 0 \quad \text{(stationärer Zustand)} \qquad 1.2(6)$$

$$\dot{H}_{F,z} + d\dot{Q} = \dot{H}_{F,z+dz} \qquad 1.2(7)$$

Mit $\dot{H}_{F,z+dz} = \dot{H}_{F,z} + \frac{d\dot{H}_F}{dz}\,dz$ folgt hieraus

$$\boxed{-\frac{d\dot{H}_F}{dz} + \frac{d\dot{Q}}{dz} = 0} \quad \text{für den Gleichstrom} \qquad 1.2(8)$$

und

$$\boxed{\frac{d\dot{H}_F}{dz} + \frac{d\dot{Q}}{dz} = 0} \quad \text{für den Gegenstrom} \qquad 1.2(9)$$

Beim kinetischen Ansatz ist zu beachten, daß in der Energiebilanz der Wärmestrom $\dot{Q}$ in Bezug auf das Kernrohr als Energiezufuhr eingesetzt wurde. Da Wärme als Folge des "Zweiten Hauptsatzes" immer nur in Richtung abnehmender Temperatur übertragen werden kann, muß der kinetische Ansatz lauten

$$\boxed{d\dot{Q} = k(T_L - T_F)\ dA} \qquad 1.2(10)$$

Die Zählrichtung von $\dot{Q}$ in der Energiebilanz ist willkürlich. Hätten wir $\dot{Q}$ in Bezug auf das Kernrohr als Energieabfuhr eingesetzt, also

$$\dot{H}_{F,z} = d\dot{Q} + \dot{H}_{F,z+dz}$$

geschrieben, dann hätte der kinetische Ansatz

$$d\dot{Q} = k(T_F - T_L)\ dA$$

lauten müssen!

In jedem Falle muß bei der

IV. Entwicklung nach den gesuchten Größen

das gleiche Ergebnis herauskommen. Die Elimination von $d\dot{Q}$ mit

$$\dot{H}_F = c_F\ \dot{F}\ T_F \qquad 1.2(11)$$

und

$$\dot{H}_L = c_L\ \dot{L}\ T_L \qquad 1.2(12)$$

ergibt

$$c_F\ \dot{F}\ dT_F + k(T_F - T_L)\ dA = 0 \qquad 1.2(13a)$$

für den Gleichstrom und

$$-c_F\ \dot{F}\ dT_F + k(T_F - T_L)\ dA = 0 \qquad 1.2(13b)$$

für den Gegenstrom.

Für den Bilanzraum "Mantelrohr" erhält man analog

$$\frac{d\dot{H}_L}{dz} + \frac{d\dot{Q}}{dz} = 0 \qquad 1.2(14)$$

$$c_L\ \dot{L}\ dT_L + k(T_L - T_F)\ dA = 0 \qquad 1.2(15)$$

unabhängig von der Strömungsrichtung von $\dot{F}$. Mit den Gleichungen 1.2(13a/13b) und 1.2(14) haben wir nun zwei Gleichungen für die beiden unbekannten $T_L(z)$ und $T_F(z)$. ($dA = U\ dz$)

Diese Gleichungen lassen sich auch mit Hilfe der NTU in dimensionsloser Form schreiben:

$$\boxed{\pm NTU_F(T_F - T_L) + \frac{dT_F}{d\zeta} = 0} \quad 1.2(16)$$

(+ für Gleichstrom, - für Gegenstrom)

$$\boxed{NTU_L(T_L - T_F) + \frac{dT_L}{d\zeta} = 0} \quad 1.2(17)$$

worin

$$NTU_F = \frac{kA}{c_F \dot{F}} \quad 1.2(18)$$

und

$$NTU_L = \frac{kA}{c_L \dot{L}} \quad 1.2(19)$$

die Anzahlen der Übertragungseinheiten sowie

$$\zeta = \frac{z}{T} \quad 1.2(20)$$

die dimensionslose Länge des Doppelrohres sind.

Die Randbedingungen lauten

beim Gleichstrom $T_F(0) = T_{F,ein}$

$T_L(0) = T_{L,ein}$

und beim Gegenstrom $T_F(1) = T_{F,ein}$

$T_L(0) = T_{L,ein}$

V. Mathematische Auflösung

Die Lösung enthält offensichtlich zwei Parameter, nämlich NTU_L und NTU_F. Zur Lösung der Gl. 1.2(16) und 1.2(17) kann man beide Gleichungen durch Bildung höherer Ableitungen entkoppeln. Auf diesem Wege findet man mit der Ableitung der Gl. 1.2(16)

$$\pm NTU_F\left(\frac{dT_F}{d\zeta} - \frac{dT_L}{d\zeta}\right) + \frac{d^2T_F}{d\zeta^2} = 0 \quad 1.2(21)$$

und Elimination von T_L sowie $\frac{dT_L}{d\zeta}$ die Grundgleichung für T_F:

$$\boxed{\frac{d^2T_F}{d\zeta^2} + (NTU_L \pm NTU_F)\frac{dT_F}{d\zeta} = 0} \qquad 1.2(22)$$

(+ für Gleichstrom, - für Gegenstrom)

Analog erhält man für T_L

$$\boxed{\frac{d^2T_L}{d\zeta^2} + (NTU_L \pm NTU_F)\frac{dT_L}{d\zeta} = 0} \qquad 1.2(23)$$

Zur Lösung dieser beiden Gleichungen benötigt man neben den genannten Randbedingungen noch die folgenden

$$NTU_F(T_{F,ein} - T_{L,ein}) + \left(\frac{dT_F}{d\zeta}\right)_{\zeta=0} = 0 \qquad 1.2(24)$$

und

$$NTU_L(T_{L,ein} - T_{F,ein}) + \left(\frac{dT_L}{d\zeta}\right)_{\zeta=0} = 0 \qquad 1.2(25)$$

für den Fall des Gleichstromes sowie

$$-NTU_F(T_{F,aus} - T_{L,ein}) + \left(\frac{dT_F}{d\zeta}\right)_{\zeta=0} = 0 \qquad 1.2(26)$$

und

$$NTU_L(T_{L,ein} - T_{F,aus}) + \left(\frac{dT_L}{d\zeta}\right)_{\zeta=0} = 0 \qquad 1.2(27)$$

für den Fall des Gegenstromes.

Die Lösungen lauten mit den Ansätzen

$$\frac{dT_F}{d\zeta} = C_F \exp\left(-(NTU_L \pm NTU_F)\zeta\right) \qquad 1.2(28)$$

bzw.

$$\frac{dT_L}{d\zeta} = C_L \exp\left(-(NTU_L \pm NTU_F)\zeta\right) \qquad 1.2(29)$$

$$\frac{T_F(\zeta) - T_{F,ein}}{T_{L,ein} - T_{F,ein}} = \frac{NTU_F}{NTU_F + NTU_L}\left\{1 - \exp\left[-(NTU_F + NTU_L)\,\zeta\right]\right\} \qquad 1.2(30)$$

bzw.

$$\frac{T_L(\zeta) - T_{L,ein}}{T_{F,ein} - T_{L,ein}} = \frac{NTU_L}{NTU_F + NTU_L}\left\{1 - \exp\left[-(NTU_F + NTU_L)\,\zeta\right]\right\} \qquad 1.2(31)$$

für den Gleichstrom und

$$\frac{T_F(\zeta) - T_{F,aus}}{T_{L,ein} - T_{F,aus}} = \frac{-NTU_F}{NTU_L - NTU_F} \left\{1 - \exp\left[-(NTU_L - NTU_F)\,\zeta\right]\right\} \qquad 1.2(32)$$

bzw.

$$\frac{T_L(\zeta) - T_{L,ein}}{T_{F,aus} - T_{L,ein}} = \frac{NTU_L}{NTU_L - NTU_F} \left\{1 - \exp\left[-(NTU_L - NTU_F)\,\zeta\right]\right\} \qquad 1.2(33)$$

für den Gegenstrom.

Die Gleichung 1.2(32) und 1.2(33) sind für $NTU_L = NTU_F$ nicht definiert. Man erhält durch Reihenentwicklung

$$\frac{T_F(\zeta) - T_{F,aus}}{T_{L,ein} - T_{F,aus}} = -NTU_F\,\zeta \qquad 1.2(32a)$$

bzw.

$$\frac{T_L(\zeta) - T_{L,ein}}{T_{F,aus} - T_{L,ein}} = NTU_L\,\zeta \qquad 1.2(33a)$$

Für den Gleichstrom ergibt sich nach den Gleichungen 1.2(30) und 1.2(31) ein Verlauf der Temperaturen T_F, bzw. T_L über der Länge des Doppelrohres, wie dies Abb. 1.2(2) zeigt.

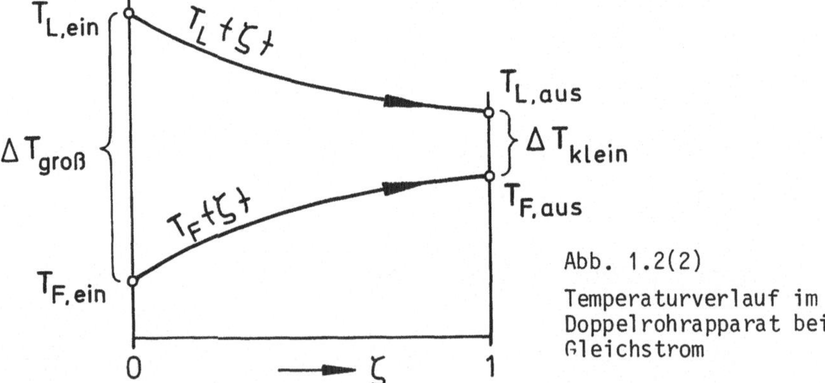

Abb. 1.2(2)
Temperaturverlauf im Doppelrohrapparat bei Gleichstrom

Den Verlauf für den Gegenstrom entsprechend den Gleichungen 1.2(32) und 1.2(33) zeigt Abb. 1.2(3)

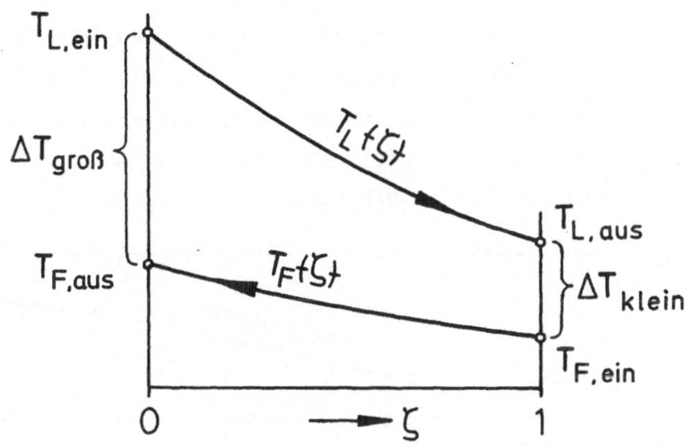

Abb. 1.2(3) Temperaturverlauf im Doppelrohrapparat bei Gegenstrom, $NTU_L > NTU_F$

Man erkennt, daß beim Gleichstrom $T_{F,aus}$ niemals größer $T_{L,aus}$ werden kann, wohingegen dies beim Gegenstrom durchaus möglich ist. Der Gegenstromapparat ist demnach in der Lage, Wärme zu einem gewissen Grad reversibel zu übertragen. Man definiert einen Wirkungsgrad ε des Wärmeübertragers in Bezug auf jeweils einen der beiden Ströme in der Form

$$\text{Wirkungsgrad} = \frac{\text{Temperaturänderung}}{\text{maximaler Temperaturunterschied}}$$

und erhält z.B. in Bezug auf den Strom $\dot{L}$

$$\varepsilon_L = \frac{T_{L,ein} - T_{L,aus}}{T_{L,ein} - T_{F,ein}} \qquad 1.2(34)$$

Für den Gleichstrom ergibt sich dieser Wirkungsgrad aus Gl. 1.2(31) unmittelbar zu

$$\varepsilon_{L,Gl} = \frac{NTU_L}{NTU_L + NTU_F} \left\{1 - \exp\left[-(NTU_L + NTU_F)\right]\right\} \qquad 1.2(35)$$

Für den Gegenstrom erhält man aus Gl. 1.2(33)

$$\varepsilon_{L,Gg} = \frac{NTU_L(1 - \exp\left[-(NTU_L - NTU_F)\right])}{NTU_L - NTU_F\left[\exp -(NTU_L - NTU_F)\right]} \qquad 1.2(36)$$

und falls $NTU_F = NTU_L = NTU$ ist

$$\varepsilon_{Gg} = \frac{NTU}{1 + NTU} \qquad 1.2(34a)$$

Man erkennt an Hand der Gl. 1.2(34a), daß für NTU → ∞, d.h. z.B. unendlich langes Doppelrohr, der Wirkungsgrad im Falle des Gegenstromes gegen eins geht, d.h. die Wärmeübertragung vollständig reversibel ist. Beim Gleichstrom hingegen erreicht man unter den gleichen Bedingungen nur einen Wert von 0,5. Die Abb. 1.2(4) zeigt den Verlauf des Wirkungsgrades ε in Abhängigkeit der NTU für $NTU_L = NTU_F = NTU$.

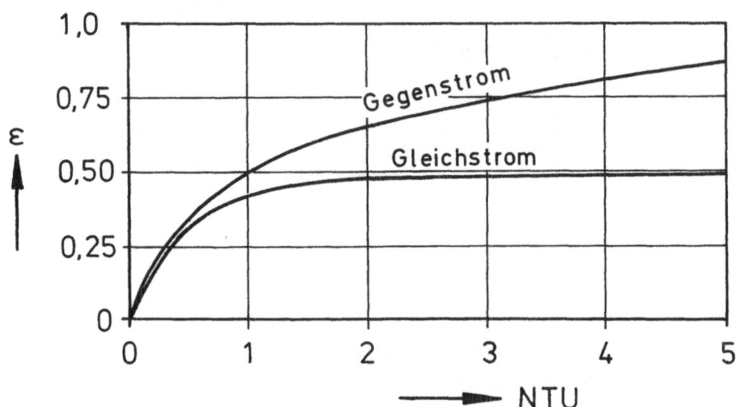

Abb. 1.2(4) Wirkungsgrad ε eines Gleich- bzw. Gegenstromwärmeübertragers für den Fall $NTU_L = NTU_F = NTU$.

Man erkennt, daß für niedrige NTU, d.h. etwa NTU < 0,10 die Wirkungsgrade von Gleich- und Gegenstromwärmeübertragern praktisch gleich groß sind. Erst bei größeren NTU-Werten machen sich die Unterschiede zwischen beiden Stromarten deutlich bemerkbar. Wärmeübertrager mit kleinem NTU nennt man "stark belastet", solche mit großem NTU "schwach belastet". Unter "Belastung" versteht man die im Mittel je Flächeneinheit übertragene Wärmemenge $\dot{q} = \dot{Q}/A$. Sie ist um so größer, je größer die Durchsätze $\dot{L}$ bzw. $\dot{F}$ sind. Große Durchsätze bedeuten kleine NTU und umgekehrt.

Für praktische Zwecke benötigt man diese mittlere Flächenbelastung $\dot{q}$ und die damit verbundene mittlere Temperaturdifferenz, die über den Wärmedurchgangskoeffizienten k miteinander verbunden sind.

$$\dot{q} = \frac{\dot{Q}}{A} = k\ (T_L - T_F)_{mittel} \qquad 1.2(37)$$

Man kann die mittlere Temperaturdifferenz $(T_L - T_F)_{mittel}$ auf verschiedenen Wegen erhalten. Der einfachste Weg führt zurück zu den Gln. 1.2(16) und 1.2(17). Subtrahiert man beide Gleichungen voneinander, so erhält man unmittelbar die lokale und durch Integration die mittlere Temperaturdifferenz:

$$(NTU_L \pm NTU_F)(T_F - T_L) + \frac{d(T_F - T_L)}{d\zeta} = 0 \qquad 1.2(38)$$

Daraus folgt

$$-\int_{T_{F,ein}-T_{L,ein}}^{T_{F,aus}-T_{L,aus}} \frac{d(T_F - T_L)}{T_F - T_L} = (NTU_L + NTU_F) \int_0^1 d\zeta \qquad 1.2(39)$$

im Falle des Gleichstromes und

$$-\int_{T_{F,aus}-T_{L,ein}}^{T_{F,ein}-T_{L,aus}} \frac{d(T_F - T_L)}{T_F - T_L} = (NTU_L - NTU_F) \int_0^1 d\zeta \qquad 1.2(40)$$

im Falle des Gegenstromes.

Nun ist außerdem

$$NTU_L + NTU_F = kA \left(\frac{1}{c_L \dot{L}} + \frac{1}{c_F \dot{F}}\right) \qquad 1.2(41)$$

und

$$\left(\frac{1}{c_L \dot{L}} + \frac{1}{c_F \dot{F}}\right) = \frac{1}{\dot{Q}} \left\{(T_{L,ein} - T_{L,aus}) + (T_{F,aus} - T_{F,ein})\right\} \qquad 1.2(42)$$

im Falle des Gleichstromes und

$$NTU_L - NTU_F = kA \left(\frac{1}{c_L \dot{L}} - \frac{1}{c_F \dot{F}}\right) \qquad 1.2(43)$$

und

$$\left(\frac{1}{c_L \dot{L}} - \frac{1}{c_F \dot{F}}\right) = \frac{1}{\dot{Q}} \left\{(T_{L,ein} - T_{L,aus}) - (T_{F,aus} - T_{F,ein})\right\} \qquad 1.2(44)$$

im Falle des Gegenstromes.

Mit diesen Zusatzgleichungen folgt aus Gl. 1.2(39)

$$\dot{Q} = kA \frac{(T_{L,ein} - T_{F,ein})-(T_{L,aus} - T_{F,aus})}{\ln \dfrac{T_{L,ein} - T_{F,ein}}{T_{L,aus} - T_{F,aus}}} \qquad 1.2(45)$$

für den Gleichstrom und

$$\dot{Q} = kA \frac{(T_{L,ein} - T_{F,aus})-(T_{L,aus} - T_{F,ein})}{\ln \dfrac{T_{L,ein} - T_{F,aus}}{T_{L,aus} - T_{F,ein}}} \qquad 1.2(46)$$

für den Gegenstrom.

Man erkennt, daß der mittlere Temperaturunterschied sowohl für Gleichstrom wie für Gegenstrom in gleicher Weise gebildet wird. Mit den Bezeichnungen in den Abb. 1.2(2) und 1.2(3) folgt aus Gl. 1.2(45) wie auch aus Gl. 1.2(46)

$$\boxed{(T_L - T_F)_{mittel} = \frac{\Delta T_{groß} - \Delta T_{klein}}{\ln \dfrac{\Delta T_{groß}}{\Delta T_{klein}}}} \qquad 1.2(47)$$

Man nennt dies den

"logarithmischen mittleren Temperaturunterschied $\overline{\Delta T}_{log}$" .

Sodann lauten die Gleichungen 1.2(45) und 1.2(46)

$$\boxed{\dot{Q} = kA\ \Delta T_{log}} \qquad 1.2(48)$$

Diese Gleichung ist in der Regel Ausgangspunkt bei der Dimensionierung von Gleich- und Gegenstromwärmeaustauschern.

Parallelbetrieb von zwei Doppelrohrapparaten

- Verteilungsprobleme -

Oft müssen mehrere Doppelrohrapparate parallel geschaltet werden, um entsprechend große Durchsätze verarbeiten zu können. Dabei muß darauf geachtet werden, daß die parallel geschalteten Apparate mit genau gleichgroßen Teilmengen beaufschlagt werden, da andernfalls - besonders bei schwach belasteten Apparaten - erhebliche Leistungsminderungen eintreten können. Dies sei am Beispiel von zwei parallel im Gegenstrom betriebenen Doppelrohrapparaten nachgewiesen. Die Abb. 1.2(5) zeigt die Anordnung der beiden Apparate. Im Falle einer Gleichverteilung sind $\dot{F}' = \dot{F}''$ und $\dot{L}' = \dot{L}''$. Aufgrund von Fertigungstoleranzen oder schlecht ausgeführten Verteilern und Sammlern können die Teilmengen auch mehr oder weniger verschieden sein.

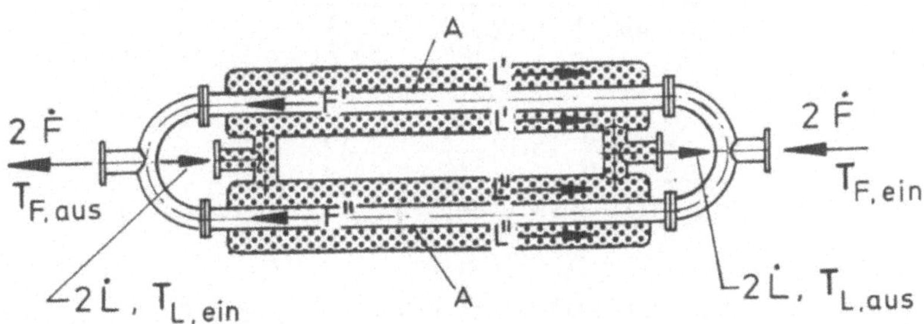

Abb. 1.2(5) Parallelbetrieb von zwei Doppelrohrapparaten

Ist zum Beispiel

$$\dot{L}' = \dot{L} - \Delta\dot{L} \quad \text{und} \quad \dot{F}' = \dot{F} + \Delta\dot{F} \qquad 1.2(49)$$

$$\dot{L}'' = \dot{L} + \Delta\dot{L} \qquad\qquad \dot{F}'' = \dot{F} - \Delta\dot{F} \qquad 1.2(50)$$

so folgt mit

$$NTU_L = \frac{kA}{c_L \dot{L}} \quad \text{und} \quad NTU_F = \frac{kA}{c_F \dot{F}} \qquad 1.2(51)$$

sowie

$$\frac{\Delta\dot{L}}{\dot{L}} \equiv \Lambda_L \quad \text{und} \quad \frac{\Delta\dot{F}}{\dot{F}} \equiv \Lambda_F \qquad 1.2(52)$$

für die auf die $\dot{L}$-Ströme bezogenen Wirkungsgrade

$$\varepsilon'_{L,Gg} = \frac{\frac{NTU_L}{1-\Lambda_L}\left\{1-\exp\left[-\left(\frac{NTU_L}{1-\Lambda_L}-\frac{NTU_F}{1+\Lambda_F}\right)\right]\right\}}{\frac{NTU_L}{1-\Lambda_L}-\frac{NTU_F}{1+\Lambda_F}\exp\left[-\left(\frac{NTU_L}{1-\Lambda_L}-\frac{NTU_F}{1+\Lambda_F}\right)\right]} \qquad 1.2(53)$$

und

$$\varepsilon''_{L,Gg} = \frac{\frac{NTU_L}{1+\Lambda_L}\left\{1-\exp\left[-\left(\frac{NTU_L}{1+\Lambda_L}-\frac{NTU_F}{1-\Lambda_F}\right)\right]\right\}}{\frac{NTU_L}{1+\Lambda_L}-\frac{NTU_F}{1-\Lambda_F}\exp\left[-\left(\frac{NTU_L}{1+\Lambda_L}-\frac{NTU_F}{1-\Lambda_F}\right)\right]} \qquad 1.2(54)$$

Setzen wir z.B. $\Lambda_L = \Lambda_F = \Lambda$ und $NTU_L = NTU_F = NTU$, so folgt

$$\varepsilon'_{L,Gg} = \frac{1-\exp\left\{-NTU\left(\frac{1}{1-\Lambda}-\frac{1}{1+\Lambda}\right)\right\}}{1-\frac{1-\Lambda}{1+\Lambda}\exp\left\{-NTU\left(\frac{1}{1-\Lambda}-\frac{1}{1+\Lambda}\right)\right\}} \qquad 1.2(55)$$

und

$$\varepsilon''_{L,Gg} = \frac{1-\exp\left\{-NTU\left(\frac{1}{1+\Lambda}-\frac{1}{1-\Lambda}\right)\right\}}{1-\frac{1+\Lambda}{1-\Lambda}\exp\left\{-NTU\left(\frac{1}{1+\Lambda}-\frac{1}{1-\Lambda}\right)\right\}} \qquad 1.2(56)$$

Betrachten wir nun den Grenzfall eines unendlich großen Produktes kA, also $NTU \to \infty$, so folgt aus diesen Gleichungen

$$\max \varepsilon'_{L,Gg} = 1 \quad \text{und} \quad \max \varepsilon''_{L,Gg} = \frac{1-\Lambda}{1+\Lambda}$$

Die entsprechenden Temperaturverläufe sehen dann wie folgt aus:

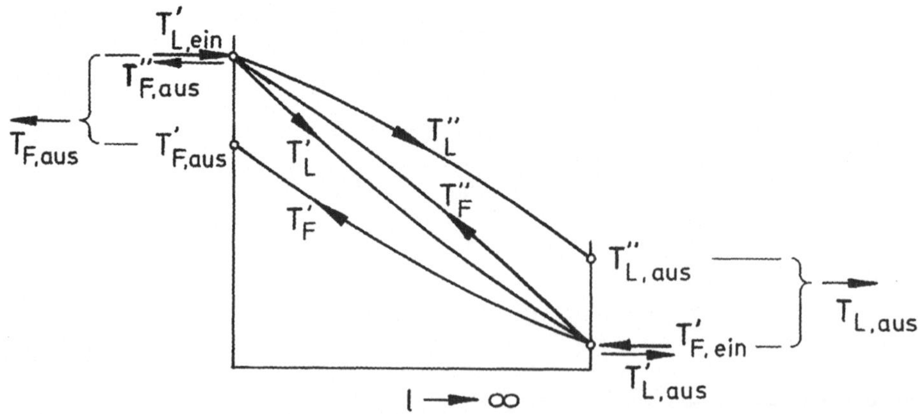

Abb. 1.2(6) Parallelbetrieb von zwei Gegenstromwärmeübertragern

Jeweils der kleinere Teilstrom erreicht am Austritt das thermische Gleichgewicht, der größere jedoch nicht. In den Sammlern werden beide Ströme gemischt. Der Gesamtwirkungsgrad beider Apparate berechnet sich dann aus

$$(\dot{L}' + \dot{L}'')\,\varepsilon = \dot{L}'\varepsilon' + \dot{L}''\varepsilon'' \qquad 1.2(57)$$

zu

$$\varepsilon_{L,Gg} = \frac{1}{2}\left[(1-\Lambda)\,\varepsilon'_{L,Gg} + (1+\Lambda)\,\varepsilon''_{L,Gg}\right] \qquad 1.2(58)$$

Für NTU $\to \infty$ erhält man daraus

$$\boxed{\max\,\varepsilon_{L,Gg} = 1 - \Lambda} \qquad 1.2(59)$$

Man erkennt, daß schon eine geringe Ungleichverteilung eine erhebliche Minderung des Gesamtwirkungsgrades mit sich bringen kann. Für vollkommene Gleichverteilung, d.h. $\Lambda = 0$ wäre in diesem Falle der maximal mögliche Gesamtwirkungsgrad gleich 1; für $\Lambda = 0{,}10$ erreicht man im günstigsten Falle nur noch 0,90.

1.3 Der Rohrbündelapparat

I. Beschreibung des Gegenstandes

Der Rohrbündelapparat besteht aus einem Bündel paralleler Rohre, die an den Enden in Lochplatten eingeschweißt oder eingewalzt sind. Das ganze Bündel ist von einem Kesselmantel umgeben. Die Lochplatten sind mit Umlenkkappen verschlossen. Das eine Medium ($\dot{L}$) strömt durch die Rohre in einem oder mehreren Durchgängen; das andere Medium strömt im Mantelraum zwischen den Rohren durch Umlenkbleche meanderförmig geführt hindurch, siehe Auszug aus dem VDI-Wärmeatlas, Ob 1 bis Ob 7.

In der Praxis stellen sich zwei Fragen:

1. Wenn die Mengenströme $\dot{L}$, $\dot{F}$, die Eintrittstemperaturen $T_{L,ein}$, $T_{F,ein}$ sowie die Übertragungsfläche A und der Wärmedurchgangskoeffizient k gegeben sind, wie groß sind dann die Austrittstemperaturen $T_{L,aus}$ und $T_{F,aus}$?

2. Wenn die Mengenströme sowie die Ein- und Austrittstemperaturen gegeben sind, wie groß muß dann die Übertragungsfläche A des Wärmeübertragers sein ?

Die erste Frage interessiert den Betriebsingenieur, die zweite den Konstrukteur. Beiden Fragen ist gemeinsam, daß man den Verlauf der Temperaturen längs der Übertragungsfläche des Wärmeübertragers bzw. längs des Strömungsweges der Mengenströme kennen muß. Aus dieser Überlegung resultiert die

II. Formulierung der Fragestellung:

Welcher funktionale Zusammenhang besteht zwischen den Temperaturen T_L bzw. T_F und der jeweiligen Position im Innern des Wärmeübertragers oder dem Strömungsweg des jeweiligen Mediums ?

Da die Position im Innern des Wärmeübertragers und der Strömungsweg gekoppelt sind, sind beide Zusammenhänge gleichwertig. Der Wärmeübertrager hat eine Übertragungsfläche A, die stetig vom einen bis zum anderen Ende zunimmt. Diese Koordinate ist nicht geeignet, bestimmte Positionen im Innern des Wärmeübertragers festzulegen.

Gliederung

1. Rohrbündel-Wärmeübertrager

Die Rohrbündel-Wärmeübertrager (RWÜ) werden wegen ihrer verhältnismäßig einfachen Herstellungsweise und der vielseitigen Verwendbarkeit für alle gasförmigen und flüssigen Stoffe innerhalb eines sehr großen Temperatur- und Druckbereichs in zahlreichen Industriezweigen, besonders in der chemischen Industrie und in Energiebetrieben, verwendet.

1.1. Benennungen, Normen

In DIN 28183 sind die Benennungen der wichtigsten Bauformen festgelegt. Bild 1 zeigt einen RWÜ mit zwei festen Böden. Seine Bauteile sind

1 Mantel,
2 Innenrohr,
3 Umlenksegment,
4 Mantelstutzen,
5 Entlüftungsstutzen,
6 Rohrboden, Rohrplatte,
7 Haubenstutzen,
8 Haube,
9 Entleerungsstutzen,
10 Apparateflansch,
11 Dehnungsausgleicher,
12 Abstandhalter,
13 Trennwand.

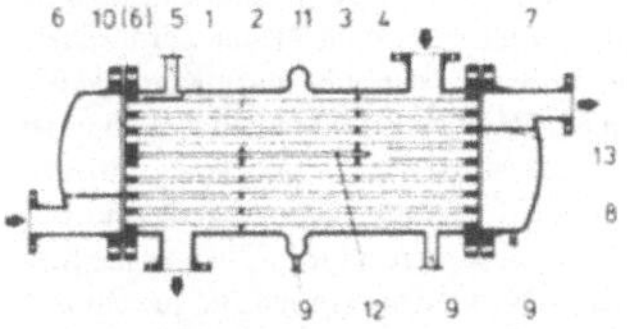

Bild 1. Bauteile eines Rohrbündel-Wärmeübertragers mit zwei festen Böden.

Für Rohrbündel-Wärmeübertrager – in deutschen Normen wird oft noch die Bezeichnung Rohrbündelwärmeaustauscher verwendet – gelten folgende Normen:

DIN

28180	Rohrbundel-Wärmeaustauscher, Maße für Innenrohre
28182	Rohrbündel-Wärmeaustauscher, Rohrteilungen und Rohrverbindungen
28183	Rohrbündel-Wärmeaustauscher, Benennungen
28184	Teil 1: Rohrbündel-Wärmeaustauscher mit zwei festen Böden, Anzahl der Gänge: 4 und 8, Innenrohr 25, Dreieckteilung 32, Anzahl und Anordnung der Innenrohre und Haltestangen
28184	Teil 3: Rohrbündel-Wärmeaustauscher mit zwei festen Böden, Anzahl der Gänge: 2, Innenrohr 25, Dreieckteilung 32, Anzahl und Anordnung der Innenrohre und Haltestangen
28186	Rohrbündel-Wärmeaustauscher mit zwei festen Böden, Anschlußmaße
28080	Sättel für liegende Apparate, Maße
28008	Allgemeintoleranzen für Rohrbündel-Wärmeaustauscher
28190	Rohrbündel-Wärmeaustauscher mit geschweißtem Schwimmkopf, Anzahl der Gänge: 2, Innenrohr 25, quadratische Teilung 32, Anzahl und Anordnung der Innenrohre, Haltestangen und Gleitschienen
28191	Rohrbündel-Wärmeaustauscher mit geflanschtem Schwimmkopf; Anzahl der Gänge: 2, 4 und 8, Innenrohr 25, quadratische Teilung 32, Anzahl und Anordnung der Innenrohre, Haltestangen und Gleitschienen
2401	Teil 1: Innen- oder außendruckbeanspruchte Bauteile, Druck- und Temperaturangaben, Begriffe, Nenndruckstufen
28001	Nenndurchmesser für chemische Apparate
28011	Gewölbte Böden, Klöpperform mit niedrigem zylindrischem Bord
28012	Gewölbte Böden, Klöpperform mit hohem zylindrischem Bord
28013	Gewölbte Böden, Korbbogenform mit niedrigem zylindrischem Bord
28014	Gewölbte Böden, Korbbogenform mit hohem zylindrischem Bord
28030	Teil 1: Flanschverbindungen für Behälter und Apparate (Apparateflanschverbindungen)
28030	Teil 2: Flanschverbindungen für Behälter und Apparate, Flansche, zulässige Maßabweichungen

*) Bearbeiter des Abschnitts **Ob**: *H. Püstel*, Ludwigshafen, und Dipl.-Ing. *K. Hanna*, Ludwigshafen

28032 Schweißflansche für Druckbehälter und -apparate aus unlegierten Stählen

28034 Vorschweißflansche für Druckbehälter und -apparate

28036 Schweißflansche für Druckbehälter und -apparate aus nichtrostenden Stählen

28038 Schweißflansche mit zylindrischem Ansatz für Druckbehälter und -apparate aus nichtrostenden Stählen

28040 Flachdichtungen für Apparate-Flanschverbindungen

28115 Stutzen aus unlegiertem Stahl: PN 10 bis PN 40

28025 Teil 1: Stutzen aus nichtrostendem Stahl: PN 10 und PN 16

28025 Teil 2: Stutzen aus nichtrostendem Stahl: PN 25 und PN 40

2391 Teil 1: Nahtlose Präzisionsstahlrohre mit besonderer Meßgenauigkeit

2393 Teil 1: Geschweißte Präzisionsstahlrohre mit besonderer Meßgenauigkeit

2448 Nahtlose Stahlrohre: Maße, längenbezogene Massen

2458 Geschweißte Stahlrohre: Maße, längenbezogene Massen

1626 Teil 3: Geschweißte Stahlrohre aus unlegierten und niedrig legierten Stählen für Leitungen, Apparate und Behälter; Rohre mit Gütevorschriften, Technische Lieferbedingungen

1629 Teil 3: Nahtlose Rohre aus unlegiertem Stahl für Leitungen, Apparate und Behalter: Rohre mit Gütevorschriften, Technische Lieferbedingungen

2462 Teil 1: Nahtlose Rohre aus nichtrostenden Stählen; Maße, längenbezogene Massen

2463 Teil 1: Geschweißte Rohre aus austenitischen nichtrostenden Stählen; Maße, längenbezogene Massen

2464 Teil 1. Nahtlose Präzisionsrohre aus nichtrostenden Stählen; Maße, Gewichte

2465 Teil 1: Geschweißte Präzisionsrohre aus austenitischen nichtrostenden Stählen; Maße, Gewichte

1785 Rohre aus Kupfer und Kupfer-Knetlegierungen für Kondensatoren und Wärmeaustauscher

17175 Nahtlose Rohre aus warmfesten Stählen: Technische Lieferbedingungen

17177 Elektrisch preßgeschweißte Rohre aus warmfesten Stählen; Technische Lieferbedingungen

17440 Nichtrostende Stähle; Gütevorschriften

1.2. Bauarten

RWÜ mit zwei festen Böden

Bei einem RWÜ mit zwei festen Böden gemäß Bild 1 und 2 sind die Rohrböden mit dem Mantel oder Mantelflansch verschweißt. An die Rohrböden angeflanschte Hauben

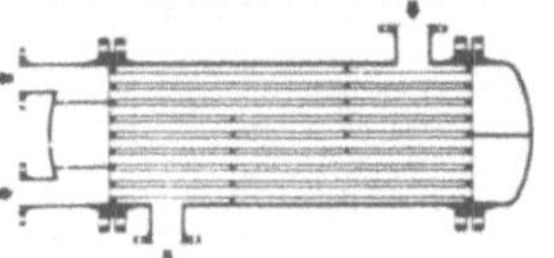

Bild 2. Viergängiger Rohrbündel-Wärmeübertrager mit zwei festen Böden.

dienen als Produktverteiler und Sammler. Durch den Einbau von Trennwänden erhält man mehrgängige Apparate; hierbei wird der Strömungsweg im Bündel verlängert und die Strömungsgeschwindigkeit erhöht. Bild 2 zeigt einen viergängigen RWÜ, während in Bild 1 ein dreigängiger Apparat dargestellt ist.

Im Mantelraum werden in der Regel Umlenksegmente angeordnet. Sie haben die Aufgabe, den im Mantelraum strömenden Stoff zu führen, die Rohre vor Schwingungsschaden zu schützen und zu verhindern, daß die Rohre ausknicken. Die Abschnittkanten der Umlenksegmente sollen dabei parallel zu den Trennwandgassen stehen. Die Reinigung dieser Apparate ist rohraußenseitig nur chemisch und rohrinnenseitig bei ausreichendem Durchmesser der Innenrohre auch mechanisch möglich (mit Hochdruckreinigungsgeräten bei Arbeitsdrücken von meistens 200 bis 400 bar ab einem lichten Durchmesser der Innenrohre von 18 bis 20 mm).

Ein- und Austrittsstutzen an Hauben und am Mantel sind so anzuordnen, daß sich keine den Wärmeübergang störenden Gaspolster bilden können. Solche Gaspolster führen außerdem an den Trennflächen zwischen Flüssigkeit und Gas zu Stoffkonzentrationen und damit zur Korrosionsbildung an Innenrohren, Mantel oder Hauben.

Bei axial angeordneten Haubenstutzen muß darauf geachttet werden, daß alle Innenrohre gleichmäßig beaufschlagt werden. Das ist in manchen Fällen, besonders bei hoher Strömungsgeschwindigkeit im Stutzen eines eingängigen RWÜ, nur möglich, wenn man in die Haube Leitbleche einschweißt oder an Stelle der Haube einen Konus verwendet. Können der Rohr- und der Mantelraum über den Weg durch die Produktstutzen nicht vollständig entleert und entluftet werden, sind am Apparat zusätzlich Entlüftungs- und Entleerungsstutzen anzuordnen (siehe hierzu Bild 23, Entleerung/Entlüftung durch Bohrungen in den Rohrböden und [2] Bild 161, 168, 173, 191, 193). Die Trennwände in den Hauben erhalten kleine Entlüftungs- bzw. Entleerungsbohrungen.

RWÜ mit Schwimmkopf

Bild 3 zeigt einen RWÜ mit zwei Rohrwegen und einem Mantelweg, Bild 4 und 5 zeigen Apparate mit zwei Rohr- und zwei Mantelwegen. Beide Bauarten werden auch bei

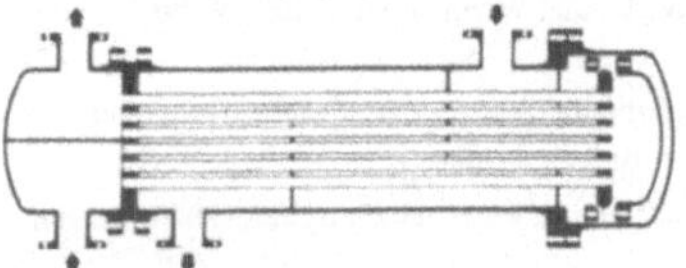

Bild 3. Rohrbündel-Wärmeübertrager mit Schwimmkopf und einem Mantelweg.

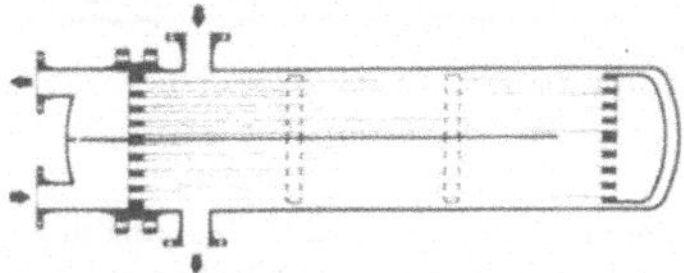

Bild 4. Rohrbündel-Wärmeübertrager mit Schwimmkopf und zwei Mantelwegen.

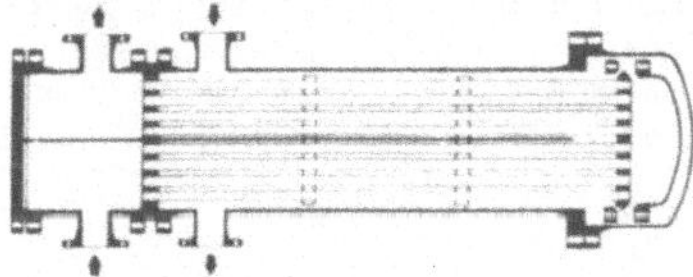

Bild 5. Rohrbündel-Wärmeübertrager mit Schwimmkopf und zwei Mantelwegen.

hohen Temperaturen und Drücken angewendet. Die Rohrbündel sind ausziehbar, einer der Rohrböden ist lösbar mit dem Mantelflansch verbunden, der andere kann sich frei bewegen.

Wenn mit Verschmutzung der Rohraußenflächen gerechnet werden muß, verwendet man in der Regel die quadratische Rohrteilung. Bei zu erwartender Verschmutzung der Rohrinnenflächen kann an Stelle der Stutzenhaube auch eine Vorkammer mit einem ebenen Deckel eingesetzt werden (bessere Demontage des Deckels gegenüber Haube, vor allem bei großen Apparaten).

Die in Bild 4 und 5 gezeigten Bauarten haben eine Längstrennwand im Mantelraum; die Abdichtung ist problematisch (Blatt Ob 11 und Bild 30).

Die Randgängigkeit (Bypass-Strömung) muß durch Verdrängerkörper, das Schwingen oder Durchhängen der Innenrohre durch Anordnung von Stützgittern gemäß Bild 8 verhindert werden. In manchen Fällen entstehen, konstruktiv bedingt, große Abstände zwischen dem ersten bzw. letzten Umlenksegment und dem Rohrboden. Dieser Totraum kann verringert werden, wenn unter dem Mantelstutzen ein Umlenkkasten angeordnet wird, wie Bild 6 und 7 verdeutlichen.

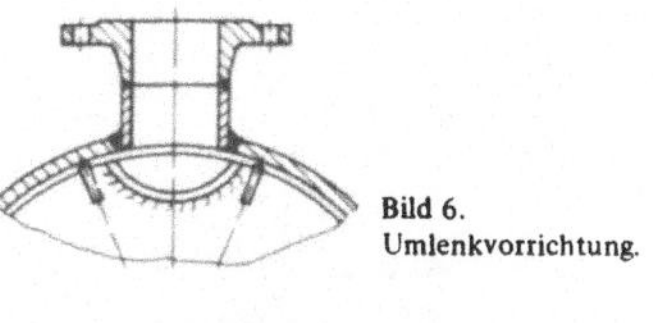

Bild 6. Umlenkvorrichtung.

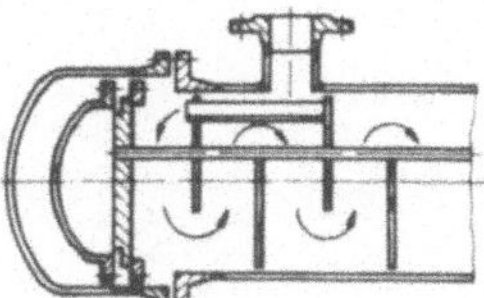

Bild 7. Umlenkkasten zwecks Verminderung des Totraums.

Bild 8. Stützgitter.

RWÜ mit Haarnadelrohren

Dieser RWÜ-Typ gemäß Bild 9 hat nur einen Rohrboden mit darin befestigten zurückkehrenden Rohren. Er wird nur liegend gebaut, wenn eine vollständige Entleerung oder Entlüftung möglich sein soll, und ist ebenfalls für hohe Temperaturen und Drücke geeignet.

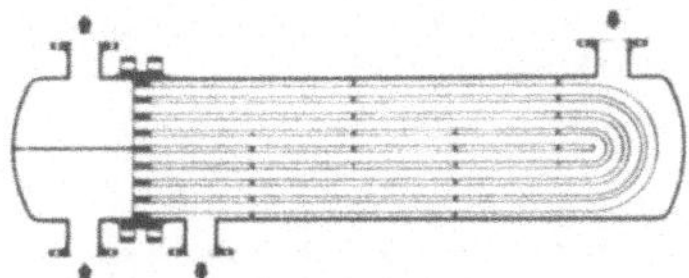

Bild 9. Rohrbündel-Wärmeübertrager mit Haarnadelrohren.

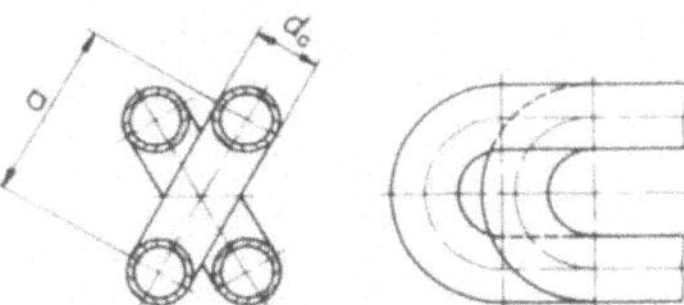

Bild 10. Anordnung der Haarnadelrohre.

Die Rohrinnenflächen können nur chemisch, die Rohraußenflächen auch mechanisch gereinigt werden. Die nächst der Apparatemittellinie gelegene erste Haarnadelrohrreihe ordnet man über Kreuz an, wie Bild 10 zeigt; der kleinstmögliche Biegeabstand für ein Haarnadelrohr ist abhängig von der Wanddicke, d. h. $a = 3\,d_a$.

Rohrbündel der Apparate gemäß Bild 4 und 9 können auch ohne Mantel zur Verdampfung von Flüssigkeiten oder zur Beheizung von Behältern oder Großtanks beliebiger Bauform verwendet werden, wenn das Bündel durch einen Stutzen in den Flüssigkeitsraum eingeführt wird. Dabei erhält das Rohrbündel an Stelle der Umlenkbleche runde Stützbleche, die die Innenrohre gegen Schwingungen schützen. Bild 11 zeigt hierzu ein Beispiel.

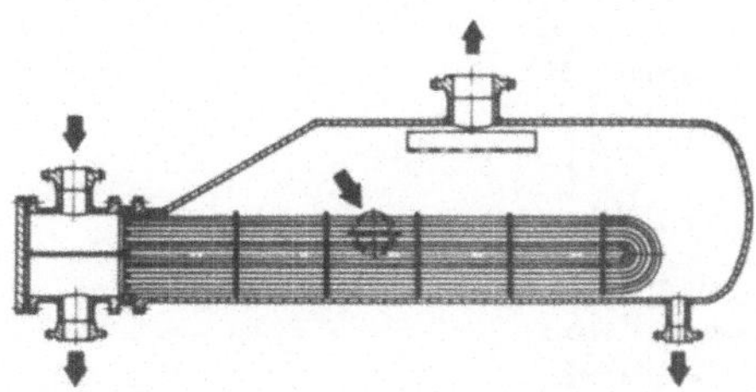

Bild 11. Rohrbündel-Wärmeübertrager, Bauart „Kettle-Type".

RWÜ mit Stopfbuchse

RWÜ mit Stopfbuchse nach Bild 12a werden vorwiegend bei Betriebsdrücken von 6 bis 10 bar und Temperaturen bis 200 °C eingesetzt. Das Rohrbündel ist ausziehbar. Die Abdichtung des Mantelraumes erfolgt am „festen" Rohrboden durch eine Flachdichtung und am beweglichen mit einer Stopfbuchse, etwa gemäß Bild 12b. Die Rohrteilungspläne dieser RWÜ erhalten meist keine Dichtungsgassen, die Rohrböden werden bei eingewalzten Rohren häufig zur besseren Auflage der Trennwanddichtung plangedreht. Die wirksame Dichtungsbreite der zwischen der Trennwand und dem Rohrboden eingespannten Dichtung beträgt 3 bis 4 mm (Bild 29c). Die Mäntel dreht man manchmal innen aus; dadurch sind enge Spalte zwischen Mantel und Umlenkringen möglich.

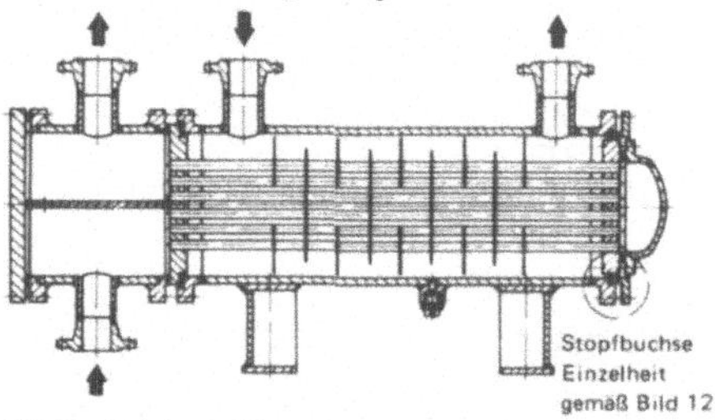

Bild 12a. Rohrbündel-Wärmeübertrager mit Stopfbuchse.

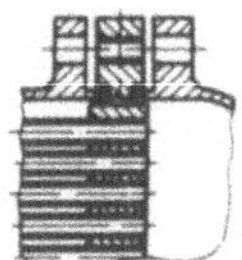

Bild 12b. Einzelheiten zu Bild 12a.

Umlaufverdampfer

Umlaufverdampfer (UV) dienen zum Eindampfen oder Konzentrieren von z. B. Säuren, Laugen und Salzlösungen. Es sind dampfbeheizte Rohrbündelapparate mit festen Rohrböden und darin eingeschweißten geraden Rohren mit Rohrlängen von etwa 1000 bis 3000 mm und einem Außendurchmesser von 25 bis 60,3 mm. Die Rohre werden durch Stützbleche gehalten, um Schwingungsschäden zu vermeiden. Bild 13 zeigt den Längsschnitt eines solchen Apparates.

Die obere Brüdenaustrittshaube sollte bei Naturumlaufverdampfern so ausgebildet werden, daß keine toten Zonen und keine Wirbelbildungen entstehen können (z. B. als Segmentkrümmer). Der Stutzenquerschnitt entspricht ungefähr dem lichten Querschnitt aller Heizrohre. Der Durchmesser des Flüssigkeitseintrittsstutzens wird mindestens halb so groß wie der Durchmesser des Brüdenaustrittsstutzens gewählt.

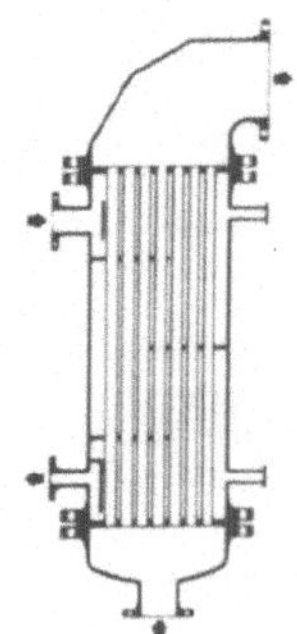

Bild 13. Umlaufverdampfer.

Fallfilmverdampfer

Fallfilmverdampfer (FV) gemäß Bild 14 sind ebenfalls dampfbeheizte Rohrbündelapparate mit zwei festen Rohrböden und darin eingeschweißten geraden nahtlosen Rohren mit einem Außendurchmesser von 25 bis 88,9 mm und einer Rohrlänge von 4000 bis 8000 mm. Die Innenrohre sind schwingungsgefährdet; sie sollten durch Stützbleche gehalten werden.

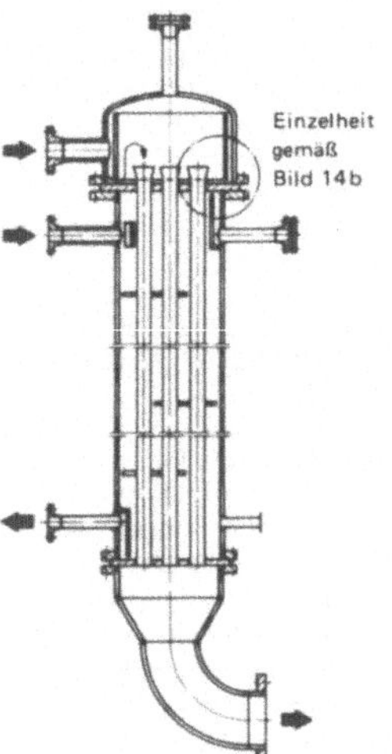

Bild 14a. Fallfilmverdampfer.

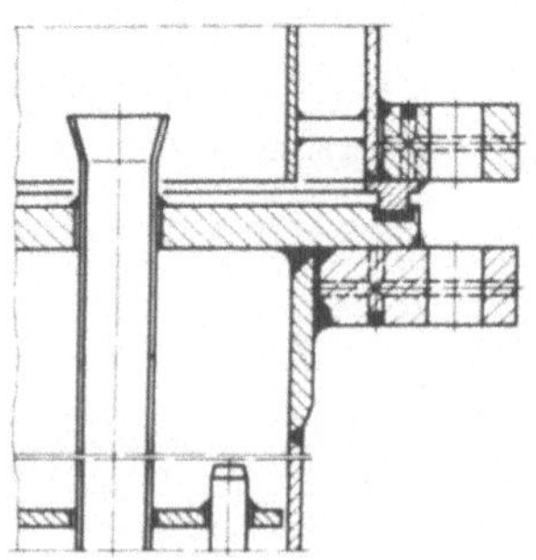

Bild 14b. Einzelheit zu Bild 14a.

Bei der in Bild 14a und 14 b dargestellten Konstruktion stehen die aufgeweiteten, senkrecht zur Rohrachse plangefrästen Rohre mit einer gegenüber DIN 28 182 vergrößerten Rohrteilung am oberen Rohrboden vor. Die Flüssigkeit wird im Verdampferkopf über einen ring- oder haubenförmigen Verteiler eingeleitet und strömt dann als verdampfender Film an den Rohrinnenwänden nach unten. Diese Konstruktion ist für Flüssigkeiten bis zu einer Viskosität von etwa 1 mPas anwendbar.

Um eine gleichmäßige Beaufschlagung mit Flüssigkeit zu erreichen, müssen die Überlauf- oder Einlaufkanten aller Rohre möglichst genau horizontal ausgerichtet sein, und der obere Rohrboden muß biegesteif sein. Mit zunehmender Viskosität der einzudampfenden Flüssigkeit wird die gleichmäßige Beaufschlagung aller Rohre schwierig. In solchen Fällen können z. B. Verteilerrohre angeordnet werden.

Weitere Möglichkeiten zur Flüssigkeitsverteilung sind: Beaufschlagung der einzelnen Rohre mit Düsen oder mit über dem Rohrboden angeordneten Lochblechen mit Abtropfkanten an den Bohrungen oder mit darin eingeschweißten, über die Blechkanten vorstehenden Abtropfrohren. Der Lochteilungsplan wird so gewählt, daß die ablaufende Flüssigkeit jeweils auf den Stegmittelpunkt von drei im Rohrboden eingeschweißten benachbarten Rohren auftrifft. Die Verteilung der einzudampfenden Flüssigkeit kann auch mit aus dem Rohrboden vorstehenden geschlitzten Rohren oder mit darin eingehängten Drallkörpern erfolgen.

Oberflächenkondensatoren

Oberflächenkondensatoren kommen als reine Kondensatoren und als Kondensatoren mit partieller Kondensation zum Einsatz. Bei Vakuumkondensatoren gemäß Bild 15 erfordert das anfänglich große Dampfvolumen und der möglichst klein zu haltende Druckverlust entsprechend große Eintrittsstutzen und einen rohrfreien Raum bzw. bei größeren Apparaten keilförmige Gassen. In kritischen Fällen sollte die Teilung der vor dem Dampfeintrittsstutzen liegenden hochbelasteten ersten Rohrreihen zusätzlich erweitert werden.

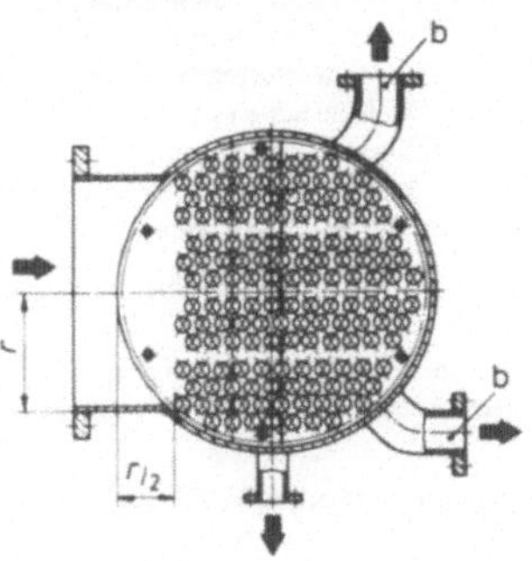

Bild 15. Querschnitt eines Vakuumkondensators.

Je nach dem, ob die Dichte der Inerte kleiner oder größer als die des Dampfes ist, wird der Inertgasstutzen b oben oder im unteren Drittel des Kondensatormantels eingeschweißt. Sitzen der Inertgas- und der Dampfstutzen auf gleicher Seite, werden Inerte bei unvorteilhafter Geometrie des Rohrteilungsplanes (z. B. rohrfreier Raum vor Dampfeintrittsstutzen) – dem Weg des geringsten Widerstandes folgend – unter weitgehender Umgehung des Rohrbündels ungekühlt am Stutzen b abgesaugt.

Bei liegenden Kondensatoren stehen die Abschnittkanten der Umlenksegmente senkrecht zu den Trennwandgassen. Im Gegensatz zu den Kondensatoren mit partieller Kondensation dienen Umlenksegmente bei reinen Vakuumkondensatoren nur zur Rohrabstützung oder auch zur Abdichtung gegen Bypass-Ströme.

Das Kühlwasser wird trotz des meist niedrigeren Wärmeübergangskoeffizienten durch die Rohre geführt. Die Anzahl der Rohrwege wählt man so, daß das Kühlwasser unter Berücksichtigung des zulässigen Druckverlustes und der eventuell im Wasser vorhandenen abrasiv wirkenden Stoffe mit möglichst hoher Geschwindigkeit durch die Rohre strömt (Tabelle 14).

Stromführung im Rohrbündel-Wärmeübertrager

Bei der Auslegung eines RWÜ muß man zunächst wissen, welcher Stoff durch die Rohre und welcher im Rohraußenraum strömen soll. Hierfür sind u. a. folgende Gesichtspunkte maßgebend:

- Druck und Temperatur der strömenden Stoffe,
- ihre korrodierende Wirkung,
- verfügbare Werkstoffe,
- Verhältnis der Volumenströme zueinander.

Zur Verschmutzung neigende und korrosiv wirkende Stoffe wird man nach Möglichkeit durch die Rohre führen. Stoffe, die auf Grund ihrer physikalischen Eigenschaften niedrige Wärmeübergangskoeffizienten haben, werden zweckmäßigerweise um die Rohre, d. h. durch den Mantelraum geführt.

Bestimmung der Geometrie

Die Geometrie eines RWÜ wird so festgelegt, daß optimale Strömungsgeschwindigkeiten sowohl im Rohr- als auch im Mantelraum entstehen. Die hierfür notwendige Optimierung von Betriebs- und Apparatekosten ist aufwendig und nur bei teueren Apparaten oder Serienprodukten gerechtfertigt. Meist erfolgt die Ermittlung der Geometrie mit besonderen Rechenprogrammen durch Vorgabe von Stoffwerten, Innenrohrdurchmesser, Rohrteilung, Rohrlängen sowie Erfahrungswerten von maximal zulässigen Druckdifferenzen und Strömungsgeschwindigkeiten für den Rohr- und Mantelraum.

Bau- und Betrieb

Wärmeübertrager als Druckbehälter sind in der Bundesrepublik Deutschland überwachungsbedürftige Anlagen im Sinne von § 24 der Gewerbeordnung. Bau und Betrieb von Druckbehältern unterliegen der Druckbehälterverordnung vom 27. 2. 1980 sowie Anhang I und Anhang II dieser Verordnung und den Technischen Regeln Druckbehälter (TRB).

Wärmeübertrager als Dampfkessel unterliegen der Dampfkesselverordnung vom 27. 2. 1980, dem dazugehörigen Anhang I und den Technischen Regeln für Dampfkessel (TRD).

Die Bedingungen der TRB hinsichtlich Festigkeitsberechnung, Prüfung und Ausführung können im allgemeinen dann als eingehalten angesehen werden, wenn die entsprechenden Anforderungen der AD-Merkblätter erfüllt werden. TRB und TRD verweisen bezüglich bestimmter technischer Sachverhalte auch auf die zu beachtenden DIN-Normen.

Die Prüfungen vor Inbetriebnahme und wiederkehrende Prüfungen sind in den genannten Verordnungen geregelt; sie werden durchgeführt von Sachverständigen bzw. Sachkundigen, die im allgemeinen Mitarbeiter technischer Überwachungsorganisationen, z. B. der Technischen Überwachungsvereine (TÜV), sind.

Nenndrücke

Für die Wahl der Druckstufen gilt DIN 2401, Teil 1, Tabelle 1. Die Nenndrücke in bar sind 0,5; **1**; **1,6**; 2; **2,5**; 3,2; 4; 5; **6**; 8; **10**; 12,5; **16**; 20; **25**; 32; **40**; 50; **63**; 80; **100** usw. Die hervorgehobenen Druckstufen, sind zu bevorzugen. Bei höheren Drücken und teueren Werkstoffen kann es zweckmäßig sein, Drücke, die hiervon abweichen, zu wahlen.

1.3. Konstruktive Einzelheiten

Rohrteilungsplan. Ermittlung des Manteldurchmessers

RWÜ mit festen Böden erhalten meist die Dreieckteilung. Diese ermöglicht es, innerhalb eines gegebenen Hüllkreises mehr Rohre unterzubringen als bei einer quadratischen Teilung. Bild 16 gibt die Teilungsmöglichkeiten mit den Anströmwinkeln wieder. Beide Teilungsarten können in einem vollberohrten RWÜ ohne Gassen sowohl durch als auch um den Mittelpunkt angeordnet werden. Welche Anordnung zu bevorzugen ist (optimale Ausnutzung des Mantelinnenraumes), muß von Fall zu Fall konstruktiv ermittelt werden.

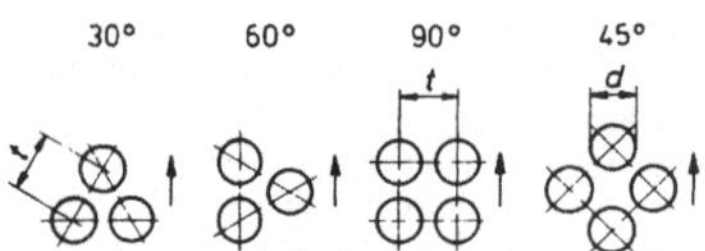

Bild 16. Dreieckteilung und quadratische Teilung jeweils mit dem Anströmwinkel zum Rohrbündel.

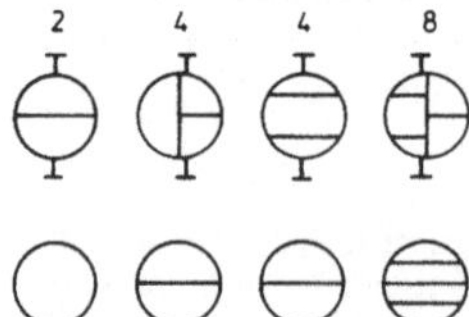

Bild 17. Lage der Trennwände in den Hauben bei mehreren Gängen.

Bild 17 zeigt die Lage der Trennwände in den Hauben bei RWÜ mit mehreren Gängen. Die Trennwände sollen so angeordnet werden, daß im Rohrteilungsplan möglichst Rohrfelder mit gleicher Rohrzahl entstehen.

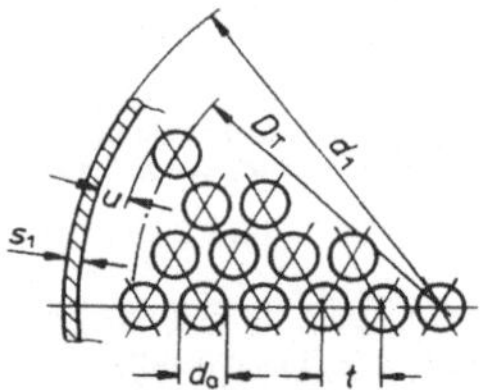

Bild 18. Zur Bestimmung des Manteldurchmessers d_1.

Der Teilkreisdurchmesser D_T gemäß Bild 18 läßt sich mit einer vorgegebenen Rohranzahl z und einer Teilung t überschlägig nach der Beziehung

$$D_T = \sqrt{f_1\, z\, t^2 + f_2 \sqrt{z}\, t} \tag{1}$$

berechnen¹). Die Konstanten f_1 und f_2 sind aus Tabelle 1 und 2 zu entnehmen. Man erhält den Manteldurchmesser d_1 nach der Formel

$$d_1 = D_T + d_a + 2\,u + 2\,s_1 \tag{2}$$

mit dem Außendurchmesser d_a der Innenrohre und dem Abstand u zwischen äußerstem Innenrohr und Mantelinnendurchmesser.

Tabelle 1. Zahlenwerte für f_1.

Teilungsform	Dreieck	Viereck
f_1	1,1	1,3

Tabelle 2. Zahlenwerte für f_2.

Anzahl der Gänge	1	2	4	8
f_2 in mm	0	22	70	105

Zu Gl. (1)

Sie gilt für einen vollberohrten Rohrteilungsplan; sind unberohrte Felder erforderlich, so ist die entsprechende Rohranzahl für diese Felder zu der vorgegebenen Rohranzahl z hinzuzuzählen. Die Konstante f_2 gilt für Trennwandgassen mit Dichtungsbreiten von einheitlich 10 mm (Blatt Ob 11), jedoch nicht für RWÜ mit Haarnadelrohren. Gl. (1) ist genügend genau, wenn $z/t > 10\ \text{mm}^{-1}$ ist.

Zu Gl. (2)

Der Mindestabstand u sollte bei RWÜ mit zwei festen Böden je nach Manteldurchmesser etwa 4 bis 8 mm betra-

¹) Nach einer unveröffentlichten Mitteilung von Dr.-Ing. *R. Bauer*, Ludwigshafen

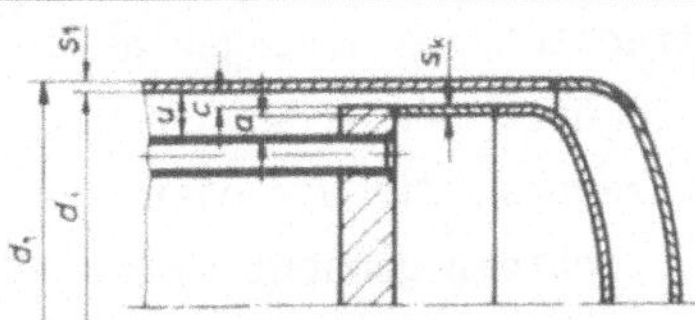

Bild 19. Geschweißter Schwimmkopf.

gen. Es gilt für den Mindestabstand u für RWÜ mit geschweißtem Schwimmkopf, wie es Bild 19 zeigt,

$$u = c + s_k + a \qquad (3)$$

in mm.

Hierbei können für a etwa 8 bis 15 mm je nach Innenrohr- und Haubenwanddicke und für den Spalt c die Werte $2f$ nach Tabelle 11 eingesetzt werden. Der Mindestabstand u für RWÜ mit geflanschtem Schwimmkopf gemäß Bild 20 beträgt

$$u = c + b + a \qquad (4)$$

in mm.

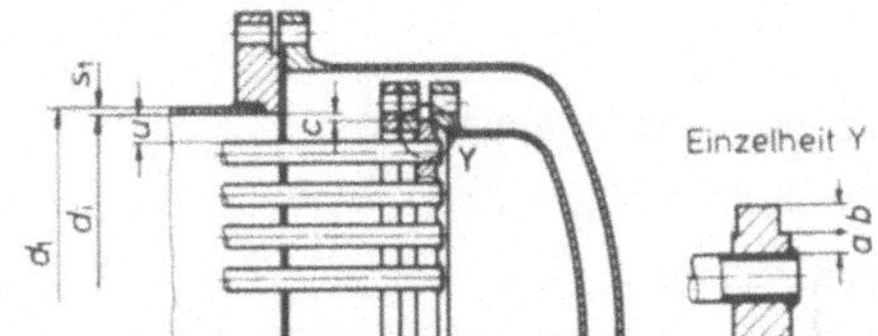

Bild 20. Geflanschter Schwimmkopf.

Die Breite b der Flachdichtung kann nach Tabelle 3 gewählt werden. Sie gilt bis zu Betriebsdrücken von 40 bar; der Abstand a beträgt etwa 6 bis 8 mm, und für den Spalt c gilt der Wert $2f$ nach Tabelle 11.

Tabelle 3. Dichtungsbreiten.

Manteldurchmesser d_1 in mm	Dichtungsbreite b in mm
bis 508	10
600	13
700	13
800	16
900	19
1000	19
1100	22
1200	25

Innenrohre, Durchmesser, Längen, Rohrwanddicken, Rohrteilungen

In DIN 28180[2]) sind die Außendurchmesser der Innenrohre und die Nennlängen, soweit sie aus einem metallischen Werkstoff bestehen, genormt. Fur die Außendurchmesser der Innenrohre gelten folgende Zahlenwerte (in mm):

6; 8; 10; (12); 14; (16); 18; 20; (22); 25; 30; 38; 44,5; (51); 57; (63,5).

Eingeklammerte Werte sind möglichst zu vermeiden. Die Nennlängen der Innenrohre bzw. Rohrbündel sind (in mm):

500; (750); **1000**; (1250); 1500; 2000; **2500**; 3000; (3500); 4000; (4500); **5000**; 6000; 8000.

Hervorgehobene Zahlenwerte sind zu bevorzugen.

2) Die internationalen Normen ISO 6758 und ISO 6759 die die Grundlage für die Überarbeitung der DIN 28180 sind, enthalten nur die Außendurchmesser 16; 20; 25; 30; 38.

Tabelle 4. Rohranzahl und Anzahl der Gänge, Wärmeübertragungsfläche und Hüllkreisdurchmesser genormter RWÜ mit zwei festen Böden (Maße in mm).

		Mantel-Nenndurchmesser													
		150	200	250	300	350	400	500	600	700	800	900	1000	1100	1200
Rohraußendurchmesser: 25	Rohranzahl	14	26	44	66	76	106	180	258	364	484	622	776	934	1124
	Anzahl der Gänge	2	2	2	2	2	2	2	2	2	2	2	2	2	2
Dreieckteilung: 32 DIN 28184, Teil 3	Wärmeübertragungsfläche in m²/m	1,1	2,0	3,5	5,2	6,0	8,3	14,1	20,3	28,6	38,0	48,9	61,0	73,4	88,3
	Hüllkreis-Durchmesser	143,2	191	247,7	298	316,3	372,5	478,3	575,5	672	771	868	966	1058	1159
Rohraußendurchmesser: 25	Rohranzahl	–	–	–	–	68	88	164	232	324	432	556	712	860	1048
	Anzahl der Gänge	–	–	–	–	4	4	4	8	8	8	8	8	8	8
Dreieckteilung: 32 DIN 28184, Teil 1	Wärmeübertragungsfläche in m²/m	–	–	–	–	5,3	6,9	12,9	18,2	25,4	33,9	43,7	55,9	67,5	82,3
	Hüllkreis-Durchmesser	–	–	–	–	325	368,6	481,5	573	666	772	866	966	1055	1160

Auch der Strömungsweg eines jeden Mediums ist stetig und daher ebensowenig geeignet, bestimmte Positionen zu fixieren. Betrachtet man hingegen beide Koordinaten gleichzeitig, so entstehen aus den Schnittpunkten beider Kontinua diskrete Elemente im Innern des Wärmeübertragers, die wir hier Zellen nennen wollen und die in der Abb. 1.3(1) sichtbar gemacht sind.

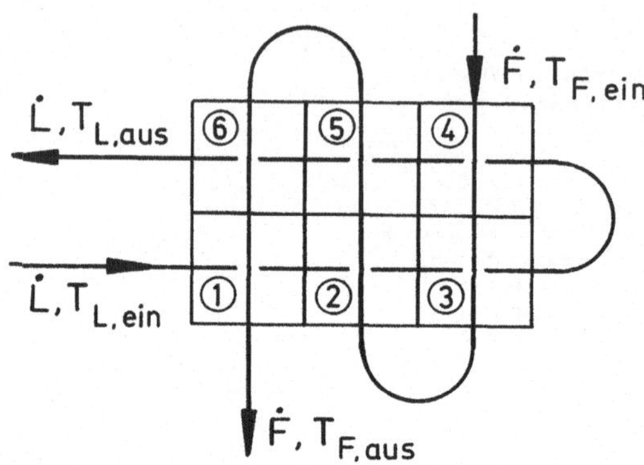

Abb. 1.3(1) Diskretisierung eines Rohrbündelapparates mit zwei rohrseitigen Durchgängen und zwei mantelseitigen Umlenkblechen.

Auf diese Weise kann man sich den gesamten Wärmeübertrager als eine Kaskade von Unterwärmeübertragern (in Abb. 1.3(1) sind es 6 Stück) vorstellen. Sofern sich nun die Ein- und Austrittstemperaturen der einzelnen Zellen im Innern der Kaskade verknüpfen lassen, muß es möglich sein, jeweils vom Eintritt eines Mediums beginnend den Verlauf der Temperaturen von Zelle zu Zelle zu verfolgen. Die Verknüpfung der Ein- und Austrittstemperaturen der einzelnen Zellen ist eine zweifache: Erstens sind alle Eintrittstemperaturen gleich den Austrittstemperaturen aus der vorangehenden stromaufwärts gelegenen Zelle. Zweitens sind Ein- und Austrittstemperaturen an einer jeden Zelle durch den Zellenwirkungsgrad miteinander verbunden.

Wir wollen sehen, ob diese Verknüpfungen ausreichen, die oben gestellte Frage zu beantworten.

Die Zellenwirkungsgrade ε sind definiert durch

$$\varepsilon_L \equiv \frac{T_L' - T_L''}{T_L' - T_F'} \qquad 1.3(1)$$

$$\varepsilon_F \equiv \frac{T_F'' - T_F'}{T_L' - T_F'} \qquad 1.3(2)$$

T_L' und T_F' sind die Eintrittstemperaturen der Medien $\dot{L}$ und $\dot{F}$ in die jeweilige Zelle, T_L'' und T_F'' entsprechend die Austrittstemperaturen, siehe Abb. 1.3(2).

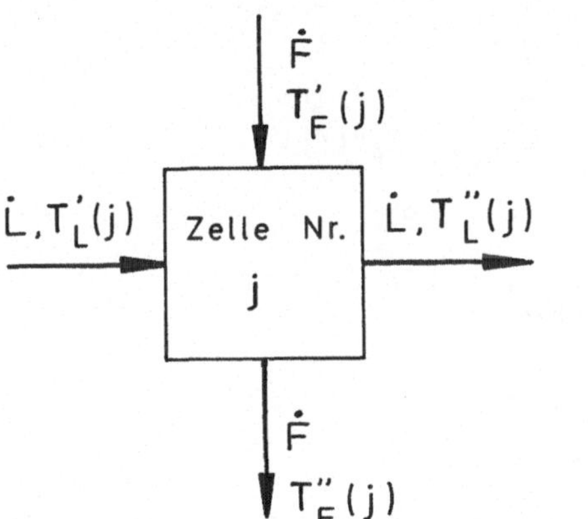

Abb. 1.3(2)
Zelle eines Röhrenbündelwärmeaustauschers

Die Wirkungsgrade ε_L bzw. ε_F stellen also das jeweilige Verhältnis der in einer Zelle erzielten Temperaturänderung zum maximalen Temperaturunterschied in dieser Zelle dar. Zweckmäßig arbeiten wir wieder mit normierten Temperaturen und definieren

$$\theta_L \equiv \frac{T_L - T_{L,ein}}{T_{F,ein} - T_{L,ein}} \qquad 1.3(3)$$

$$\theta_F \equiv \frac{T_F - T_{L,ein}}{T_{F,ein} - T_{L,ein}} \qquad 1.3(4)$$

Beide normierten Temperaturen können maximal zwischen 0 und 1 variieren. Aus den Gln. 1.3(1) bis 1.3(4) folgt nun für jede Zelle

$$\theta_L''(j) = (1-\varepsilon_L)\ \theta_L'(j) + \varepsilon_L\ \theta_F'(j) \qquad 1.3(5)$$

$$\theta_F''(j) = (1-\varepsilon_F)\ \theta_F'(j) + \varepsilon_F\ \theta_L'(j) \qquad 1.3(6)$$

Bei bekannten Zellenwirkungsgraden sind dies für n Zellen 2n Gleichungen für 4n unbekannte Temperaturen. Die fehlenden 2n Gleichungen liefern die

Bedingung, daß die Eintrittstemperaturen der Zellen gleich den Austrittstemperaturen aus den jeweils vorangehenden, d.h. stromaufwärts gelegenen Zellen sind. Hieraus folgen die noch fehlenden 2n Bedingungen.

$$
\begin{aligned}
\theta_L'(1) &= 0 = \theta_{L,ein} \\
\theta_L'(2) &= \theta_L''(1) \\
\theta_L'(3) &= \theta_L''(2) \\
\theta_L'(4) &= \theta_L''(3) \\
\theta_L'(5) &= \theta_L''(4) \\
\theta_L'(6) &= \theta_L''(5) \\
\theta_{L,aus} &= \theta_L''(6)
\end{aligned}
\qquad 1.3(7)
$$

$$
\begin{aligned}
\theta_F'(1) &= \theta_F''(6) \\
\theta_F'(2) &= \theta_F''(3) \\
\theta_F'(3) &= \theta_F''(4) \\
\theta_F'(4) &= 1 = \theta_{F,ein} \\
\theta_F'(5) &= \theta_F''(2) \\
\theta_F'(6) &= \theta_F''(5) \\
\theta_{F,aus} &= \theta_F''(1)
\end{aligned}
\qquad 1.3(8)
$$

IV. Entwicklung nach den gesuchten Größen

und

V. Mathematische Auflösung

Das Problem, $\theta_L(j)$ und $\theta_F(j)$ zu bestimmen, besteht in der Auflösung des obigen linearen Gleichungssystems mit 24 Unbekannten. Dies geht am schnellsten iterativ nach folgendem Schema: Wir ersetzen in den Gln. 1.3(5) und 1.3(6) die Eintrittstemperaturen durch die Austrittstemperaturen mit Hilfe der Kopplungsbedingungen nach Gl. 1.3(7) und 1.3(8) und erhalten auf diese Weise folgenden Gleichungssatz:

$$
\begin{aligned}
\theta_L''(1) &= (1-\varepsilon_L)\ \theta_{L,ein} + \varepsilon_L\ \theta_F''(6) \\
\theta_L''(2) &= (1-\varepsilon_L)\ \theta_L''(1) + \varepsilon_L\ \theta_F''(3) \\
\theta_L''(3) &= (1-\varepsilon_L)\ \theta_L''(2) + \varepsilon_L\ \theta_F''(4) \\
\theta_L''(4) &= (1-\varepsilon_L)\ \theta_L''(3) + \varepsilon_L\ \theta_{F,ein} \\
\theta_L''(5) &= (1-\varepsilon_L)\ \theta_L''(4) + \varepsilon_L\ \theta_F''(2) \\
\theta_L''(6) &= (1-\varepsilon_L)\ \theta_L''(5) + \varepsilon_L\ \theta_F''(5) = \theta_{L,aus}
\end{aligned}
$$

$$
\begin{aligned}
\theta_F''(1) &= (1-\varepsilon_F)\ \theta_F''(6) + \varepsilon_F\ \theta_{L,ein} = \theta_{F,aus} \\
\theta_F''(2) &= (1-\varepsilon_F)\ \theta_F''(3) + \varepsilon_F\ \theta_L''(1) \\
\theta_F''(3) &= (1-\varepsilon_F)\ \theta_F''(4) + \varepsilon_F\ \theta_L''(2) \\
\theta_F''(4) &= (1-\varepsilon_F)\ \theta_{F,ein} + \varepsilon_F\ \theta_L''(3) \\
\theta_F''(5) &= (1-\varepsilon_F)\ \theta_F''(2) + \varepsilon_F\ \theta_L''(4) \\
\theta_F''(6) &= (1-\varepsilon_F)\ \theta_F''(5) + \varepsilon_F\ \theta_L''(5)
\end{aligned}
$$

Dieser Gleichungssatz läßt sich nun iterativ lösen, wenn man in der nullten Näherung zur Berechnung der $\theta_L''(j)$ alle $\theta_F''(j) = 1$ und zur Berechnung der $\theta_F''(j)$ alle $\theta_L''(j) = 0$ setzt, d.h., man erhält die Zahlenwerte der ersten Näherung für den Fall, daß das jeweils andere Medium seine Eintrittstemperatur im ganzen Apparat beibehält. Man erhält auf diese Weise die maximal möglichen Temperaturänderungen des jeweils betrachteten Mediums. Mit den so erhaltenen Temperaturen wird dann die Rechnung so lange wiederholt, bis sich in zwei aufeinander folgenden Iterationsschritten für alle Temperaturen dieselben Zahlenwerte ergeben. Die nachfolgende Tabelle zeigt diese Rechnung für 6 Iterationsschritte mit den Zahlenwerten

$$\varepsilon_L = \varepsilon_F = 0{,}125$$

	0	1	2	3	4	5	6
$\theta_L''(1)$	0	0,125	0,099	0,089	0,082	0,081	0,081
$\theta_L''(2)$	0	0,234	0,199	0,181	0,174	0,173	0,173
$\theta_L''(3)$	0	0,330	0,289	0,272	0,266	0,265	0,264
$\theta_L''(4)$	0	0,414	0,378	0,363	0,358	0,357	0,356
$\theta_L''(5)$	0	0,478	0,442	0,418	0,405	0,403	0,403
$\theta_L''(6)$	0	0,551	0,491	0,460	0,440	0,438	0,437
$\theta_F''(4)$	1	0,916	0,911	0,909	0,908	0,908	0,908
$\theta_F''(3)$	1	0,904	0,827	0,820	0,817	0,816	0,816
$\theta_F''(2)$	1	0,891	0,807	0,734	0,728	0,725	0,724
$\theta_F''(5)$	1	0,831	0,750	0,688	0,681	0,679	0,678
$\theta_F''(6)$	1	0,788	0,712	0,654	0,647	0,645	0,644
$\theta_F''(1)$	1	0,875	0,690	0,623	0,573	0,566	0,564

Kontrolle $\theta_{F,aus} + \theta_{L,aus} = 1$

$\theta_F''(1) + \theta_L''(6) = 0{,}564 + 0{,}437 = 1{,}001$

Das Endergebnis wird praktisch schon nach dem 6. Iterationsschritt erreicht. Das Ergebnis zeigt die Abb. 1.3(3a).

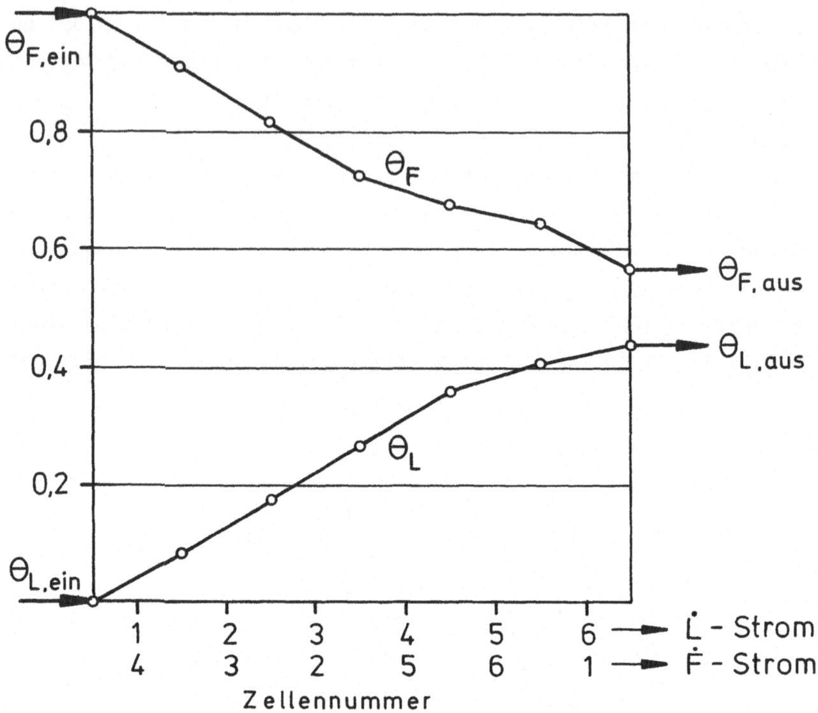

Abb. 1.3(3a) Temperaturverlauf im Röhrenkesselapparat nach Abb. 1.3(1) für $\varepsilon_L = \varepsilon_F = 0{,}125$

Man erkennt, daß sich beide Temperaturen monoton ändern. Der Gesamtwirkungsgrad beträgt in diesem Falle

$$\bar{\varepsilon}_{L,gesamt} = \theta_{L,aus} = 0{,}437 \quad .$$

Für andere Zellenwirkungsgrade, z.B. $\varepsilon_L = \varepsilon_F = 0{,}25$ und $\varepsilon_L = \varepsilon_F = 0{,}33$ ergeben sich folgende Temperaturverläufe:

$$\varepsilon_L = \varepsilon_F = 0{,}25$$

$\theta_L''(1) \approx 0{,}143$	$\theta_F''(4) = 0{,}857$
$\theta_L''(2) \approx 0{,}286$	$\theta_F''(3) = 0{,}714$
$\theta_L''(3) \approx 0{,}429$	$\theta_F''(2) = 0{,}571$
$\theta_L''(4) \approx 0{,}571$	$\theta_F''(5) = 0{,}571$
$\theta_L''(5) \approx 0{,}571$	$\theta_F''(6) = 0{,}571$
$\theta_L''(6) \approx \underline{\underline{0{,}571}} = \theta_{L,aus}$	$\theta_F''(1) = \underline{\underline{0{,}429}} = \theta_{F,aus}$

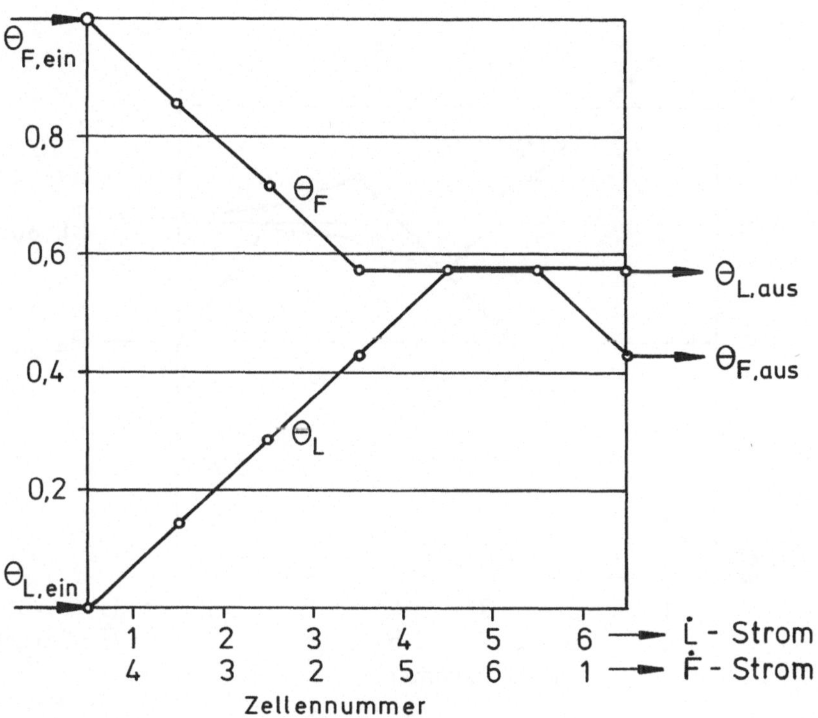

$$\bar{\varepsilon}_{L,gesamt} = 0{,}571$$

Abb. 1.3(3b)

$$\varepsilon_L = \varepsilon_F = 0{,}333$$

$\theta_L''(1) = 0{,}196$	$\theta_F''(4) = 0{,}839$
$\theta_L''(2) = 0{,}357$	$\theta_F''(3) = 0{,}679$
$\theta_L''(3) = 0{,}518$	$\theta_F''(2) = 0{,}518$
$\theta_L''(4) = 0{,}679$	$\theta_F''(5) = 0{,}571$
$\theta_L''(5) = 0{,}625$	$\theta_F''(6) = 0{,}589$
$\theta_L''(6) = \underline{\underline{0{,}607}}$	$\theta_F''(1) = \underline{\underline{0{,}393}}$

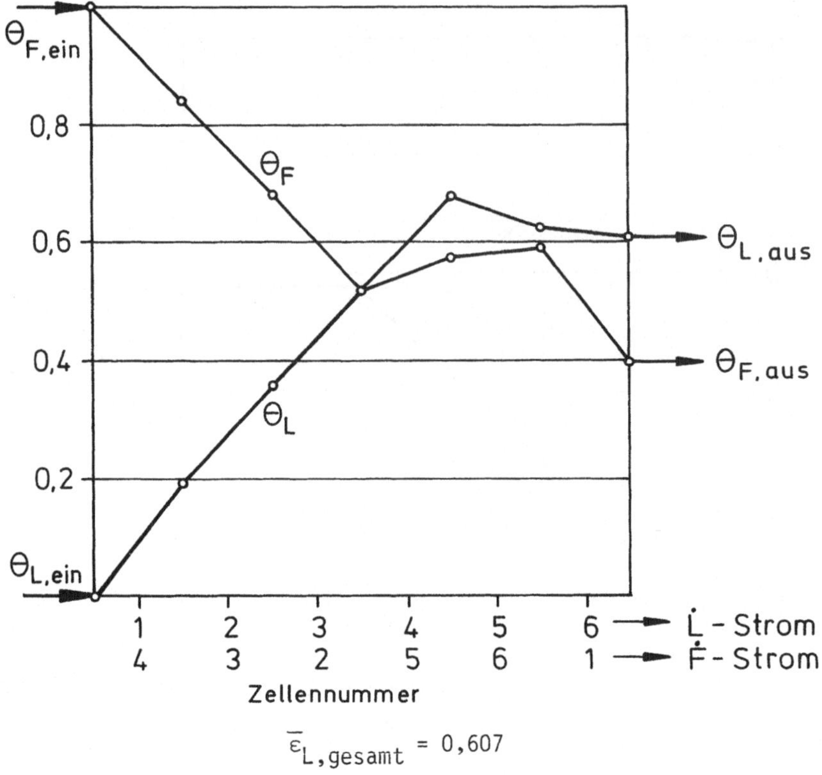

$\bar{\varepsilon}_{L,gesamt} = 0{,}607$

Abb. 1.3(3c)

VI. Diskussion der Ergebnisse

Man erkennt, daß der Gesamtwirkungsgrad zunimmt, wenn der Zellenwirkungsgrad zunimmt. Man erkennt aber auch, daß die Zellen 5 und 6 im Fall b) völlig wirkungslos sind und im Falle c) den Gesamtwirkungsgrad sogar noch verschlechtern. Man muß daher im Einzelfall überlegen, ob nicht durch eine Änderung der Anzahl der mantelseitigen Umlenkbleche oder durch eine Veränderung der Lage der Ein- und Austrittsstutzen eine Verbesserung des Gesamtwirkungsgrades erreicht werden könnte.

Rückblickend fällt auf, daß zur Aufstellung der Funktion $\bar{\varepsilon}_{L,gesamt} = f(\varepsilon_L, \varepsilon_F)$ keine physikalischen Grundgesetze benötigt wurden. In der Tat wurde auch der Punkt III "Bereitstellung der physikalischen Grundlagen" übersprungen. Dies liegt daran, daß der Zusammenhang zwischen $\bar{\varepsilon}_{L,gesamt}$ und ε_L bzw. ε_F rein formaler Natur ist. Noch völlig offen ist die Frage, wie nun ε_L und ε_F von den physikalischen Gegebenheiten abhängen. Der Beantwortung dieser Frage müssen wir uns im nächsten Schritt zuwenden, um das Problem vollständig zu lösen.

I. Beschreibung des Gegenstandes

Die Abb. 1.3(4) zeigt eine Zelle des Wärmeübertragers, die aus zwei Umlenkblechen und den dazwischen verlaufenden Rohren gebildet wird.

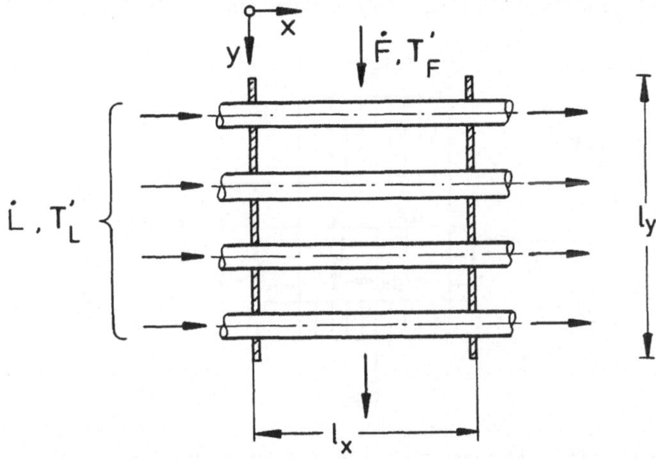

Abb. 1.3(4) Zelle eines Rohrbündelwärmeübertragers

Die wärmeübertragende Oberfläche ist gleich der Anzahl der Rohre mal Umfang der Rohre mal dem Längenstück l_x. Als Folge der zahlreichen Wirbelablösungen hinter den quer überströmten Rohren ist die Strömung des F-Stromes in x-Richtung praktisch vollständig vermischt. Daraus folgt, daß die Temperatur T_F nur von y, nicht aber von x abhängt. Die Temperatur T_L dagegen hängt sowohl von x als auch von der Lage des jeweiligen Rohres in der y-Richtung ab.

II. Formulierung der Frage

In der Zelle verändern sich die Temperaturen in x-Richtung stetig, in y-Richtung jedoch mehr oder weniger stufenartig, da die Wärmeübertragungsfläche in dieser Richtung nicht zusammenhängend ist. Wir wollen jedoch annehmen, daß die Rohre im Bündel hinreichend eng angeordnet sind, so daß auch die Temperaturänderungen in y-Richtung näherungsweise als stetig angesehen werden können. Sodann stellt sich die Frage, wie lauten die Funktionen

$$T_L = T_L\{x,y\} \qquad 1.3(8)$$

und $$T_F = T_F(y) \qquad 1.3(9)$$

bei gegebenen Eintrittstemperaturen

$$T_L(x,y) = T_L' = \text{const}$$

und $$T_F(0) = T_F' = \text{const}\ .$$

Die hiermit vorgenommene Abstraktion ist in Abb. 1.3(5) u. 1.3(6) verdeutlicht.

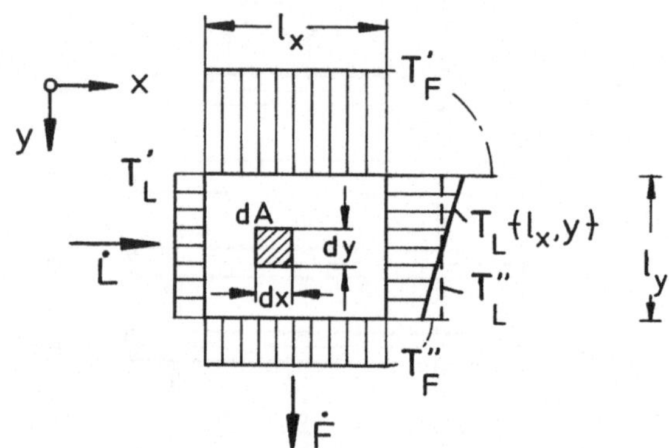

Abb. 1.3(5) Kreuzstromzelle mit stetigen Temperaturänderungen

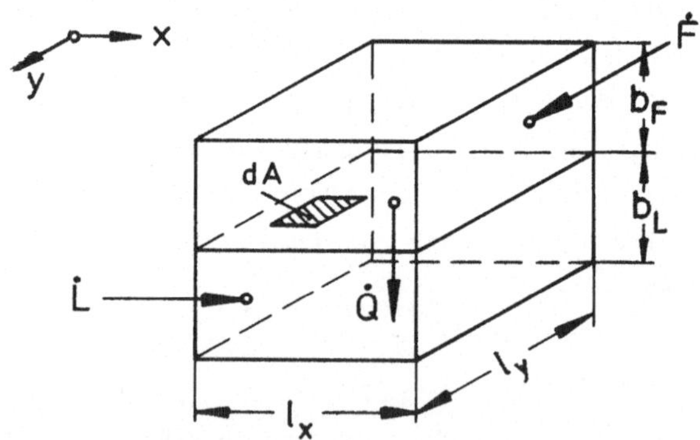

Abb. 1.3(6) Ersatzbild der Kreuzstromzelle mit stetigen Temperaturänderungen

Das Ersatzbild besteht aus zwei Strömungsräumen, die durch die Wärmeaustauschfläche $A_z = l_x l_y$ voneinander getrennt sind. Ein Flächenelement im Innern hat die Größe dA = dxdy. Damit sind alle für die geplante Analyse notwendigen Eigenschaften der realen Zelle im Ersatzbild abgebildet.

III. Bereitstellung der physikalischen Grundlagen

Energiebilanz für den Strom $\dot{L}$.

Da T_L sowohl von x als auch von y abhängt, darf der Bilanzraum nicht größer als $dV = dxdyb_L$ sein. Durch diesen Raum strömt die Menge

$$d\dot{L} = \rho_L \, u_L \, b_L \, dy \qquad 1.3(10)$$

wenn u_L die Strömungsgeschwindigkeit des L-Stromes ist. Die Energiebilanz lautet nun für den stationären Zustand, d.h. $\frac{dE}{dt} = 0$:

$$\dot{E}_{zu} = \dot{E}_{ab} \qquad 1.3(11)$$

$$\dot{H}_{L,x} + d\dot{Q} = \dot{H}_{L,x+dx} \qquad 1.3(12)$$

und mit

$$d\dot{Q} = \dot{q}dxdy \qquad 1.3(13)$$

sowie

$$\dot{H}_L = c_L \, d\dot{L} \, T_L \qquad 1.3(14)$$

$$\dot{H}_{L,x+dx} = \dot{H}_{L,x} + \frac{\partial \dot{H}_L}{\partial x} dx \qquad 1.3(15)$$

$$-(\rho_L u_L b_L dy) c_L \frac{\partial T_L}{\partial x} dx + \dot{q}dxdy = 0$$

Diese Bilanzgleichung läßt sich noch umformen.

Mit

$$\rho_L u_L b_L l_y = \dot{L} \qquad 1.3(16)$$

und

$$l_y \, l_x = A_z \qquad 1.3(17)$$

sowie $\xi = \frac{x}{l_x}$ (18a) und $\eta = \frac{y}{l_y}$ (18b)

erhält man

$$\boxed{\frac{c_L \dot{L}}{A_z} \frac{\partial T_L}{\partial \xi} - \dot{q} = 0} \qquad 1.3(19)$$

Entsprechend lautet die Bilanz für den F-Strom

$$\frac{c_F \dot{F}}{A_z} \frac{dT_F}{d\eta} + \dot{q} = 0 \qquad 1.3(20)$$

Der kinetische Ansatz für die Wärmeübertragung lautet

$$\dot{q} = k\,(T_F - T_L) \qquad 1.3(21)$$

Es ist wieder zu beachten, daß in Gl. 1.3(12) der Wärmestrom $d\dot{Q}$ in Bezug auf den F-Strom als Energieabfuhr eingesetzt wurde. Da Wärme nur vom wärmeren zum kälteren Medium fließen kann, muß es in Gl. 1.3(21) $(T_F - T_L)$ (und nicht $(T_L - T_F)$) heißen!

IV. Entwicklung nach den gesuchten Größen

Bilanz nach Gl. 1.3(19) und Kinetik nach Gl. 1.3(21) ergeben mit

$$\frac{kA_z}{c_L \dot{L}} = NTU_L \qquad 1.3(22)$$

eine Gleichung zur Berechnung von T_L:

$$\frac{\partial T_L}{\partial \xi} + NTU_L (T_L - T_F) = 0 \qquad 1.3(23)$$

Eine zweite Gleichung kann man dadurch erhalten, daß man in der gleichen Weise den Wärmestrom $\dot{q}$ in der Bilanzgleichung 1.3(20) eliminiert. Eine andere Möglichkeit besteht darin, den Wärmestrom in Gl. 1.3(20) durch Addition dieser Gleichung mit Gl. 1.3(19) zu eliminieren. Im letzteren Falle erhält man, wenn man noch mit k erweitert

$$\frac{1}{NTU_F} \frac{dT_F}{d\eta} + \frac{1}{NTU_L} \frac{\partial T_L}{\partial \xi} = 0 \qquad 1.3(24)$$

Welche der beiden Möglichkeiten zweckmäßiger ist, muß die Vorgehensweise bei der mathematischen Auflösung zeigen. Man kann aber bereits an dieser Stelle einen möglichen Lösungsweg erkennen. Da voraussetzungsgemäß $T_F = T_F(y)$ ist, kann man Gl. 1.3(23) unmittelbar partiell über x, d.h. über ξ, integrieren und erhält auf diese Weise $T_L(y, l_x)$ mit $T_F(y)$ als Parameter. Andererseits läßt sich aber auch die Gl. 1.3(24) partiell über x integrieren, da T_F nicht von x abhängt. Man erhält dann eine Gleichung für T_F, in der $T_L(y,l_x)$ vorkommt, eine Größe, die aus der partiellen Integration der Gl. 1.3(23) schon bekannt ist. Demnach sollten die Gl. 1.3(23) und 1.3(24) geeignete Ausgangsgleichungen zur Lösung des Problems sein.

Zweckmäßig führen wir noch normierte Temperaturen ein, deren Zahlenwerte nur noch zwischen 0 und 1 variieren können.

$$\theta_L \equiv \frac{T_L - T_L'}{T_F' - T_L'} \qquad 1.3(25)$$

und

$$\theta_F = \frac{T_F - T_L'}{T_F' - T_L'} \qquad 1.3(26)$$

Damit lauten dann die Ausgangsgleichungen zur Bestimmung der Temperaturverläufe

$$\frac{\partial\theta_L}{\partial\xi} + NTU_L(\theta_L - \theta_F) = 0 \qquad 1.3(27)$$

und

$$\frac{1}{NTU_F}\frac{d\theta_F}{d\eta} + \frac{1}{NTU_L}\frac{\partial\theta_L}{\partial\xi} = 0 \qquad 1.3(28)$$

mit den Randbedingungen

$$\theta_L(0,\eta) = \theta_L' = 0 \qquad 1.3(29)$$

$$\theta_F\ (0) = \theta_F' = 1 \quad . \qquad 1.3(30)$$

V. Mathematische Auflösung

Die Integration der Gl. 1.3(27) liefert:

$$\int_{\theta_L'=0}^{\theta_L''} \frac{d\theta_L}{\theta_L(\xi,\eta) - \theta_F(\eta)} = -\ NTU_L \int_0^1 d\xi$$

$$\theta_L'' = \theta_F(\eta)\ [\ 1-\exp\ (-NTU_L)\,] \qquad 1.3(31)$$

Die Integration der Gl. 1.3(28) ergibt:

$$\frac{1}{NTU_F}\frac{d\theta_F}{d\eta}\int_0^1 d\xi = -\frac{1}{NTU_L}\int_{\theta_L'=0}^{\theta_L''} d\theta_L$$

$$\frac{1}{NTU_F}\frac{d\theta_F}{d\eta} = -\frac{1}{NTU_L}\,\theta_L'' \qquad 1.3(32)$$

Elimination von θ_L'' in Gl.1.3(32) mit Hilfe von Gl. 1.3(31) ergibt

$$\frac{d\theta_F}{d\eta} = -\frac{NTU_F}{NTU_L}\left[1-\exp(-NTU_L)\right]\theta_F \qquad 1.3(33)$$

Die Integration liefert

$$\int_{\theta_F'=1}^{\theta_F''}\frac{d\theta_F}{\theta_F} = -\frac{NTU_F}{NTU_L}\left[1-\exp(-NTU_L)\right]\int_0^1 d\eta$$

$$\theta_F'' = \exp\left\{-\frac{NTU_F}{NTU_L}\left[1-\exp(-NTU_L)\right]\right\} \qquad 1.3(34)$$

Die Wirkungsgrade der Zelle sind definiert

durch

$$\varepsilon_F = \frac{T_F'' - T_F'}{T_L' - T_F'} \qquad 1.3(35)$$

und

$$\varepsilon_L = \frac{T_L'' - T_L'}{T_F' - T_L'} \qquad 1.3(36)$$

Danach gelten folgende Zusammenhänge

$$\frac{\varepsilon_L}{\varepsilon_F} = \frac{NTU_L}{NTU_F} = \frac{c_F\dot{F}}{c_L\dot{L}} = \frac{1}{\dot{R}} \qquad 1.3(37)$$

und

$$\varepsilon_F = 1 - \theta_F'' \qquad 1.3(38)$$

Daraus folgt für den auf den L-Strom bezogenen Wirkungsgrad

$$\varepsilon_L = \frac{1}{\dot{R}}\left\{1-\exp\left[-\dot{R}\left\{1-\exp(-NTU_L)\right\}\right]\right\} \qquad 1.3(39)$$

Für den Sonderfall $\dot{R} = 1$ folgt hieraus

$$\varepsilon_L = \varepsilon_F = 1\text{-exp}\left[- \ [1\text{-exp}(-NTU)]\right] \qquad 1.3(40)$$

VI. Diskussion des Ergebnisse

Die Gl. 1.3(39) enthält folgende Grenzfälle

a) $\dot{R} \to \infty$: $\varepsilon_L \to 0$

In diesem Fall ist wegen $c_L\dot{L} \to \infty$
$T_L'' = T_L'$ und demzufolge $\varepsilon_L \to 0$.

b) $\dot{R} \to 0$: $\varepsilon_L = 1\text{-exp}(-NTU_L)$

In diesem Falle ist wegen $c_F\dot{F} \to \infty$
$T_F'' = T_F'$ und deshalb $T_L(1_x,y) = T_L''$.

c) $NTU_L \to \infty$: $\varepsilon_L = \frac{1}{\dot{R}}\ [1\text{-exp}(-\dot{R})]$

ca) $\dot{R} \to 0$: $\varepsilon_L = 1$

In diesem Falle ist wegen $c_F\dot{F} \to \infty$
$T_F'' = T_F'$ und wegen $NTU_L \to \infty$, d.h. $kA \to \infty$
und/oder $c_L\dot{L} \to 0$. $T_L(1_x,y) = T_L'' = T_F'$.

cb) $\dot{R} \to \infty$: $\varepsilon_L \to 0$, siehe a).

d) $NTU_L \to 0$: $\varepsilon_L \to 0$

e) Für $\dot{R} = 1$ ergibt sich im Falle $NTU_L \to \infty$

$$\varepsilon_L = \varepsilon_F = \varepsilon = 1- \frac{1}{e} = 0{,}632 \ .$$

Die Abb. 1.3(7) zeigt den Verlauf $\varepsilon(NTU)$ für den Fall $\dot{R} = 1$. Man erkennt, daß für stark belastete Zellen, d.h. $NTU \to 0$, zwischen den Grenzfällen "Gegenstrom" und "Gleichstrom", die den Fall des Kreuzstromes einschließen und die ebenfalls in diese Abbildung eingetragen sind, praktisch kein Unterschied mehr besteht. In vielen technischen Anwendungen wird man für etwa $NTU < 0{,}4$ die Art der Strömungsführung in einer Zelle völlig vernachlässigen können.

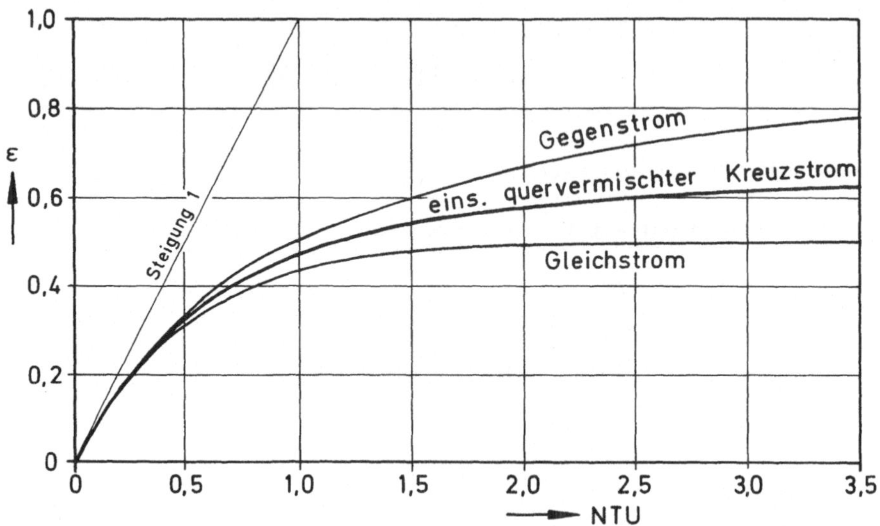

Abb. 1.3(7) Kreuzstrom-Zellenwirkungsgrad für $\dot{R}$ = 1 bei völlig quer vermischtem F-Strom, Gegenstrom und Gleichstrom sind zum Vergleich eingetragen.

Zusammenfassung der Berechnung des Temperaturverlaufes im Rohrbündelwärmeübertrager:

Sind die Mengenströme $\dot{L}$ und $\dot{F}$, die Eintrittstemperaturen $T_{L,ein}$ und $T_{F,ein}$, die Wärmekapazitäten c_L und c_F, der Wärmedurchgangskoeffizient k, die Übertragungsfläche A, die Anzahl der rohrseitigen Durchgänge und die Anzahl der mantelseitigen Umlenkbleche gegeben, so lassen sich zunächst die Anzahl der Zellen und die Übertragungsfläche pro Zelle A_Z und damit die Anzahl der Übertragungseinheiten je Zelle $NTU_L = kA_Z/c_L\dot{L}$ und $NTU_F = kA/c_F\dot{F}$ bestimmen. Daraus folgen die Zellenwirkungsgrade ε_L und ε_F nach Gl. 1.3(39) und 1.3(37). Zuletzt wird dann der Wirkungsgrad $\bar{\varepsilon}_{gesamt}$ des gesamten Wärmeübertragers berechnet, mit dessen Hilfe dann die Austrittstemperaturen $T_{L,aus}$ und $T_{F,aus}$ bestimmt werden können. Sind hingegen die Ein- und Austrittstemperaturen gegeben und ist die Fläche A des Wärmeübertragers gesucht, muß zunächst, z.B. mit Hilfe einer geschätzten mittleren Temperaturdifferenz (log. Mittelwert), die Fläche A in erster Näherung bestimmt werden. Danach werden die Anzahl der rohrseitigen Durchgänge und die Anzahl der Umlenkbleche festgelegt und die Austrittstemperaturen nachgerechnet. Die Konstruktion und die Größe des Wärmeübertragers müssen dann solange verändert werden, bis die geforderten Austrittstemperaturen erreicht werden.

1.3.1 Der Röhrenkesselapparat als Verdampfer und Kondensator

Die Konstruktion des Röhrenkesselapparates als Verdampfer oder als Kondensator ist im Prinzip die gleiche wie die als Wärmeübertrager. Wichtig ist, daß beim Verdampfer der entstehende Dampf schnell entweichen kann und von mitgerissenen Flüssigkeitstropfen befreit wird.

Beim Kondensator muß dafür gesorgt werden, daß das Kondensat auf kürzestem Wege von den Wärmeübertragungsflächen ablaufen kann und auch am Boden des Kondensators kein Kondensatstau auftritt. Sowohl Verdampfer wie auch Kondensatoren werden als stehende oder liegende Röhrenkesselapparate ausgeführt.

Überschlägliche Wärmedurchgangskoeffizienten sind in dem Auszug Cb 3 bis Cb 6 aus dem VDI-Wärmeatlas aufgeführt.

Die Auslegung von Verdampfern zur Verdampfung reiner Flüssigkeiten erfolgt nach folgenden Beziehungen

$$\dot{Q} = \dot{F} \left[c_L \left[T^*_{v,u}(P_v) - T_{F,ein}\right] + \Delta h_v(\overline{P}_v)\right] \qquad 1.3(41)$$

$\dot{Q}$ ist die auszutauschende Wärmemenge [kW], $\dot{F}$ die dem Apparat zugeführte und als Sattdampf entzogene Flüssigkeitsmenge [kg/s], c_L die Wärmekapazität der Flüssigkeit, $T_{F,ein}$ die Zulauftemperatur und $T^*_{v,u}$ die Verdampfungstemperatur am Kesselboden. $\Delta h_v(\overline{P}_v)$ ist die zum mittleren Druck in der Flüssigkeit gehörende Verdampfungsenthalpie. Der erste Summand in Gleichung 1.3(41) enthält die Wärmemenge, die zur Vorwärmung der Flüssigkeit auf die Siedetemperatur $T^*_{v,u}$ verbraucht wird; der zweite Summand enthält die Wärmemenge, die zur Verdampfung dieser Flüssigkeit dient. Im allgemeinen, insbesondere aber bei Vakuumverdampfern, muß die Zunahme des Siededruckes als Folge der statischen Flüssigkeitshöhe beachtet werden, vgl. Abb. 1.3(8). Demnach ist die Siedetemperatur oben ($T^*_{v,o}$) niedriger als unten ($T^*_{v,u}$). Die Verdampfungsenthalpie Δh_v ist dann beim mittleren Siededruck $\overline{P}_v = P_v + \frac{1}{2}\,\rho_L l_L$ zu nehmen. Die Vorwärmung hingegen endet bei $T^*_{v,u}$.

4. Überschlägige Wärmedurchgangskoeffizienten bei einigen Wärmeübertragerbauarten

Die im folgenden zusammengestellten Erfahrungswerte sollen zur überschlägigen Berechnung von Wärmeübertragern dienen. Die kleineren Werte gelten für verhältnismäßig unvorteilhafte Bedingungen (z. B. bei kleinen Strömungsgeschwindigkeiten, zähen Flüssigkeiten, freier Konvektion und bei Neigung zu Verschmutzungen), die großen Werte sind bei besonders geeigneten Bedingungen (z. B. bei großer Strömungsgeschwindigkeit, dünnen Flüssigkeitsschichten, optimalen Mengenverhältnissen der beiden Stoffe zueinander und bei sauberen Oberflächen) einzusetzen. Die angegebenen Werte können in Sonderfällen nach oben oder unten überschritten werden; sie sind deshalb mit der nötigen Kritik und Vorsicht zu verwenden. In diesen k-Werten sind die Wärmeleitwiderstände von Isolier- und Schutzschichten nicht berücksichtigt.

Bauart	Übertragungsbedingungen	überschlägiger k-Wert W/m² K
Rohrbündel-Wärmeübertrager 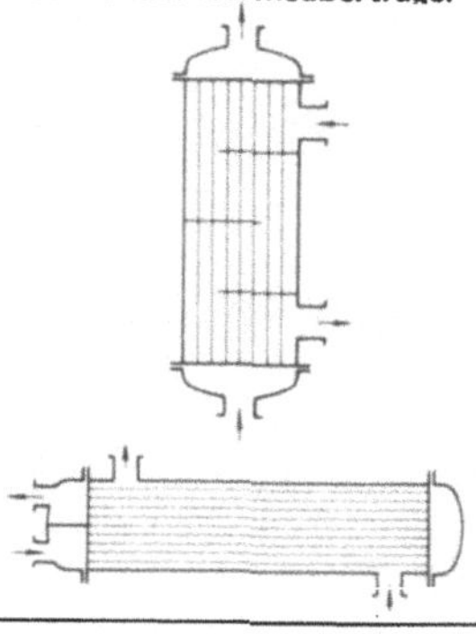	Gas (≈ 1 bar) innerhalb und Gas (≈ 1 bar) außerhalb der Rohre	5 bis 35
	Gas, Hochdruck (200 bis 300 bar) außerhalb und Gas, Hochdruck (200 bis 300 bar) innerhalb der Rohre	150 bis 500
	Flüssigkeit außerhalb (innerhalb) und Gas (≈ 1 bar) innerhalb (außerhalb) der Rohre	15 bis 70
	Gas, Hochdruck (200 bis 300 bar) innerhalb und Flüssigkeit außerhalb der Rohre	200 bis 400
	Flüssigkeit innerhalb und außerhalb der Rohre	150 bis 1200
	Heizdampf außerhalb und Flüssigkeit innerhalb der Rohre	300 bis 1200
	als Verdampfer und Kondensator siehe unten	
Verdampfer 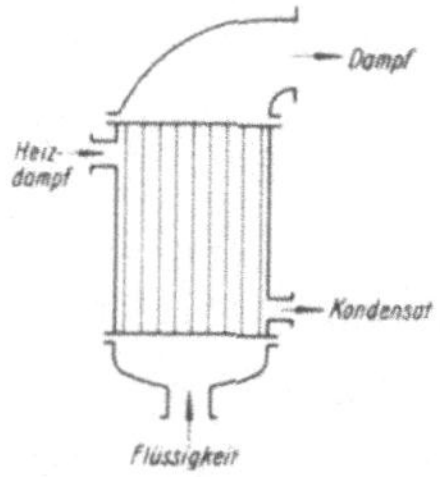	Heizdampf außerhalb der Rohre 1. mit natürlichem Umlauf a) zähe Flüssigkeiten b) dünne Flüssigkeiten 2. mit Zwangsumlauf	 300 bis 900 600 bis 1700 900 bis 3000
	Ammoniak-Verdampfer, mit Sole geheizt	200 bis 800
Kondensator 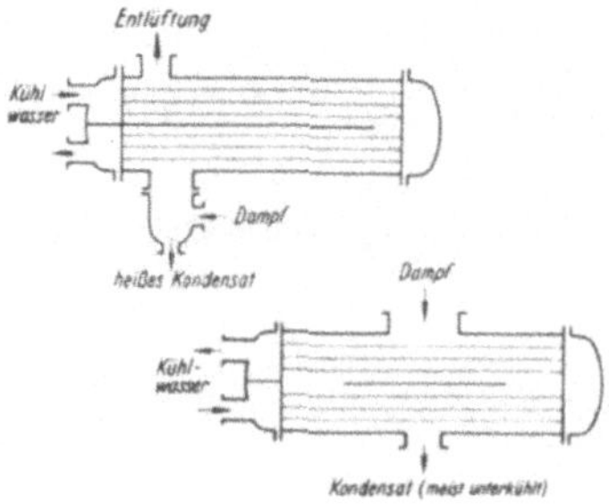	Kühlwasser innerhalb und organische Dämpfe oder Ammoniak außerhalb der Rohre	300 bis 1200
	Dampfturbinenkondensator (reiner Wasserdampf; dünne Messingrohre)	1500 bis 4000
	k-Wert nimmt mit wachsendem Inertgas-Anteil stark ab.	

Überschlägige Wärmedurchgangskoeffizienten bei einigen Wärmeübertragerbauarten

Bauart	Übertragungsbedingungen	überschlägiger k-Wert $W/m^2\,K$
Abhitzekessel	heiße Gase innerhalb der Rohre und siedendes Wasser außerhalb der Rohre	15 bis 50
Gaserhitzer	Wasserdampf oder Heißwasser innerhalb der Rippenrohre und Gas außerhalb der Rippenrohre a) freie Strömung (Heizkörper) b) erzwungene Strömung	 5 bis 12 12 bis 50
Doppelrohr-Wärmeübertrager	Gas (≈ 1 bar) innerhalb und Gas (≈ 1 bar) außerhalb der Rohre	10 bis 35
	Gas, Hochdruck (200 bis 300 bar) innerhalb und Gas (≈ 1 bar) außerhalb der Rohre	20 bis 60
	Gas, Hochdruck (200 bis 300 bar) innerhalb und Gas, Hochdruck (200 bis 300 bar) außerhalb der Rohre	150 bis 500
	Gas, Hochdruck (200 bis 300 bar) innerhalb und Flüssigkeit außerhalb der Rohre	200 bis 600
	Flüssigkeiten innerhalb und außerhalb der Rohre	300 bis 1400
Rieselfilmkühler	Kühlwasser außerhalb und Gas (≈ 1 bar) innerhalb der Rohre	20 bis 60
	Kühlwasser außerhalb und Gas, Hochdruck (200 bis 300 bar) innerhalb der Rohre	150 bis 350
	Kühlwasser außerhalb und Flüssigkeit innerhalb der Rohre	300 bis 900
	Berieselungskondensator, z. B. für Kältemittel: Kühlwasser außerhalb und kondensierender Dampf innerhalb der Rohre	300 bis 1200
Schlangenkühler	Kühlwasser oder Sole außerhalb und Gas (≈ 1 bar) innerhalb der Rohrschlange	20 bis 60
	Kühlwasser außerhalb und Gas, Hochdruck (200 bis 300 bar) innerhalb der Rohrschlange	150 bis 500
	Kühlwasser oder Sole außerhalb und Flüssigkeit innerhalb der Rohrschlange	200 bis 700
	Kühlwasser oder Sole außerhalb und kondensierender Dampf innerhalb der Rohrschlange	350 bis 900

Bauart	Übertragungsbedingungen	überschlägiger k-Wert W/m² K
Platten-Wärmeübertrager aus Stahl oder Graphit		
	Gas an Wasser	20 bis 60
	Flüssigkeit an Wasser	350 bis 1200
Taschen-Wärmeübertrager		
	Gas an Gas (≈ 1 bar)	10 bis 35
	Gas an Flüssigkeit	20 bis 60
Spiral-Wärmeübertrager		
	Flüssigkeit an Flüssigkeit	700 bis 2500
	kondensierender Dampf an Flüssigkeit	900 bis 3500
Rührwerkskessel	A. Außenmantel kondensierender Dampf außerhalb und Flüssigkeit innerhalb der Kessels	500 bis 1500
	kondensierender Dampf außerhalb und siedende Flüssigkeit innerhalb des Kessels	700 bis 1700
	Kühlwasser oder Sole außerhalb und Flüssigkeit innerhalb des Kessels	150 bis 350
	B. Schlange innen kondensierender Dampf innerhalb der Schlange und Flüssigkeit innerhalb des Kessels	700 bis 2500
	kondensierender Dampf innerhalb der Schlange und siedende Flüssigkeit innerhalb des Kessels	1200 bis 3500
	Kühlwasser oder Sole innerhalb der Schlange und Flüssigkeit innerhalb des Kessels	500 bis 1200
	C. Außen~~bohrung~~/auf Mantel aufgeschweißt kondensierender Dampf innerhalb der Heizkanäle und Flüssigkeit innerhalb des Kessels	500 bis 1700
	kondensierender Dampf innerhalb der Heizkanäle und siedende Flüssigkeit innerhalb des Kessels	700 bis 2300
	Kühlwasser oder Sole innerhalb der Kühlkanäle und Flüssigkeit innerhalb des Kessels	350 bis 900

berohrung

5. Verminderung des Wärmedurchgangs infolge von Schutzschichten und Verschmutzungen

Viele Wärmeübertragungsflächen müssen wegen korrodierender Stoffe mit einer Schutzschicht versehen werden. Außerdem können sich durch chemische Umsetzungen zwischen dem Übertragungswerkstoff und dem strömenden Medium teils erwünschte, teils unerwünschte Schichten bilden, z. B. Oxidschichten. Ferner werden die Heiz- bzw. Kühlflächen häufig durch Abscheidungen aus dem strömenden Stoff belegt; hierbei entstehen mehr oder weniger festhaftende Schichten.

Alle diese Ablagerungen hemmen den Wärmefluß durch die Wandung. Ihr Einfluß hängt außer von der Dicke der Schicht und ihrer Wärmeleitfähigkeit vor allem von dem Wärmedurchgang durch die Wand selbst ab. Während z. B. eine Verbleiung der Heizfläche bei einem Gaskühler praktisch ohne Wirkung auf den Wärmedurchgang ist, kann dieselbe Bleischicht die Wärmeleistung eines Verdampfers bei den hier üblichen hohen Wärmestromdichten stark herabsetzen.

Die Verminderung des Wärmedurchgangs läßt sich durch den Berichtigungsfaktor φ ausdrücken:

$$k = \varphi\, k_0 \qquad (1).$$

k_0 ist der Wärmedurchgangskoeffizient ohne Berücksichtigung der Schichten, und k ist der wirkliche Wärmedurchgangskoeffizient. Mit den Schichtdicken s_i und den entsprechenden Wärmeleitfähigkeiten λ_i ergibt sich für ebene Heizflächen

$$\varphi = \frac{1}{1 + k_0 \sum_{i=1}^{n} \left(\frac{s_i}{\lambda_i}\right)} \qquad (2).$$

Gl. (2) gilt mit guter Näherung auch für gekrümmte Heizflächen. Tabelle 1 gibt die Wärmeleitfähigkeit einiger Schutzschichten sowie von Verschmutzungen wieder. Weitere Werte für die Wärmeleitfähigkeit besonders von Baustoffen und Isolierschichten findet man in Abschn. De.

Tabelle 1. Wärmeleitfähigkeit λ in W/m K bei Raumtemperatur.

Schutzschichten				Verschmutzungen	
Zinn	65	Oppanol	0,2 bis 0,35	Kesselstein, gipsreich	0,6 bis 2,3
Blei	35	säurefeste Steine	≈ 1,2	Kesselstein, silikatreich	0,08 bis 0,18
Glas	0,76 bis 0,84	Kohlenstoffstein	1,6 bis 4,7	Ruß, trocken	0,035 bis 0,07
Quarzglas	1,34	Porzellan	1,7 bis 3,5	Kohlenstaub, trocken	0,11
Email	0,9 bis 1,2			Eis	1,75 bis 2,3
Gummi	0,15 bis 0,17			Kühlwasser-Gallertschicht	≈ 0,35
Asphalt	0,76			Sole-Gallertschicht	≈ 0,46
Igelit (PVC-Folie)	0,16			Salz	≈ 0,6

6. Schrifttum

[1] *Roetzel, W.:* Iteration-free calculation of the heat transfer coefficient in air-cooled cross-flow heat exchangers. Chemical Engineering Journal 7 (1974), S. 79/81.

[2] *Roetzel, W.:* Iteration-free calculation of heat transfer coefficients in heat exchangers. Chemical Engineering Journal, Vol. 13 (1977) No. 3, S. 233/237.

[3] *Roetzel, W.:* Berücksichtigung veränderlicher Wärmeübergangskoeffizienten und Wärmekapazitäten bei der Bemessung von Wärmeaustauschern. Wärme- und Stoffübertragung 2 (1969), S. 163/170.

[4] *Peters, D. L.:* Heat exchanger design with transfer coefficients varying with temperature or length of flow path. Wärme- und Stoffübertragung 3 (1970), S. 222/226.

[5] *Roetzel, W.:* Calculation of single phase pressure drop in heat exchangers considering the change of fluid properties along the flow path. Wärme- und Stoffübertragung 6 (1973), S. 3/13.

[6] *Roetzel, W.:* Heat exchanger design with variable transfer coefficients for cross-flow and mixed flow arrangements. Int. J. Heat Mass Transfer 17 (1974), S. 1037/1049.

Der kinetische Ansatz lautet für die Vorwärmezone

$$\dot{Q}_{VW} = k_{VW}\ \Delta A_{VW}\ \overline{\Delta T}_{log} \tag{1.3(42)}$$

worin $\dot{Q}_{VW} = c_F \dot{F}(T^*_{V,u} - T_{F,ein})$ ist.

$\overline{\Delta T}_{log}$ ist der logarithmisch gemittelte Temperaturunterschied in der Vorwärmezone. ΔA_{VW} ist der Flächenanteil der Vorwärmezone.

Der kinetische Ansatz für die Verdampfungszone lautet

$$\dot{Q}_{V_D} = k_{V_D}\ \Delta A_{V_D}(T^*_K - \overline{T}^*_V) \tag{1.3(43)}$$

worin $\dot{Q}_{V_D} = \dot{F}\ \overline{\Delta h}_V\{\overline{P}\}$ ist.

$\overline{T}^*_V$ ist die zwischen $T^*_{V,u}$ und $T^*_{V,o}$ arithmetisch gemittelte Siedetemperatur. Die insgesamt erforderliche Austauschfläche ist dann $A = A_{VW} + A_{V_D}$.

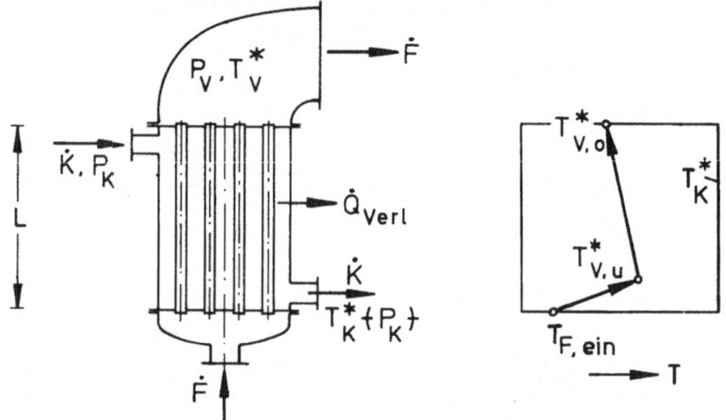

Abb. 1.3(8) Temperaturverlauf im Röhrenkesselverdampfer

Die erforderliche Heizdampfmenge $\dot{K}$ berechnet sich aus

$$\dot{Q}_{VW} + \dot{Q}_{V_D} + \dot{Q}_{Verl} = \dot{K}\ \Delta h_K\ \{P_K\} \tag{1.3(44)}$$

worin $\Delta h_K\{P_K\}$ die Kondensationswärme des Heizdampfes beim Kondensationsdruck P_K ist. Die Auslegung von Kondensatoren zur Kondensation reiner Dämpfe geschieht nach den gleichen Formeln.

Bei der Verdampfung und Kondensation von Gemischen hängen die Verdampfungs- bzw. Kondensationstemperaturen nicht nur von den jeweiligen Drücken, sondern auch noch von den jeweiligen Gemischzusammensetzungen ab.

1.4 Die Berechnung von Wärmedurchgangskoeffizienten k

Der in den Abschnitten 1.1 bis 1.3 verwendete kinetische Ansatz zur Berechnung der die Übertragungsfläche A durchsetzenden Wärmestromdichte lautet:

$$\dot{q} = k\,(T_L - T_F) \qquad 1.4(1)$$

Bei der weiteren Verwendung dieses Ansatzes (Kopplung mit den Erhaltungssätzen, Integration) wurde unterstellt, daß der Wärmedurchgangskoeffizient k unabhängig von $\dot{q}$, von T_L und T_F sowie von der Fläche A ist. Wir wollen diese Annahme auch weiterhin gelten lassen, obwohl sie, wie später noch gezeigt wird (Abschnitte 2.2 bis 2.10), in zahlreichen Fällen eine ziemlich starke Vereinfachung des tatsächlichen physikalischen Geschehens beinhaltet. Oft ist jedoch eine solche Vereinfachung zur Beantwortung technischer Fragestellungen zulässig - und daher auch zweckmäßig.*)
Indessen gibt es eine Abhängigkeit des Wärmedurchgangskoeffizienten k, die so stark ist, daß man sie nicht vernachlässigen kann, und die schon relativ früh entdeckt, diskutiert und analytisiert wurde (Newton um 1700, Peclet um 1840, Graetz um 1900, Nußelt um 1915). Es handelt sich hierbei um die Abhängigkeit des k-Wertes von der Strömungsgeschwindigkeit u_L bzw. u_F der wärmeübertragenden Medien mit den Mengenströmen $\dot{L}$ bzw. $\dot{F}$. Außerdem wurde beobachtet, daß, wenn man die Strömungsgeschwindigkeit u_L und u_F konstant hält, der k-Wert auch davon abhängt, wie groß die Wandstärke der wärmeübertragenden Rohre ist.

Schließlich wurde festgestellt, daß auch die Art der strömenden Medien (Wasser, Luft, Öl etc.) sowie die Art und die Dicke des Rohrmaterials (Stahl, Edelstahl, Kupfer) den k-Wert beeinflußt.

Die Analyse dieser Einflüsse hat dazu geführt, daß man den k-Wert in drei Anteile aufgespalten hat. Ein Anteil hängt nur von den Eigenschaften und dem Zustand des Mediums L, ein zweiter nur von den Eigenschaften und dem Zustand des Mediums F und ein dritter nur von den Eigenschaften und der Dicke der Rohrwand ab. Bezeichnen wir diese Anteile mit α, so gilt dann

---

*) Der geschulte Mann erstrebt in jedem Fachgebiet keine größere Genauigkeit, als es das Wesen der Sache (vernünftigerweise) zuläßt.
ARISTOTELES, Nikomachische Ethik 1094 b24

folgender funktionaler Zusammenhang

$$k = k \{\alpha_L, \alpha_F, \alpha_R\} \qquad 1.4(2)$$

Die Größen α werden "Wärmeübertragungskoeffizienten" genannt. Da nun der Wärmestrom $\dot{Q}$ vom wärmeren Medium, z.B. L, zunächst an die vom Medium L bespülte Oberfläche der Rohrwand übertragen, von dort durch die Rohrwand hindurchgeleitet und schließlich von der vom Medium F bespülten Oberfläche der Rohrwand an das kältere Medium F übertragen werden muß, macht man für diese drei Teilschritte analoge kinetische Ansätze, wie für den Gesamtvorgang:

$$\dot{Q} = \alpha_L A_L (T_L - T_{RL}) \qquad 1.4(3)$$

$$\dot{Q} = \alpha_R A_{RL} (T_{RL} - T_{RF}) \qquad 1.4(4)$$

$$\dot{Q} = \alpha_F A_F (T_{RF} - T_F) \qquad 1.4(5)$$

Der allgemeine Fall, bei dem diese drei Flächen merklich voneinander verschieden sind, wird im Übungsbeispiel Nr.10 behandelt.

Wir wollen zunächst den einfacheren Fall betrachten, bei dem die drei Flächen A_L, A_{RL} und A_F gleich groß sind. Sodann kürzen sich diese Flächen heraus und es folgt

$$\dot{q} = \alpha_L (T_L - T_{RL}) \qquad 1.4(3a)$$

$$\dot{q} = \alpha_R (T_{RL} - T_{RF}) \qquad 1.4(4a)$$

$$\dot{q} = \alpha_F (T_{RF} - T_F) \quad . \qquad 1.4(5a)$$

Den zugehörigen Verlauf der Temperaturen an einer herausgegriffenen Stelle im Innern eines Doppelrohrapparates zeigt die Abb. 1.4(1).

Danach bilden sich in den Strömungen $\dot{L}$ und $\dot{F}$ Temperaturprofile aus, die in der Nähe der Rohrwand besonders steil verlaufen. Wegen der Existenz solcher Temperaturprofile bedarf die Angabe von Flüssigkeitstemperaturen T_L bzw. T_F einer Präzisierung.

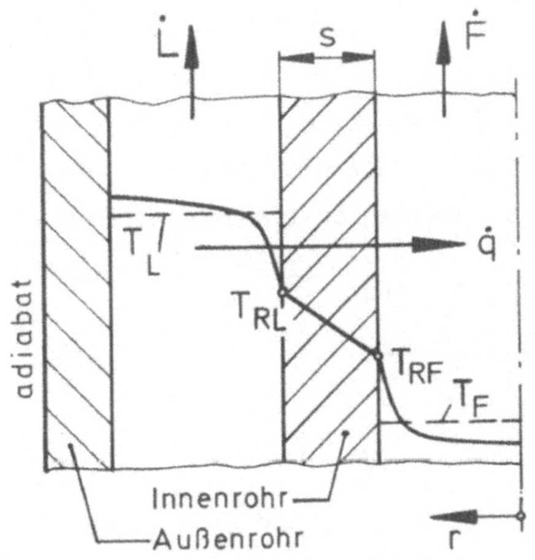

Abb. 1.4(1)

Temperaturverlauf in Richtung des Wärmestromes $\dot{Q}$ an einer herausgegriffenen Stelle im Innern eines Doppelrohrapparates (qualitativ).

Man hat festgelegt, daß man unter der Temperatur einer strömenden Flüssigkeit die Temperatur versteht, die man messen würde, wenn man diese Flüssigkeit in einem Auffangbehälter auffängt und dort gut umrührt, vgl. Abb. 1.4(2).

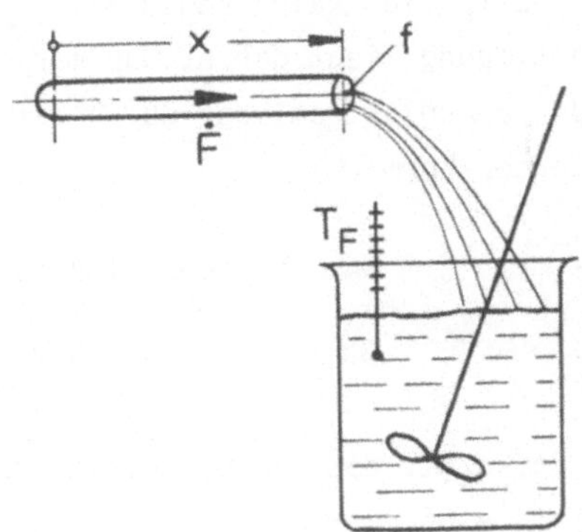

Abb. 1.4(2)

Zur operationellen Bestimmung der Temperatur T_F der durch den Rohrquerschnitt f an der Stelle x strömenden Flüssigkeit $\dot{F}$.

Die so ermittelte Temperatur wird als "integrale kalorische Mitteltemperatur" der Flüssigkeit bezeichnet. Rechnerisch erhält man sie, wenn man im Strömungsquerschnitt f über alle lokalen Energieströme integriert.

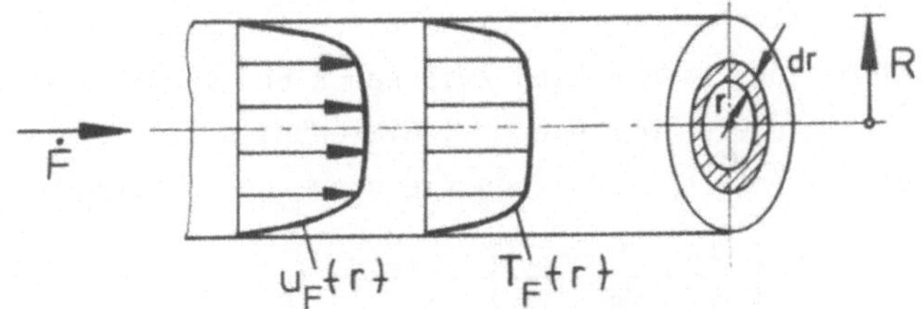

Abb. 1.4(3) Geschwindigkeits- und Temperaturverteilung im durchströmten Kanal (Rohr).

Dabei muß man beachten, daß nicht nur die Temperatur T_F ungleich über den Strömungsquerschnitt f verteilt ist, sondern auch die Strömungsgeschwindigkeit u_F, die ja wegen der Haftung an festen Wänden unmittelbar an der Rohrwand stets gleich null sein muß. Somit lautet die Berechnungsvorschrift für T_F in Übereinstimmung mit der operationellen Bestimmungsmethode

$$T_F = \frac{\int_0^R \rho_F c_F u_F(r)\, T_F(r)\, 2\pi r dr}{\int_0^R \rho_F c_F u_F(r)\, 2\pi r dr} \qquad 1.4(6)$$

Gl. 1.4(6) schließt auch ein, daß die Stoffwerte ρ_F und c_F über den Rohrquerschnitt veränderlich sein können. Sind sie konstant, kann man sie in Gl. 1.4(6) herauskürzen. So wie T_F ist natürlich auch die Temperatur T_L definiert.

Wir halten fest, daß die in den Wärmeübergangsansätzen nach den Gl. 1.4(3) und 1.4(5) enthaltenen Temperaturen T_F und T_L die "kalorischen Mitteltemperaturen" sind. Der Grund für diese Festlegung liegt darin, daß man mit diesen Mitteltemperaturen unmittelbar den Energiestrom, der durch den Strömungsquerschnitt f hindurchtritt, in der Form

$$\dot{H}_F = c_F\, \dot{F}\, T_F \qquad 1.4(7)$$

bzw.

$$\dot{H}_L = c_L\, \dot{L}\, T_L \qquad 1.4(8)$$

angeben kann. Auf diese Weise ist dafür gesorgt, daß man die kinetischen Ansätze nach den Gln. 1.4(3) bis 1.4(5) in einfacher Weise mit den Energiebilanzen verbinden kann, wie wir das bei den in den Abschnitten 1.1 bis 1.3 besprochenen Beispielen immer wieder haben tun müssen.

Nachdem wir nun den Wärmedurchgangskoeffizienten k gemäß Gl. 1.4(2) in die drei Koeffizienten α_L, α_R und α_F aufgespaltet haben, müssen wir nun noch den funktionalen Zusammenhang zwischen k und seinen drei Bestandteilen bestimmen. Dividieren wir die drei Gleichungen 1.4(3) bis 1.4(5) jeweils durch die α-Werte und addieren sie dann, so erhalten wir

$$\dot{q}\left[\frac{1}{\alpha_L} + \frac{1}{\alpha_R} + \frac{1}{\alpha_F}\right] = (T_L - T_F) \ . \qquad 1.4(9)$$

Mit der Definitionsgleichung für den Wärmedurchgangskoeffizienten k

$$\dot{q} = k\,(T_L - T_F) \qquad 1.4(10)$$

folgt sodann durch Koeffizientenvergleich

$$\boxed{\frac{1}{k} = \frac{1}{\alpha_L} + \frac{1}{\alpha_R} + \frac{1}{\alpha_F}} \qquad 1.4(11)$$

Bezeichnen wir mit den Kehrwerten der Wärmeübertragungs- bzw. Wärmedurchgangskoeffizienten die Wärmeübertragungs- bzw. Wärmedurchgangswiderstände, so lautet die Gl. 1.4(11) in Worten:

"Der Wärmedurchgangswiderstand ist gleich der Summe der Wärmeübertragungswiderstände".

Hieraus folgt auch der einfache Satz

"Der Wärmedurchgangskoeffizient ist stets kleiner als der kleinste beteiligte Wärmeübertragungskoeffizient".

Die praktisch vorkommenden Zahlenwerte für Wärmeübertragungskoeffizienten reichen über viele (ca. 10) Zehnerpotenzen. Für Isolierschichten findet man größenordnungsmäßig Werte von 10^{-3} W/m^{2}K, für strömende Luft 10 W/m^{2}K, für strömendes Wasser 10^3 W/m^{2}K, für siedendes Wasser oder kondensierenden Wasserdampf 10^4 W/m^{2}K und für eine 3 mm starke Kupferwand 10^5 W/m^{2}K. Will man beispielsweise Wasser in einer metallenen Rohrschlange durch Beheizung mit heißen Rauchgasen verdampfen (Dampfkessel), dann ist praktisch $k \cong \alpha_{Rauchgas}$, da die Wärmeübertragungswiderstände für siedendes Wasser wie auch für die metallene Rohrwand um Größenordnungen kleiner sind.

Die angegebenen Größenordnungen für Wärmeübertragungskoeffizienten gelten für normale technische Verhältnisse. Darüber hinaus gibt es absolute Obergrenzen für diese Koeffizienten, deren Höhe vom jeweiligen physikalischen Mechanismus der Wärmeübertragung abhängen. Hiervon soll im folgenden Kapitel die Rede sein.

2. Analyse und Berechnung von Wärmeübertragungskoeffizienten

2.1 Physikalische Grundvorgänge der Wärmeübertragung

Die Höhe der Wärmeübertragungskoeffizienten α hängt eng zusammen mit der Geschwindigkeit des Energietransportes im Innern der Materie und der Energiefortpflanzung im Vakuum. Träger des Energietransportes sind

in Gasen: Atome und Moleküle;

in nichtmetallischen Festkörpern und Flüssigkeiten: Phononen;

in metallischen Festkörpern und Flüssigkeiten: Elektronen;

im Vakuum: Photonen.

Es ist klar, daß die Geschwindigkeit der Energieübertragung nicht größer sein kann als die Eigengeschwindigkeit der vorgenannten Energieträger. Dies läßt sich z.B. für die Energieübertragung durch ein verdünntes Gas hindurch in anschaulicher Weise zeigen. Die von der in Abb. 2.1(1) gezeigten heißen Wand abgegebene Energie $\dot{E}_1$ wird von zwei Energieträgern transportiert, nämlich durch die Moleküle des Gases und durch Photonen.

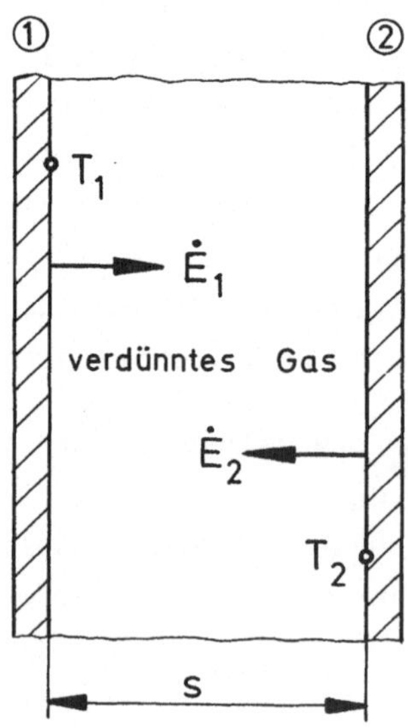

Abb. 2.1(1)
Energieübertragung von einer heißen auf eine kalte Wand, zwischen denen sich ein verdünntes Gas befindet.

Den ersteren Vorgang nennt man (molekulare) Wärmeleitung, den letzteren Wärmestrahlung. *) Für die kältere Wand gilt dasselbe. Demnach setzen sich die Energien $\dot{E}_1$ und $\dot{E}_2$ aus je zwei Anteilen zusammen:

$$\dot{E}_1 = \dot{E}_{1,mol} + \dot{E}_{1,rad} \qquad 2.1(1)$$

$$\dot{E}_2 = \dot{E}_{2,mol} + \dot{E}_{2,rad} \qquad 2.1(2)$$

Der insgesamt von der Wand 1 auf die Wand 2 übertragene Wärmestrom ist dann die Differenz der beiden Energieströme

$$\dot{Q} = \dot{E}_1 - \dot{E}_2 \qquad 2.1(3)$$

Betrachten wir zuerst den

2.1.1 Energietransport durch Wärmeleitung

Ist das Gas hinreichend verdünnt oder ist die Spaltweite s hinreichend klein, fliegen die Gasmoleküle direkt von Wand zu Wand, ohne unterwegs zusammenzustoßen. Unter der Annahme, daß die Gasmoleküle jeweils bei der Berührung mit den Wänden die jeweilige Wandtemperatur annehmen, berechnen sich die molekularen Energieströme zu

$$\dot{E}_{1,mol} = \frac{1}{6}\,\rho c w A\, T_1 \qquad 2.1(4)$$

und

$$\dot{E}_{2,mol} = \frac{1}{6}\,\rho c w A\, T_2\,. \qquad 2.1(5)$$

Hierin sind ρ die Gasdichte, c die Wärmekapazität des Gases, w die mittlere Fluggeschwindigkeit der Gasmoleküle und A die Oberfläche der Wand (1) bzw. (2). Der Vorfaktor $\frac{1}{6}$ rührt daher, daß die Moleküle ungeordnet in alle Richtungen des Raumes fliegen. Betrachtet man ein würfelförmiges Raumelement, so treffen von allen Molekülen im Mittel immer nur $\frac{1}{6}$ auf eine der 6 Würfelflächen. Der insgesamt von der Wand (1) auf die Wand (2) übertragene Wärmestrom ist dann

$$\dot{Q}_{mol} = \frac{1}{6}\,\rho c w A (T_1 - T_2) \qquad 2.1(6)$$

---

*) Streng genommen findet ein Energietransport durch Photonen über größere Enfernungen nur im Vakuum statt. Bei verdünnten Gasen sind jedoch Zusammenstöße von Photonen mit Gasmolekülen vernachlässigbar.

Dies ist zugleich der maximal mögliche Wärmestrom durch molekulare Energieträger in verdünnten Gasen; denn wenn die Moleküle unterwegs zusammenstoßen, wird der Energietransport nur behindert. Für den maximal möglichen Wärmeübergangskoeffizienten in verdünnten Gasen (Gasdruck 1 bar und darunter) erhalten wir also

$$_{max}\alpha_{mol} = \frac{\dot{Q}_{mol}}{A(T_1 - T_2)} \qquad 2.1(7)$$

$$\boxed{_{max}\alpha_{mol} = \frac{1}{6}\,\rho\, c\, w} \qquad 2.1(8)$$

Die mittlere Fluggeschwindigkeit der Moleküle ist von der Größenordnung der Schallgeschwindigkeit, d.h. 300 bis 500 m/s. Die spezifische Wärmekapazität von Gasen beträgt rd. 1 kJ/kg K (Luft). Somit liegt der maximale Wärmeübergangskoeffizient für Gase bei Normaldruck bei

$$_{max}\alpha_{mol}\{1\,bar\} \cong 100\,000\ W/m^2K.$$

Dieser Wert liegt erheblich höher, als der, den man in Gaserhitzern oder Gaskühlern bei 1 bar tatsächlich beobachtet, nämlich etwa 2 bis 20 W/m^2K. Die Ursache für diese großen Unterschiede liegt darin, daß bei 1 bar und Spaltweiten von einigen Millimetern und mehr die Gasmoleküle nicht direkt von Wand zu Wand fliegen, sondern unterwegs zusammenstoßen. Die Wegstrecke, die Moleküle zwischen zwei Zusammenstößen im Mittel zurücklegen, nennt man die "freie Weglänge" der Gasmoleküle Λ_{mol}. Der maximale Wärmeübergangskoeffizient nach Gl. 2.1(8) tritt also nur dann auf, wenn die freie Weglänge der Gasmoleküle größer als die Spaltweite s ist. Die freie Weglänge der Gasmoleküle berechnet sich nach der Formel

$$\Lambda_{mol} = \frac{1}{\sqrt{2}\,\pi\sigma^2\,\tilde{L}\,n} \qquad 2.1(9)$$

worin σ der Moleküldurchmesser (3 bis 5 Å), $\tilde{L}$ die Loschmidt-Zahl = $6{,}022045\cdot 10^{23}$ Moleküle/mol und n die molare Gasdichte sind. Für verdünnte Gase läßt sich n aus dem idealen Gasgesetz berechnen

$$P = n\,\tilde{R}\,T \quad . \qquad 2.1(10)$$

Für Luft bei 25 °C und 1 bar beträgt Λ_{mol} = 0,07 µm. Hieran erkennt man, daß für Luft bei Normaldruck und Spaltweiten von einigen Millimetern die freie Weglänge viel kleiner als die Spaltweite s ist und daher notwendigerweise die Moleküle unterwegs zusammenstoßen müssen. Für diesen Fall erhält man für den Wärmestrom durch einen Gasspalt von der Dicke zweier freier Weglängen nach den gleichen Überlegungen wie zuvor

$$\dot{Q}_{mol} = \frac{1}{6} \rho c w A (T_1' - T_2') \qquad 2.1(11)$$

vgl. Abb. 2.1(2).

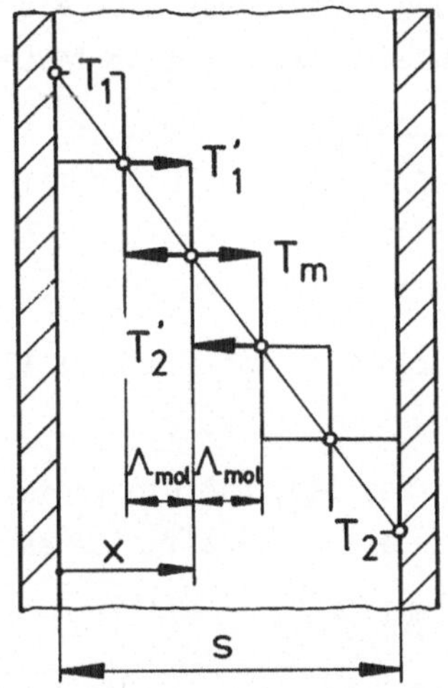

Abb. 2.1(2)
Energieübertragung von einer heißen Wand an eine kalte Wand durch ein mäßig verdünntes Gas.

Moleküle von Stelle x-Λ kommend stoßen mit Molekülen von der Stelle x+Λ kommend zusammen und gleichen dabei ihre Energien an. Nun verhalten sich die Temperaturunterschiede $T_1 - T_2$ und $T_1' - T_2'$ wie

$$\frac{T_1 - T_2}{T_1' - T_2'} = \frac{s}{2\Lambda_{mol}} \qquad 2.1(12)$$

und wir erhalten damit

$$\dot{Q}_{mol} = \frac{1}{3} \rho c w \, \Lambda_{mol} \, A \frac{T_1 - T_2}{s} \qquad 2.1(13)$$

oder

$$\alpha_{mol} = \frac{1}{3} \rho c w \frac{\Lambda_{mol}}{s} \qquad 2.1(14)$$

Man erkennt, daß sich α_{mol} zu ${}_{max}\alpha_{mol}$ verhält wie $2\Lambda_{mol}/s$; d.h. etwa wie $2 \cdot 0{,}07$ µm/10^3 µm, wenn man für s einen Millimeter einsetzt. Das ergibt dann Werte für α_{mol} bei 1 bar von der Größenordnung 10 W/m^2K.

Der Ausdruck $\frac{1}{3}\, \rho c w\, \Lambda_{mol}$ ist eine Eigenschaft der betrachteten Molekülart, eine sog. Stoffeigenschaft und wird "Wärmeleitfähigkeit" λ genannt:

$$\lambda = \frac{1}{3}\, \rho c w\, \Lambda_{mol} \qquad 2.1(15)$$

Man sieht, daß die Wärmeleitfähigkeit von Gasen vom Gasdruck unabhängig ist ($\rho\Lambda \neq f(P)$).

Der kinetische Ansatz für die Wärmeübertragung durch einen Gasspalt von der Dicke s durch den Mechanismus der molekularen Wärmeleitung lautet nunmehr:

$$\boxed{\dot{Q}_{mol} = A \frac{\lambda}{s} (T_1 - T_2)} \qquad 2.1(16)$$

worin

$$\frac{\lambda}{s} = \alpha_{mol} \quad \text{ist.} \qquad 2.1(17)$$

Voraussetzung für die Gültigkeit dieses Ansatzes ist, daß die freie Weglänge der Gasmoleküle Λ_{mol} wesentlich kleiner als die Spaltweite s ist. Ist umgekehrt $\Lambda_{mol} >> s$, so gilt $\alpha_{mol} = {}_{max}\alpha_{mol}$ nach Gl. 2.1(8).

Ähnlich wie für ein Gas, kann man auch für Flüssigkeiten und Festkörper eine Wärmeleitfähigkeit ableiten. Bei nichtmetallischen Festkörpern z.B. kann man davon ausgehen, daß die Phononen ein "ideales Gas" bilden, auf das sich die gleichen Überlegungen wie auf ein aus Molekülen aufgebautes ideales Gas anwenden lassen. Als Phonon bezeichnet man das Energiequant einer elastischen Welle, in Analogie zu der Bezeichnung Photon für das Energiequant einer elektromagnetischen Welle. Für Nichtmetalle kann man also schreiben

$$\lambda \cong \frac{1}{3} \cdot \rho\, c_p \cdot w_s\, \Lambda_{(Phonon)} \qquad 2.1(18)$$

w_s = Schallgeschwindigkeit .

Auch die Wärmeleitfähigkeit der Metalle läßt sich entsprechend darstellen. +)

+) Kittel, Charles: "Einführung in die Festkörperphysik", 3. Aufl., Oldenbourg, München, Wiley, Frankfurt, 1973.

Nichtmetallische kristalline Feststoffe können bei tiefen Temperaturen (≈20...40 K) Maximalwerte der Wärmeleitfähigkeit aufweisen, die bis zu 20 000 W/mK (+) S.278) betragen. Auch reine Metalle haben bei tiefen Temperaturen wesentlich höhere Wärmeleitfähigkeiten als bei Raumtemperatur. Für Kupfer wurden bei 20 K etwa 5000 W/mK (gegenüber ≈ 400 W/mK bei normalen und höheren Temperaturen) gemessen (+) S.311). Die sehr starke Temperaturabhängigkeit der Wärmeleitfähigkeit im Bereich tiefer Temperaturen konnten zumindest qualitativ durch die entsprechende Abhängigkeit der freien Weglängen von Phononen und Elektronen erklärt werden. Bei normalen und höheren Temperaturen hängt die Wärmeleitfähigkeit fester und flüssiger Stoffe i.a. nur schwach von der Temperatur ab. Bei nichtkristallinen Feststoffen (Gläser) und Flüssigkeiten liegen die freien Weglängen der Phononen in der Größenordnung der Molekülabmessungen (≈(2...4)Å). Berechnet man zum Beispiel für flüssiges Wasser die freie Weglänge aus:

$$\Lambda_{(Phonon)} \cong \left(\frac{\tilde{M}}{\rho\,\tilde{L}}\right)^{1/3} \qquad 2.1(19)$$

so ergeben sich Werte von 3,1 bis 3,4 Å bei Flüssigkeitsdichten von 1000 kg/m^3 (bei 0^oC) bis 768 kg/m^3 (bei 270^oC und 55 bar). Die Schallgeschwindigkeit ist für Wasser, aber auch für viele andere Flüssigkeiten sehr gut bekannt. +) $\tilde{L}$ ist die Loschmidt'sche Zahl, s. S. 81 und $\tilde{M}$ ist die Molmasse.
In Tabelle 2.1(1) und Abb. 2.1(3) sind aus Gl. 2.1(18) mit 2.1(19) berechnete Wärmeleitfähigkeiten mit Tabellenwerten verglichen. Für ein so grobes Modell ergibt sich eine überraschend gute Übereinstimmung. Selbst die Temperaturabhängigkeit mit dem flachen Maximum wird richtig wiedergegeben.

Bei anderen Flüssigkeiten mit höherer Molmasse würde man nach Gl. 2.1(19) meist zu große Werte für $\Lambda_{(Phonon)}$ berechnen. Im Mittel erreicht man mit einem konstanten Wert

$$\Lambda_{(Phonon)} \cong 2{,}3\cdot 10^{-10}\ m \qquad 2.1(20)$$

eine durchaus zufriedenstellende Übereinstimmung mit gemessenen Wärmeleitfähigkeiten.

+) Schaafs, W.: "Molekularakustik" in Band 5, Gruppe II, Neue Serie von Landolt-Börnstein: Zahlenwerte und Tabellen, Springer Verlag, 1967

Tabelle 2.1(1) H_2O $\tilde{M}$ = 18 kg/kmol

$T/°C$ (p/bar)	$\rho'/\frac{kg}{m^3}$	$c_p'/\frac{kJ}{kgK}$	*) $w_s/\frac{m}{s}$	$\lambda_b'/\frac{W}{mK}$	$\lambda'/\frac{W}{mK}$	$\Delta/\%$
0(0,006)	999,8	4,217	1403	0,612	0,569	7,5
50(0,123)	988,0	4,181	1543	0,662	0,643	3,0
100(1,013)	958,1	4,216	1543	0,654	0,681	- 4,0
150(4,76)	916,8	4,310	1465	0,616	0,687	-10,3
200(15,6)	864,7	4,497	1340	0,566	0,665	-14,9
250(39,8)	799,2	4,869	1155	0,501	0,618	-18,9
270(55,1)	767,8	5,126	1070	0,476	0,590	-19,4

*) aus Landolt-Börnstein, Neue Serie, Gruppe II, Band 5 "Molekularakustik" von W. Schaafs, Springer, 1967

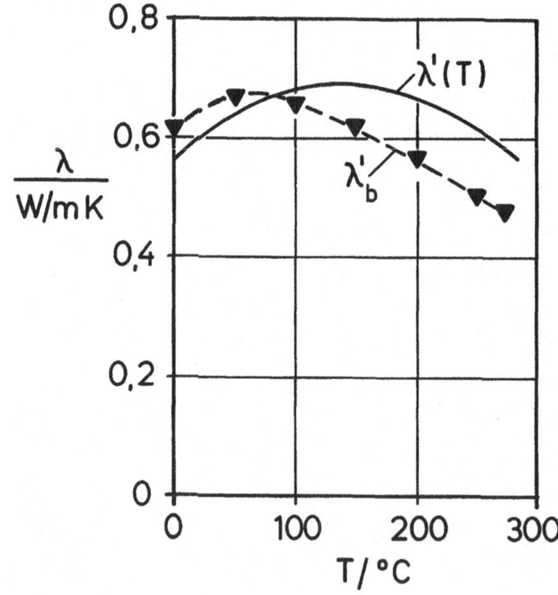

ρ', c_p', λ' aus VDI-Wärmeatlas

$$\Lambda_{(Phonon)} = (3,1...3,4)\mathring{A}$$

$$\lambda_b = \frac{1}{3}\rho' c_p' w_s \Lambda$$

$$\Lambda_{(Phonon)} = \left(\frac{\tilde{M}}{\rho \tilde{L}}\right)^{1/3}$$

Abb. 2.1(3)

In Tabelle 2.1(2) sind nach Gl. 2.1(18) und 2.1(20) berechnete Wärmeleitfähigkeiten mit Meßwerten für Normal-Paraffine verglichen. In Abb. 2.1(4) sind diese Werte zusammen mit den entsprechenden Leitfähigkeiten für viele andere Flüssigkeiten in der Form λ über λ_b aufgetragen.

Tabelle 2.1(2) $C_n H_{2n+2}$ $\Lambda = 2{,}3 \cdot 10^{-10}$ m

n - Paraffine 20^oC

n	ρ/kg/m^3	c_p/kJ/kgK	w_s/m/s	λ_b/W/mK	λ/W/mK	Δ/ %
5	626	2,273	1030	0,112	0,136	-17,4
6	659	2,227	1116	0,126	0,137	- 8,3
7	684	2,198	1150	0,133	0,124	+ 6,9
8	703	2,186	1197	0,141	0,131	+ 7,7
9	718	2,177	1234	0,148	0,137	+ 8,0
10	731	2,173	1255	0,153	0,126	+21,3
12	750	2,173	1300	0,162	0,143	+13,6
14	763	2,186	1331	0,170	0,145	+17,4

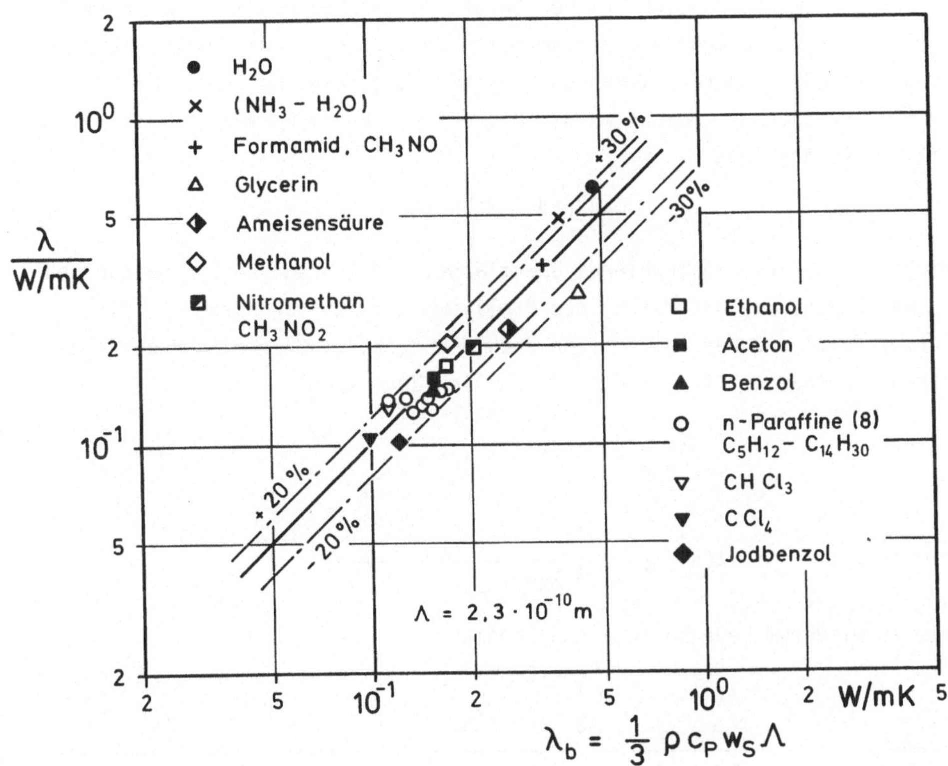

Abb. 2.1(4) Wärmeleitfähigkeit von Flüssigkeiten (21) bei 20^oC
(Daten aus VDI-Wärmeatlas und Landolt-Börnstein)

Die Gl. 2.1(16) gilt nach dem Vorgesagten nicht nur für Gase, sondern ganz allgemein für alle Stoffe. Die Gleichung wird auch als

"Fouriersches Grundgesetz*) der Wärmeleitung"

bezeichnet. Es ist der Ausgangspunkt aller analytischen Untersuchungen der Wärmeübertragung in Gasen, Flüssigkeiten und Festkörpern, solange diese als Kontinua angesehen werden können ($\Lambda \ll s$).

2.1.2 Energietransport durch Wärmestrahlung

Jeder Körper emittiert und absorbiert an seiner Oberfläche ständig Energiequanten, die durch Schwingungen der Moleküle erzeugt werden. Die Intensität der emittierten und/oder absorbierten Strahlungsenergie hängt von der chemischen Natur des Körpers, von der Beschaffenheit seiner Oberfläche (glatt oder rauh) und insbesondere von seiner Temperatur ab. Indessen gibt es für alle Körper gleich welcher Natur und Beschaffenheit eine maximal mögliche Energieabgabe durch Wärmestrahlung, die erstmals durch Max Planck im Jahre 1900**) durch Einführung des "Wirkungsquantums" vollständig a priori berechenbar gemacht wurde. Die entsprechende Formel lautet für die diffuse Abstrahlung

$$_{max}\dot{E}_{rad} = A\, C_s\, T^4 \quad . \qquad 2.1(21)$$

Hierin sind A die abstrahlende Oberfläche, T die absolute Temperatur und C_s der Strahlungskoeffizient des "vollkommen schwarzen Körpers". Diese Formel folgt aus der Integration über die spektrale Verteilung der abgestrahlten Energie $\dot{I}(\Lambda_{rad})$ über die Wellenlänge Λ_{rad}:

$$_{max}\dot{E}_{rad} = A \int_0^\infty \dot{I}(\Lambda_{rad})\, d\, \Lambda_{rad} \qquad 2.1(22)$$

Hierin ist

$$\dot{I}(\Lambda_{rad}) = C_1 \frac{\Lambda_{rad}^{-5}}{\exp(C_2/T\Lambda_{rad}) - 1} \qquad 2.1(23)$$

Hierin wiederum bedeuten die Konstanten

$$C_1 = 2\pi\, c_o^2\, h \qquad 2.1(24)$$

$$C_2 = c_o h/k_B \qquad 2.1(25)$$

*) Fourier, Jean Baptiste Joseph: Theorie analytique de la chaleur, 1822

**) Planck, Max Karl Ernst (1858-1947); 1900 Quantentheorie

worin c_o = 299 792 458 m/s die Lichtgeschwindigkeit im Vakuum,

$$h = 6{,}626176 \cdot 10^{-34} \text{ Js}$$

das Planck'sche Wirkungsquantum und

$$k_b = 1{,}380662 \cdot 10^{-23} \text{ J/K}$$

die Boltzmann-Konstante sind. Mit diesen Naturkonstanten berechnet man

$$C_1 = 3{,}741832 \cdot 10^{-16} \text{ Wm}^2$$
$$C_2 = 0{,}01438786 \text{ Km}$$

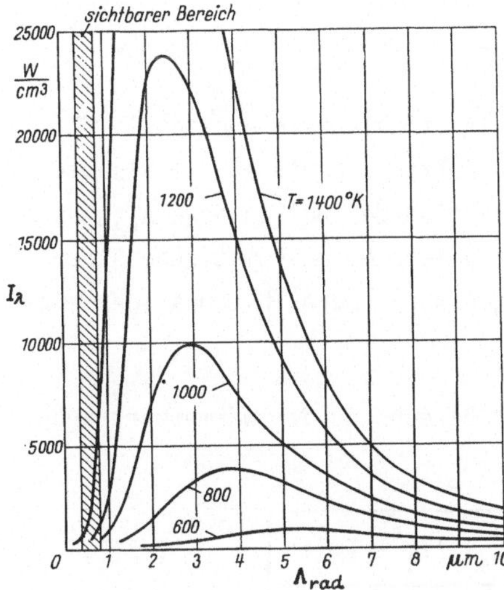

Die Abb. 2.1(5) zeigt den Verlauf der Strahlungsintensität I_λ über der Wellenlänge Λ_{rad}.

Abb. 2.1(5)
Spektrale Verteilung der Strahlungsintensität des schwarzen Körpers bei verschiedenen Temperaturen der strahlenden Fläche

Die Integration über alle Wellenlängen Λ_{rad} nach Gl. 2.1(22) ergibt

$$_{max}\dot{E}_{rad} = A \left\{ \frac{C_1}{C_2{}^4} \int_0^\infty \frac{\xi^3}{e^\xi - 1} \, d\xi \right\} T^4 \qquad 2.1(26)$$

Das Integral in dieser Gleichung liefert den Zahlenwert $\pi^4/15$. Die geschweifte Klammer ergibt dann den Strahlungskoeffizienten des vollkommen schwarzen Körpers

$$C_s = 5{,}67032 \cdot 10^{-8} \text{ W/m}^2\text{K}^4 \quad . \qquad 2.1(27)$$

Der Wärmeaustausch zwischen zwei Platten, zwischen denen sich ein Vakuum oder ein verdünntes Gas befindet, als Folge der Emission und Absorption von Strahlungsenergie, ist dann gleich der Differenz der beiden Energieströme:

$$\dot{Q}_{rad} = \dot{E}_{1,rad} - \dot{E}_{2,rad} \qquad 2.1(28)$$

siehe Abb. 2.1(1) und Gl. 2.1(1),(2),(3). Können die Plattenoberflächen als schwarz angesehen werden, so folgt

$$_{max}\dot{Q}_{rad} = A\ C_s(T_1^4 - T_2^4)\ . \qquad 2.1(29)$$

Tatsächlich sind reale Körperoberflächen nicht vollkommen schwarz, sondern mehr oder weniger "grau". Man führt zum Gebrauch bei technischen Berechnungen einen relativen Schwärzegrad, auch Emissionszahl ε genannt, ein

$$\varepsilon = \frac{\dot{E}_{rad}}{_{max}\dot{E}_{rad}} \qquad 2.1(30)$$

Die Bezeichnung "grau" beinhaltet, daß die Strahlungsintensität I_Λ für alle Wellenlängen Λ_{rad} um den konstanten Faktor ε geringer ist als die des "schwarzen" Strahlers. Ist ε eine Funktion der Wellenlänge Λ_{rad}, so handelt es sich um einen "selektiven" Strahler. Monochromatische Strahlung liegt vor, wenn die Strahlungsenergie nur innerhalb eines sehr engen Wellenlängenbereiches ausgesandt wird.

Damit lautet dann die Grundgleichung zur Berechnung der Wärmeübertragung zwischen zwei grauen Platten

$$\boxed{\dot{Q}_{rad} = AC_{12}(\varepsilon_1,\varepsilon_2,C_s)\ (T_1^4 - T_2^4)} \qquad 2.1(31)$$

Gl. 2.1(31) nennt man das Stefan-Boltzmann-Gesetz.*)
Bemerkenswert ist, daß die übertragene Wärmemenge $\dot{Q}_{rad}$ proportional der Differenz der 4. Potenzen der absoluten Temperaturen ist (bei der Wärmeleitung war es die Differenz der 1. Potenz der Temperaturen).

Damit sind nun die beiden Grundgesetze der Wärmeübertragung, nämlich das der Wärmeleitung, Gl. 2.1(16), und das der Wärmestrahlung, Gl. 2.1(31), vorgestellt. In den folgenden Kapiteln wird es sich darum handeln, diese Grundgesetze zur Vorausberechnung von Wärmeübergangskoeffizienten α, die man für die Auslegung von Wärmeübertragern braucht, anzuwenden. Dabei

---

*) Joseph Stefan, 1835 bis 1893
Ludwig Boltzmann, 1844 bis 1906, Berechnung von C_{12} siehe Abschn. 2.12

muß man zwischen der Wärmeübertragung an ruhende Medien und an bewegte oder strömende Medien unterscheiden. Während bei ruhenden Medien die Geschwindigkeit der Wärmeübertragung, abgesehen von den geometrischen Abmessungen und der Einwirkungsdauer, nur von der Eigengeschwindigkeit der Energieträger (Moleküle, Phononen, Elektronen, Photonen) abhängt, überlagert sich im letzteren Falle u.U. noch ein Einfluß der Strömungsgeschwindigkeit des Mediums. Ob ein solcher zusätzlicher Einfluß auftritt oder nicht, hängt davon ab, ob die Strömung kinematisch reversibel ist oder nicht. Bewegungen von Festkörpern (laufende Bänder oder Drähte) sind in diesem Zusammenhang stets kinematisch reversibel. Aber auch "laminar" strömende Flüssigkeiten und Gase bewegen sich kinematisch reversibel, d.h. durch Umkehr der Strömungsrichtung kann der Anfangszustand der Flüssigkeit wieder vollkommen hergestellt werden.

Es gilt nun der Satz, daß nicht nur bei ruhenden, sondern auch bei allen kinematisch reversibel bewegten Medien die Geschwindigkeit der Wärmeübertragung nur von der Eigengeschwindigkeit der Energieträger, den geometrischen Abmessungen und der Einwirkungsdauer der Medien aufeinander abhängt.

Darüber hinaus gibt es auch eine kinematisch irreversible Bewegung von Gasen und Flüssigkeiten, die unter dem Begriff "Turbulenz" zusammengefaßt werden. Turbulenz tritt auf bei hohen Strömungsgeschwindigkeiten, großen Abmessungen des Strömungsraumes und niedriger Zähigkeit des flüssigen oder gasförmigen Mediums. Sie macht sich dadurch bemerkbar, daß lokal hochfrequente Geschwindigkeits- und Druckschwankungen in der Strömung auftreten. Diese sind auch akustisch mit einem Stethoskop leicht wahrnehmbar. Das Auftreten von Turbulenz ist eine Frage der Stabilität der Strömung. Es gibt dafür ein Stabilitätskriterium, die sog. kritische "Reynoldszahl".*) Diese ist definiert durch den Ausdruck

$$Re_{krit} = \left[\frac{ud}{\nu}\right]_{krit} = const \qquad 2.1(32)$$

u ist die Strömungsgeschwindigkeit, d eine kennzeichnende Abmessung des Strömungsraumes und ν die kinematische Viskosität des Fluides.

---

*) Osborne Reynolds, 1842 bis 1912

Ist die vorhandene Reynoldszahl der Strömung kleiner als die kritische, dann liegt Laminarströmung vor; ist sie größer, kann Turbulenz auftreten. Für eine Rohrströmung ist z.B. $Re_{krit} = 2300$, wobei d gleich dem Rohrdurchmesser ist.

Beim Auftreten solcher Turbulenzen hängt nun die Geschwindigkeit der Wärmeübertragung nicht nur von der Eigengeschwindigkeit der Energieträger, sondern auch von der Eigengeschwindigkeit der turbulenten Schwankungen ab. Da letztere unmittelbar mit der mittleren Strömungsgeschwindigkeit des Fluids zusammenhängen, hängt also die Geschwindigkeit der Wärmeübertragung in diesem Fall auch unmittelbar von der Geschwindigkeit der Strömung und nicht allein von der ebenfalls mit der Strömungsgeschwindigkeit zusammenhängenden Einwirkungsdauer ab!

Im allgemeinen müssen demnach Wärmeübergangskoeffizienten α, die durch den Mechanismus der Wärmeleitung zustande kommen, von folgenden Größen abhängen:

$$\alpha = f\{\text{Stoffwerte, geometrische Abmessungen, Kontaktzeiten, Strömungsgeschwindigkeiten}\} \quad .$$

In den folgenden Kapiteln soll nun dieser funktionale Zusammenhang quantifiziert werden, um Gebrauchsformeln für die Auslegung von Wärmeübertragern zur Verfügung zu haben. Dabei werden wir mit dem einfachsten Fall, nämlich der stationären Wärmeleitung in ruhenden Festkörpern beginnen, dann die instationäre Wärmeleitung in ruhenden Festkörpern behandeln und danach die Ergebnisse dieser Analyse auf die reversibel bewegten Medien übertragen. Anschließend wird die Wärmeübertragung an turbulent strömende Medien behandelt, danach Kondensation und Verdampfung und zum Schluß die Wärmeübertragung durch Strahlung.

2.2 Wärmeübertragung durch stationäre Wärmeleitung in ruhenden Medien

Ausgangspunkt für die Berechnung des Wärmeüberganges durch stationäre Wärmeleitung in ruhenden Medien ist das Fourier'sche Grundgesetz der Wärmeleitung. Für eine ebene Schicht von der Dicke s (Spalt, Platte etc.) lautete dieses (vgl. G. 2.1(16))

$$\dot{Q} = A_R \frac{\lambda_R}{s} (T_1 - T_2) \quad . \qquad 2.2(1)$$

Solange man das Medium als Kontinuum ansehen darf (vgl. Kap. 2.1), bleibt der Wärmestrom $\dot{Q}$ konstant, wenn das Verhältnis von Temperaturunterschied $(T_1 - T_2)$ zu Schichtdicke s konstant bleibt. Unter dieser Voraussetzung geht bei gleichzeitiger Verkleinerung von $(T_1 - T_2)$ und s die Gl. 2.2(1) im Grenzfall $(T_1 - T_2) \to 0$ und $s \to 0$ über in

$$\boxed{\dot{Q} = - A\lambda \frac{\partial T}{\partial s}} \qquad 2.2(2)$$

In dieser Form ist das Fourier'sche Grundgesetz nicht nur auf ebene, sondern auch auf gekrümmte Schichten und darüber hinaus auf Körper beliebiger Form anwendbar (das Minuszeichen in Gl. 2.2(2) besagt, daß der Wärmestrom in Richtung fallender Temperatur positiv gezählt werden soll).

Im Kapitel 1.2 wurde die Wärmeübertragung in einem Doppelrohrapparat behandelt. Dabei muß die Wärme durch die Wand des Innenrohres hindurchgeleitet werden. Das dazugehörige Temperaturprofil in Richtung des Wärmestromes ist in der Abb. 1.4(1) dargestellt. Danach wird der Wärmeleitvorgang durch die Rohrwand durch den Ansatz

$$\dot{Q} = A\ \alpha_R\ (T_{RL} - T_{RF}) \qquad 2.2(3)$$

beschrieben. Ist die Krümmung der Rohrwand gering, d.h. ist die Rohrwandstärke s klein gegen den Rohrdurchmesser, kann man die Rohrwand näherungsweise als eine ebene Schicht ansehen. Dann ist einfach

$$\alpha_R \cong \frac{\lambda_R}{s} \qquad 2.2(4)$$

Ist jedoch die Krümmung größer, dann muß man berücksichtigen, daß die Durchtrittsfläche A von der Radiuskoordinate r abhängt. In diesem Falle muß man zur Berechnung von α_R von der an jeder Stelle r gültigen Gleichung

$$\dot{Q} = - A\{r\}\ \lambda_R \frac{dT}{(dr)} \qquad 2.2(5)$$

ausgehen. Für die Rohrwand, die eine Zylinderschale darstellt, gilt nun

$$A\{r\} = 2\pi r l \qquad 2.2(6)$$

worin l die Gesamtlänge des Rohres ist. Trennung der Variablen liefert

$$\int_{r_F}^{r_L} \frac{dr}{r} = \frac{2\pi l\ \lambda_R}{\dot{Q}} \int_{T_{RF}}^{T_{RL}} dT \qquad 2.2(7)$$

Integration und Auflösung von $\dot{Q}$ ergibt für den Wärmestrom durch eine Zylinderschale

$$\boxed{\dot{Q} = \frac{2\pi l\ \lambda_R}{\ln \frac{r_L}{r_F}} (T_{RL} - T_{RF})} \qquad 2.2(8)$$

Vergleich der Koeffizienten von Gl. 2.2(8) und 2.2(3) liefert für die Wärmeleitung durch eine Zylinderschale

$$A\alpha_R = \frac{2\pi l\ \lambda_R}{\ln \frac{r_L}{r_F}} \qquad 2.2(9)$$

Man erkennt, daß in diesem Fall die Festlegung der Wärmeübertragungsfläche A willkürlich und somit für die Berechnung von $\dot{Q}$ bedeutungslos ist. Bildet man den logarithmischen Mittelwert zwischen Außen- und Innenradius

$$\overline{r}_R \equiv \frac{r_L - r_F}{\ln \frac{r_L}{r_F}} \qquad 2.2(10)$$

und damit die Durchtrittsfläche

$$A_R = 2\pi l\ \overline{r}_R \qquad 2.2(11)$$

so läßt sich die Gl. 2.2(8) für eine Zylinderschale in der gleichen Weise anschreiben wie für eine ebene Schicht:

$$\dot{Q} = A_R \frac{\lambda_R}{s} (T_{RL} - T_{RF}) \qquad 2.2(12)$$

worin $s = r_L - r_F$ ist.

Für die Wärmeleitung durch eine Kugelschale erhält man auf analoge Weise mit $A(r) = 4\pi r^2$ die Formel

$$\boxed{\dot{Q} = \frac{4\pi\ \lambda_K}{\frac{1}{r_F} - \frac{1}{r_L}} (T_{KL} - T_{KF})} \qquad 2.2(13)$$

worin r_L der Außen- und r_F der Innenradius der Kugelschale sind. Bildet man hier eine mittlere Durchtrittsfläche mit einem geometrisch gemittelten Kugelschalenradius

$$\bar{r}_K = \sqrt{r_L\ r_F} \qquad 2.2(14)$$

und

$$A_K = 4\pi\ \bar{r}_K^{\,2} \ , \qquad 2.2(15)$$

so läßt sich auch hier wieder schreiben

$$\dot{Q} = A_K \frac{\lambda_K}{s} (T_{KL} - T_{KF}) \ . \qquad 2.2(16)$$

Die Wärmeleitung durch eine Kugelschale hat einen interessanten Grenzfall. Läßt man in Gl. 2.2(13) den Außenradius r_L gegen Unendlich gehen und bezeichnet man r_F mit r_K und λ_K mit λ_U, so folgt

$$\dot{Q} = {}_{\min}\dot{Q} = 4\pi\ r_K\ \lambda_U (T_K - T_U) \ . \qquad 2.2(17)$$

Man erkennt, daß der Wärmeverlust einer beheizten Kugel an ihre Umgebung, wie in Abb. 2.2(1) dargestellt, unter keinen Umständen zu null gemacht werden kann, selbst dann nicht, wenn man sie unendlich dick isolieren würde. Grundsätzlich gilt dies für jeden endlichen Körper. Dem minimalen Wärmefluß von einer Kugel an eine ausgedehnte Umgebung entspricht ein minimaler Wärmeübergangskoeffizient.

$${}_{\min}\alpha_U = \frac{{}_{\min}\dot{Q}}{4\pi\ r_K^{\,2} (T_K - T_U)} = \frac{\lambda_U}{r_K} \qquad 2.2(18)$$

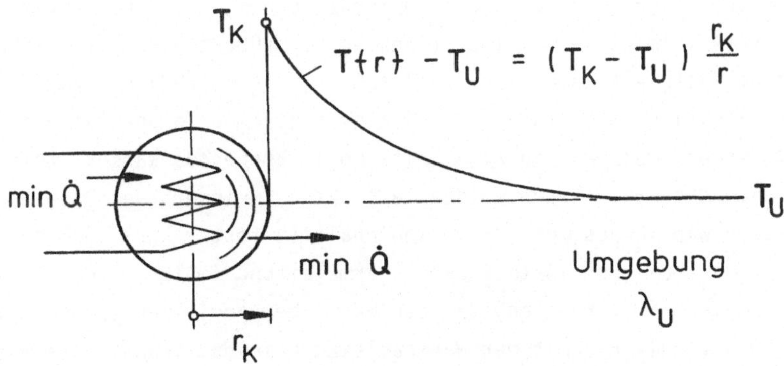

Abb. 2.2(1) Wärmeverlust einer beheizten Kugel an eine unendlich ausgedehnte, ruhende Umgebung durch Wärmeleitung.

Gleichung 2.2(18) besagt, daß der Wärmeübergangskoeffizient α um so größer wird, je kleiner der Kugelradius ist. Für $r_K \to 0$ liefert Gl. 2.2(1) $\alpha_U \to \infty$. Dabei ist indessen zu beachten, daß α_U niemals den Wert übersteigen kann, den die Eigengeschwindigkeit der Energieträger zuläßt, vgl. Gl. 2.1(8). Bei gasförmiger Umgebung der Kugel und einem Druck von 1 bar ist dies ein Zahlenwert von ca. 100 000 W/m^2K. Dieser Wert wird in Luft bei einem Kugeldurchmesser von ca. 0,5 µm erreicht. Für kleinere Kugeln kann α dann unter diesen Bedingungen nicht weiter ansteigen. Diese Überlegungen sind u.a. wichtig für Wärmeübertragungsvorgänge an zerstäubten Flüssigkeiten (Brennkammern, Zerstäubungstrocknern etc.) und pulverisierten Feststoffen (Staubfeuerungen etc.).

Die Gl. 2.2(18) läßt sich noch etwas umschreiben:

$$\frac{\min \alpha_U \, r_K}{\lambda_U} = 1 \qquad 2.2(19)$$

Die linke Seite der Gl. 2.2(19) nennt man die "Nußelt'sche Kennzahl" Nu. Sie wird bei Kugeln üblicherweise mit dem Kugeldurchmesser $2r_K$ definiert. Somit lautet das Gesetz für die minimale Wärmeübertragung einer Kugel an ihre Umgebung

$$\boxed{{}_{\min}Nu = 2} \qquad 2.2(20)$$

2.3 Wärmeübertragung durch instationäre Wärmeleitung in ruhenden Festkörpern

Instationäre Vorgänge sind dadurch gekennzeichnet, daß lokal Akkumulationen auftreten. Im Falle der instationären Wärmeübertragung wird lokal thermische Energie akkumuliert. Soll z.B. eine Konservendose zum Zwecke der Sterilisation ihres Inhaltes auf eine bestimmte Temperatur dadurch erhitzt werden, daß man sie eine Zeitlang in kochendes Wasser stellt, so erhebt sich die Frage, wann welche Temperatur im Innern der Dose erreicht ist. Setzen wir voraus, daß der Doseninhalt in fester Form vorliegt, haben wir einen Fall von instationärer Wärmeleitung im Innern der Dose vorliegen. Nehmen wir ferner an, daß der Wärmeübergang vom kochenden Wasser an die Dose verglichen mit der Wärmeableitung in das Doseninnere wesentlich höher sei, so hängt die Aufheizgeschwindigkeit allein von dem instationären Wärmeleitvorgang im Doseninnern ab. Außerdem ist in diesem Falle die Oberflächentemperatur der Dose stets gleich der Temperatur des kochenden Wassers.

Wir wollen noch eine weitere Vereinfachung vornehmen und die Dose als eine Kugel gleichen Volumens ansehen. Die Abb. 2.3(1) zeigt den zeitlichen und örtlichen Verlauf der Temperaturfelder im Innern der Kugel.

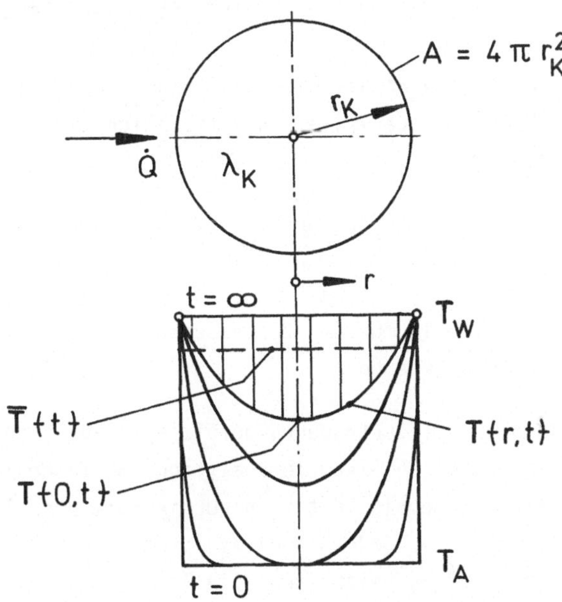

Abb. 2.3(1) Temperaturfelder beim Aufheizen einer Kugel bei konstanter Oberflächentemperatur T_W. Anfangstemperatur der Kugel T_A.

Zu Beginn erwärmen sich zunächst die äußeren Schichten, später folgt dann auch die Temperatur der Kugelmitte. Wenn wir von <u>einer</u> Temperatur der Kugel sprechen, so meinen wir wiederum die "integrale kalorische Mitteltemperatur"

$$\overline{T}(t) = \frac{3}{r_K^3} \int_0^{r_K} T(r,t)\, r^2\, dr \qquad 2.3(1)$$

Diese ist lediglich eine Funktion der Zeit. Der Wärmeübertragungskoeffizient, der das Eindringen der Wärme in die Kugel beschreibt, ist definiert durch

$$\alpha_{Kmom} \equiv \frac{\dot{Q}\{t\}}{A(T_W-\bar{T}\{t\})} \qquad 2.3(2)$$

A ist die äußere Kugeloberfläche. Man erkennt an Hand der Abb. 2.3(1), daß nicht nur $\bar{T}$ von der Zeit abhängt, sondern auch $\dot{Q}$, da $\dot{Q} \sim (\partial T/\partial r)_{r_K}$ ist und $(\partial T/\partial r)_{r_K}$ am Anfang sehr groß, gegen Ende jedoch sehr klein wird. Demnach ist zu erwarten, daß auch α_{Kmom} von der Zeit abhängen wird, $\alpha_{Kmom} = \alpha_{Kmom}\{t\}$.

$\alpha_{Kmom}\{t\}$ ist der Momentanwert des Wärmeübertragungskoeffizienten. Bei technischen Berechnungen interessiert hauptsächlich der mittlere Koeffizient von t=0 bis t' = t:

$$\alpha_K = \frac{1}{t}\int_0^t \alpha_{Kmom}\{t'\}dt' \qquad 2.3(3)$$

In den sog. Standardformeln für den technischen Gebrauch sind in der Regel diese Mittelwerte angegeben.

Dieser zeitabhängige Wärmeübertragungskoeffizient läßt sich nach der von Fourier um 1820 entwickelten "Theorie analytique de la chaleur" vorausberechnen. Das exakte Ergebnis läßt sich nur in Form unendlicher Reihen darstellen. Diese enthalten jedoch zwei asymptotische Lösungen für sehr kurze und für sehr lange Aufheizzeiten. Sie lauten

$$\lim_{t\to 0} \alpha_K = \frac{2}{\sqrt{\pi}} \frac{\sqrt{\lambda_K \rho_K c_K}}{\sqrt{t}} \qquad 2.3(4)$$

$$\lim_{t\to\infty} \alpha_K = \frac{2}{3}\pi^2 \frac{\lambda_K}{d_K} \qquad 2.3(5)$$

Wir entnehmen der "Kurzzeitlösung", die solange gilt wie das Temperaturprofil die Kugelmitte noch nicht erreicht hat, daß der Wärmeübertragungskoeffizient α_K für $t\to 0$ gegen Unendlich strebt. Dies liegt daran, daß bei t=0 auch $(\partial T/\partial r)_{r_K} = \infty$ ist. Indessen kann α_K den physikalisch begrenzten, durch die Eigengeschwindigkeit der Energieträger gegebenen Maximalwert nicht überschreiten. Für derart extrem kurze Zeiten ist die Fourier'sche Theorie nicht anwendbar. Bemerkenswert ist, daß für mäßig kurze Aufheizzeiten α_K nur vom Produkt der Stoffwerte $\lambda_K\rho_K c_K$ und der Zeit, nicht aber vom Kugeldurchmesser abhängt. Letzteres ist verständlich, da Gl. 2.3(4) nur so lange gilt, als die Temperatur der Kugelmitte noch unverändert ist.

Dann aber muß es für den Wärmefluß an der Kugeloberfläche gleichgültig sein, wie weit die Mitte vom Rand entfernt ist.

Bei der "Langzeitlösung" nach Gl. 2.3(5) fällt auf, daß nunmehr α_K unabhängig von der Zeit sowie unabhängig von der volumetrischen Wärmekapazität der Kugel $\rho_K c_K$, dafür aber dem Kugeldurchmesser umgekehrt proportional ist. Letzteres ist verständlich, da das Temperaturfeld bei hinreichend langen Zeiten das ganze Kugelvolumen erfaßt hat. Daß die Zeit keine Rolle mehr spielt, liegt daran, daß sich der Temperaturunterschied $(T_W - \overline{T}(t))$ in gleicher Weise mit der Zeit ändert wie das Temperaturgefälle an der Kugeloberfläche $(\partial T/\partial r)_{r_K}$ und damit auch der Wärmefluß $\dot{Q}$. Dadurch kürzt sich die Zeitabhängigkeit in Gl. 2.3(2) heraus.

Die Gleichungen 2.3(4) und 2.3(5) lassen sich unter Einführung der "Nußelt-Zahl"

$$Nu_K \equiv \frac{\alpha_K d_K}{\lambda_K} \qquad 2.3(6)$$

und der "Fourier-Zahl"

$$Fo \equiv \frac{\kappa_K \cdot t}{d_K^2} \qquad 2.3(7)$$

worin

$$\kappa_K \equiv \frac{\lambda_K}{\rho_K c_K} \qquad 2.3(8)$$

ist, in folgender Form dimensionslos anschreiben

$$t \to 0: \qquad Nu_K = Nu_{Ko} = \frac{2}{\sqrt{\pi}} \frac{1}{\sqrt{Fo}} \qquad 2.3(9)$$

$$t \to \infty: \qquad Nu_K = Nu_{K\infty} = \frac{2}{3}\pi^2 \qquad 2.3(10)$$

Eine für die meisten technischen Anwendungen ausreichende Näherungsformel, die den gesamten Zeitbereich von 0 bis ∞ überdeckt, lautet

$$Nu_K \cong \sqrt{Nu_{Ko}^2 + Nu_{K\infty}^2} \qquad 2.3(11)$$

oder

$$\boxed{Nu_K \cong \sqrt{\left(\frac{2}{3}\pi^2\right)^2 + \frac{4}{\pi}\frac{1}{Fo}}} \qquad 2.3(12)$$

Ganz ähnliche Formeln erhält man für den Zylinder

$$Nu_Z \cong \sqrt{(5{,}78)^2 + \frac{4}{\pi}\frac{1}{Fo}} \qquad 2.3(13)$$

worin die Kennzahlen Nu_Z und Fo mit dem Zylinderdurchmesser gebildet sind, und für die ebene Platte

$$Nu_P \cong \sqrt{\left(\frac{\pi^2}{2}\right)^2 + \frac{4}{\pi}\frac{1}{Fo}} \qquad 2.3(14)$$

Hierin sind Nu_P und Fo mit der Plattendicke s gebildet. Die Näherungsgleichungen 2.3(12), 2.3(13) und 2.3(14) sind sog. Standardformeln für den technischen Gebrauch. Ihre Genauigkeit bei der Vorausberechnung der kalorischen Mitteltemperatur ist besser als 10 %.

Inwieweit die Mittentemperatur $T(0,t)$ gegenüber der Mitteltemperatur $\bar{T}(t)$ nachhinkt, was gelegentlich ebenfalls von technischem Interesse ist, läßt sich folgendermaßen abschätzen. Es gilt nach der Fourier'schen Theorie für die Kugel

$$1 > \frac{\bar{T}(t) - T_W}{T(0,t) - T_W} \geqq \frac{3}{\pi^2} \qquad 2.3(15)$$

für den Zylinder

$$1 > \frac{\bar{T}(t) - T_W}{T(0,t) - T_W} \geqq 0{,}432 \qquad 2.3(16)$$

und für die Platte

$$1 > \frac{\bar{T}(t) - T_W}{T(0,t) - T_W} > \frac{2}{\pi} \quad . \qquad 2.3(17)$$

2.4 Wärmeübertragung an kinematisch reversibel bewegte Medien

2.4.1 Wärmeübertragung an bewegte Festkörper

Wir betrachten ein Kunststoffband, das aus dem Extruder kommend zur Abkühlung durch ein Wasserbad gezogen wird, wie dies in Abb. 2.4.1(1) dargestellt ist. Wir wollen wieder voraussetzen, daß der Wärmeübergangskoeffizient α_U zwischen Wasserbad und Wandoberfläche viel größer sei als der Wärmeeindringkoeffizient α_B in das Band.

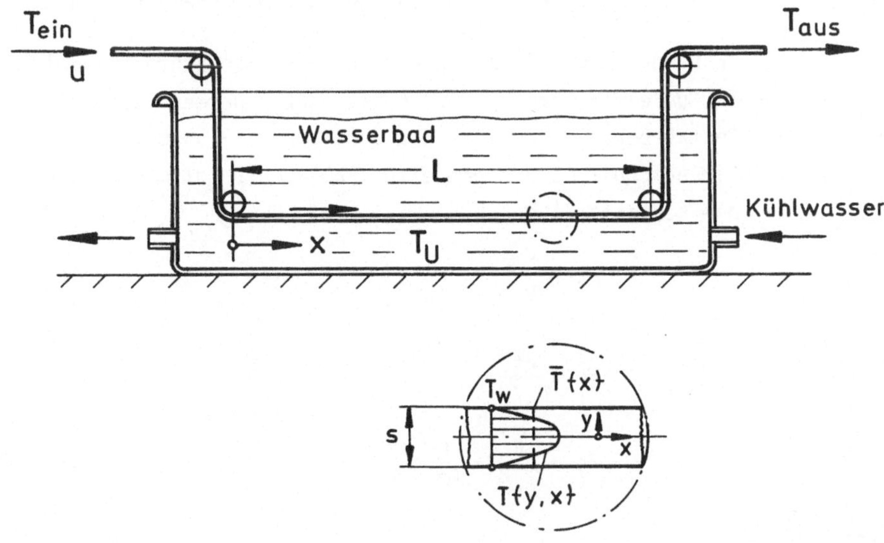

Abb. 2.4.1(1) Kühlung eines Kunststoffbandes in einem Wasserbad

Dann ist die Oberflächentemperatur T_W des Bandes gleich der Wassertemperatur T_U = const. Im Innern des Bandes bildet sich ein Temperaturprofil $T(y,x)$ aus, wie in Abb. 2.4.1(2) dargestellt ist. Man erkennt die Ähnlichkeit dieser Profile an verschiedenen Stellen x mit den Temperaturprofilen der beheizten Kugel in Abb. 2.3(1) zu verschiedenen Zeiten t. In der Tat entspricht jede Stelle x im Wasserbad einer bestimmten Verweilzeit

$$t = \frac{x}{u} \qquad 2.4.1(1)$$

wenn u die Bandgeschwindigkeit ist.

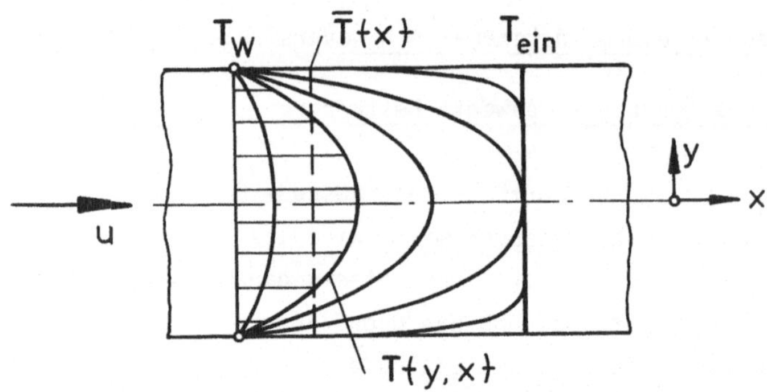

Abb. 2.4.1(2) Temperaturprofile im Band an verschiedenen Stellen x.

Für einen mit der Bandgeschwindigkeit u mitfahrenden Beobachter handelt es sich in der Tat um einen Vorgang der instationären Wärmeleitung in einem ruhenden Festkörper. Demnach ist das vorliegende Problem zurückführbar auf die im Abschnitt 2.3 behandelten Fälle. Ersetzt man in der Formel 2.3(14) die Kontaktzeit durch

$$t = \frac{L}{u} \qquad 2.4.1(2)$$

so geht die Fourier-Zahl

$$Fo = \frac{\kappa t}{s^2}$$

über in

$$Fo = \frac{\kappa L}{u s^2} = \frac{1}{Gz} \qquad 2.4.1(3)$$

Die Kennzahl

$$Gz = \frac{us}{\kappa} \frac{s}{L} \qquad 2.4.1(4)$$

nennt man die Graetz-Zahl. *) Somit erhält man aus Gl. 2.3(14), die für die instationäre Aufheizung (Abkühlung) eines ruhenden Bandes gilt, die Standardformel zur Berechnung des Wärmeeindringkoeffizienten, die für ein bewegtes Band gilt:

$$\boxed{Nu_s \cong \sqrt{\left(\frac{\pi^2}{2}\right)^2 + \frac{4}{\pi} Gz}} \qquad 2.4.1(5)$$

Für einen durch das Wasserbad hindurchlaufenden Draht erhält man dementsprechend aus Gl. 2.3(13)

*) Graetz, Leo (1856-1941); Wärmeleitung, Wärmestrahlung

$$Nu_d \cong \sqrt{5{,}78^2 + \frac{4}{\pi}\, Gz} \qquad 2.4.1(6)$$

wobei Nu_d und Gz mit dem Drahtdurchmesser d_{zyl} zu bilden sind.

2.4.2 Wärmeübertragung an laminar strömende Flüssigkeiten und Gase

Wir denken uns das Kunststoffband in Abb. 2.4.1(1) durch einen dünnwandigen Blechkanal von der Breite s, der z.B. von Luft mit der mittleren Geschwindigkeit $\bar{u} = \dot{V}/f$ ($\dot{V}$ in m^3/s = Volumendurchsatz und f in m^2 = Strömungsquerschnitt) durchströmt wird, ersetzt. Die Wandtemperatur des Kanals wird durch das Wasserbad auf $T_w = T_u$ gehalten. Die Luft tritt mit der Temperatur T_{ein} in den Blechkanal ein und mit der mittleren Temperatur T_{aus} bei x=L aus, wie dies in Abb. 2.4.2(1) dargestellt ist.

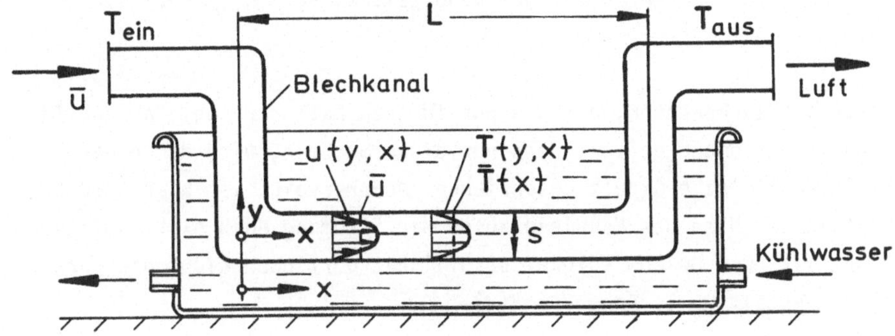

Abb. 2.4.2(1) Kühlung von Luft in einem laminar durchströmten Blechkanal

Solange der Kanal laminar durchströmt wird (d.h. $Re = \frac{us}{\nu} < Re_{krit}$), ist die Strömungsgeschwindigkeit nach dem Hagen-Poiseulle'schen Gesetz parabolisch über den Strömungsquerschnitt verteilt:

$$u(y) = 2\,\bar{u}\left[1 - \left(\frac{y}{s/2}\right)^2\right] \quad . \qquad 2.4.2(1)$$

Der einzige Unterschied zu dem durchlaufenden Kunststoffband nach Abb. 2.4.1(1) besteht darin, daß die Teilchen des Luftstromes je nach Lage der Strombahn eine unterschiedliche Verweilzeit im Wasserbad haben, während sie beim Kunststoffband für alle Teilchen gleich lang war.

Doch auch in diesem Fall läßt sich der Wärmeeindringvorgang in den Luftstrom durch einen Wärmeübertragungskoeffizienten α beschreiben. Die Anwendung des Fourier'schen Grundgesetzes der Wärmeleitung in Verbindung mit dem Hagen-Poiseulle'schen Gesetz der Geschwindigkeitsverteilung führt zu folgender Standardformel zur Berechnung des Wärmeübergangskoeffizienten im laminar durchströmten ebenen Kanal

$$Nu_s \cong \sqrt[3]{3{,}77^3 + 1{,}47^3\ Gz} \qquad 2.4.2(2)$$

Für das laminar durchströmte Rohr erhält man

$$Nu_d \cong \sqrt[3]{3{,}66^3 + 1{,}62^3\ Gz} \qquad 2.4.2(3)$$

Nu und Gz sind jeweils mit der Kanalbreite s bzw. mit dem Rohrdurchmesser gebildet. Für die Strömungsgeschwindigkeit in Gz ist der Mittelwert $\bar{u}$ einzusetzen. Man erkennt den grundsätzlich gleichen Aufbau dieser Formeln wie sie auch für das durchlaufende Band gelten, vgl. Gl. 2.4.1(5) und 2.4.1(6).

Indessen ist zu beachten, daß sie nur für den Fall der sog. "ausgebildeten" Laminarströmung gelten; denn nur diese Strömung wird durch das Hagen-Poiseulle'sche Gesetz beschrieben. Andererseits ist klar, daß zumindest in der Nähe des Kanaleinlaufes die Strömung noch nicht voll ausgebildet ist. Das Geschwindigkeitsprofil hat dort noch nicht die parabolische Gestalt, vgl. Abb. 2.4.2(2).

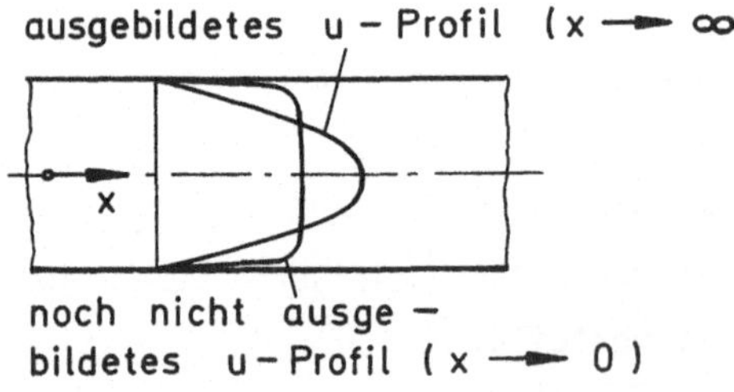

Abb. 2.4.2(2)
Strömungsprofile im laminar durchströmten Rohr

Für derart kurze Kanäle liefert die Rechnung die Näherungsformel

$$Nu = \frac{0{,}664}{\sqrt[6]{Pr}}\sqrt{Gz} \qquad 2.4.2(4)$$

In dieser Gleichung tritt eine neue Kennzahl auf

$$Pr \equiv \frac{\nu}{\kappa} \qquad 2.4.2(5)$$

die sog. Prandtl*)-Zahl. Sie ist gleich dem Verhältnis von kinematischer Viskosität ν zu Temperaturleitfähigkeit κ. Sie ist eine reine Stoffeigenschaft und hat für Gase und Dämpfe etwa den Wert 1. Für Flüssigkeiten liegt sie in der Größenordnung von 10 (Wasser von 10°C). Gleichung 2.4.2(4) gilt sowohl für ebene Kanäle als auch für Rohre, denn der Kanal- bzw. Rohrdurchmesser kürzen sich heraus:

$$\frac{\alpha s}{\lambda} \cong \frac{0,664}{\sqrt[6]{Pr}}\sqrt{\frac{\bar{u}s^2}{\kappa L}}$$

$$\frac{\alpha}{\lambda} \cong \frac{0,664}{\sqrt[6]{Pr}}\sqrt{\frac{\bar{u}}{\kappa L}}$$

Bedenkt man noch, daß $L/\bar{u}$ gleich der mittleren Verweilzeit der Luft im Kanal ist, so läßt sich Gl. 2.4.2(4) auch schreiben

$$\alpha \cong \frac{0,664}{\sqrt[6]{Pr}}\sqrt{\frac{\lambda \rho c}{t}}$$

Man erkennt deutlich den prinzipiell gleichen Aufbau dieser Formel, wie wir ihn schon bei den instationären Wärmeleitvorgängen in Festkörpern für kurze Einwirkungszeiten kennengelernt hatten, vgl. Gl. 2.3(5).

Gleichung 2.4.2(4) liefert formal für $Pr \to 0$ $Nu \to \infty$. Dies ist physikalisch unsinnig. $Pr \to 0$ bedeutet, daß wegen $\nu \ll \kappa$ sich die Hagen-Poiseulle-Strömung während der Einwirkungsdauer der Kühlung überhaupt nicht ausbilden kann; es bleibt vielmehr das u-Profil der Kolbenströmung vom Kanaleinlauf her erhalten. Dann aber unterscheidet sich die Laminarströmung überhaupt nicht mehr von dem durchlaufenden Feststoffband. Demnach liefern die Gleichungen 2.4.1(5) bzw. 2.4.1(6) die maximal möglichen Wärmeübergangskoeffizienten bei Laminarströmung. Die Gleichungen 2.4.2(2) bzw. 2.4.2(3) dagegen liefern die minimalen Wärmeübergangskoeffizienten und

---

*) Prandtl, Ludwig; 1875 bis 1953; Unterschall-Überschall-Strömungen, Aerodynamische Versuchsanstalt und Kaiser Wilhelm-Institut, nach 1945 Max Planck-Institut für Strömungsforschung, Göttingen

die Gleichung 2.4.2(4) beschreibt die zwischen diesen beiden Grenzen liegenden Werte. Dieses Ergebnis ist in den Abb. 2.4.2(3) und 2.4.2(4) für den laminar durchströmten ebenen Kanal bzw. das laminar durchströmte Rohr zusammengefaßt.

Eine derartige Zusammenfassung läßt sich nach Martin mit guter Näherung auch durch einen formelmäßigen Ausdruck wiedergeben:

$$Nu \cong \left\{3{,}77^3 + \left(1{,}47^3 + \sqrt{\frac{2\ Gz}{1+22\ Pr}}\right) Gz\right\}^{1/3} \qquad 2.4.2(6)$$

für den ebenen Kanal

und

$$Nu \cong \left\{3{,}66^3 + \left(1{,}62^3 + \sqrt{\frac{2\ Gz}{1+22\ Pr}}\right) Gz\right\}^{1/3} \qquad 2.4.2(7)$$

für das Rohr

Gültig für $0 < Pr < \infty$ und $0 < Gz < \infty$

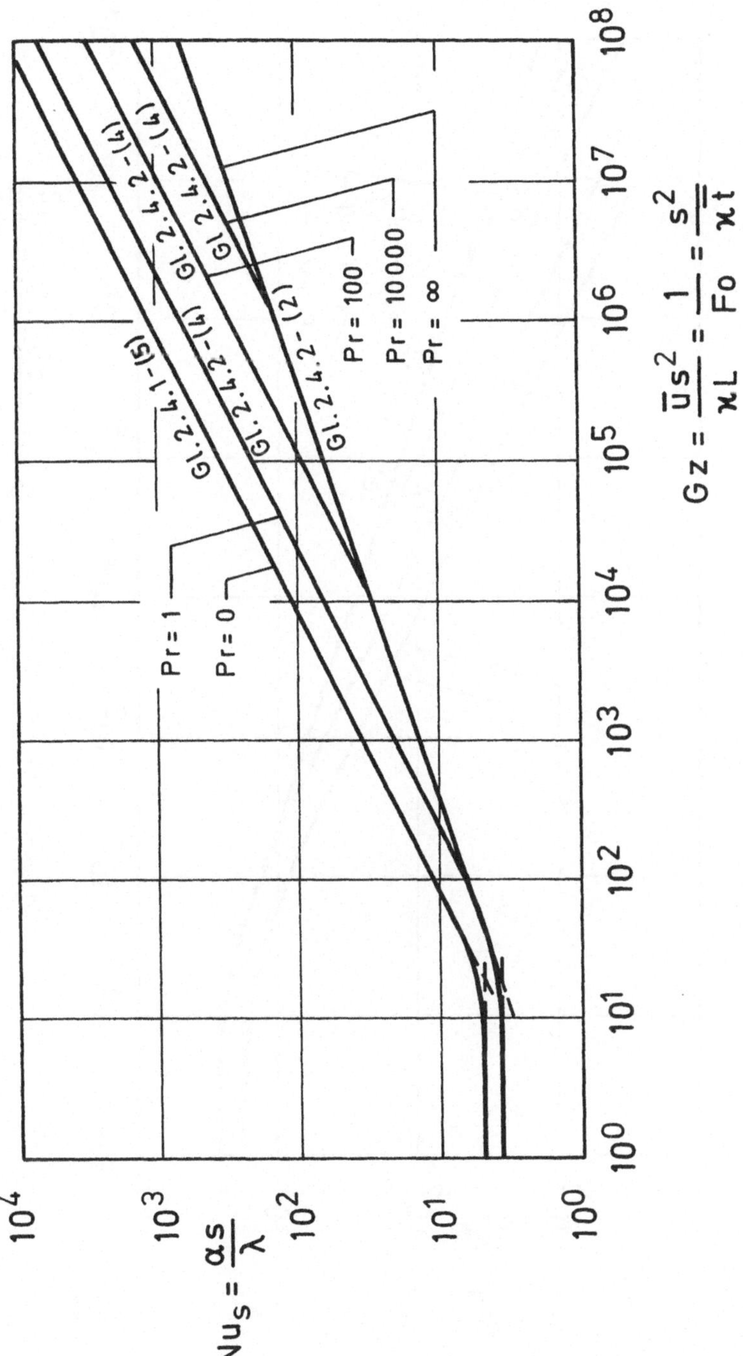

Abb. 2.4.2(3) Wärmeübergang im laminar durchströmten ebenen Kanal

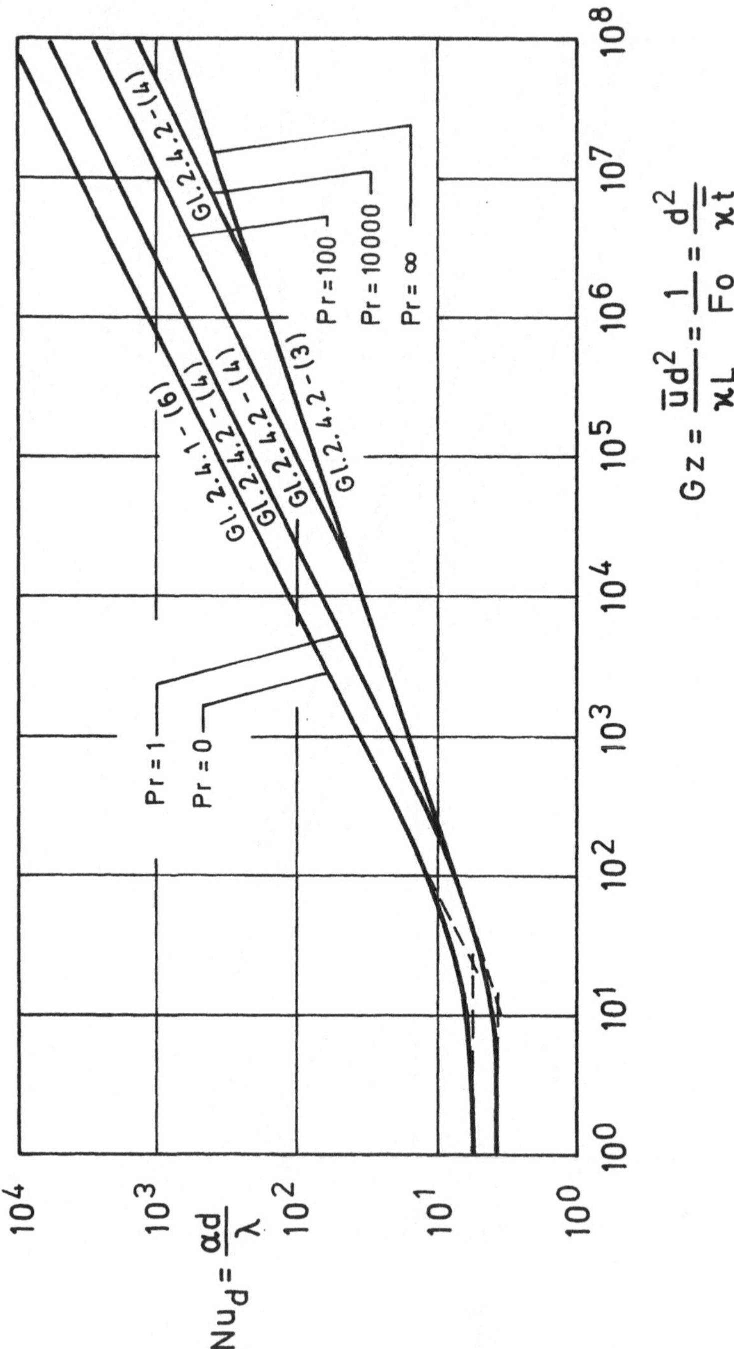

Abb. 2.4.2(4) Wärmeübergang im laminar durchströmten Rohr

2.5 Wärmeübertragung an turbulent strömende Flüssigkeiten und Gase

Das Phaenomen der Turbulenz tritt in durchströmten Rohren oberhalb einer kritischen Reynolds-Zahl von

$$Re_{krit} = 2300$$

auf. Die Reynolds-Zahl der Rohrströmung ist definiert durch

$$Re \equiv \frac{\overline{u}d}{\nu} \qquad 2.5(1)$$

worin $\overline{u}$ die aus dem Durchsatz $\dot{V}$ berechenbare mittlere Strömungsgeschwindigkeit,

$$\overline{u} = \frac{\dot{V}}{\frac{\pi}{4} d^2} \qquad 2.5(2)$$

d der Rohrdurchmesser und ν die kinematische Viskosität sind. Handelt es sich um Kanäle mit nicht kreisförmigem Querschnitt f, so hat man den Rohrdurchmesser d durch den "hydraulischen" Durchmesser d_h zu ersetzen. Dieser wird nach der Formel

$$d_h = 4 \frac{f}{U} \qquad 2.5(3)$$

berechnet. Hierin sind f der Strömungsquerschnitt und U der benetzte Umfang des durchströmten Kanals. Für das durchströmte Kreisrohr ist $d_h = d$. Für den mantelseitigen Ringquerschnitt eines Doppelrohrwärmeaustauschers, wie er in Abb. 1.2(1) dargestellt ist, ergibt sich

$$d_h = 4 \frac{\frac{\pi}{4}(d_a{}^2 - d_i{}^2)}{\pi(d_a + d_i)} = d_a - d_i \qquad 2.5(4)$$

worin d_a der äußere und d_i der innere Durchmesser des Ringquerschnittes sind. Die Einführung dieses hydraulischen Durchmessers ist eine näherungsweise brauchbare Methode; sie ist indessen nur auf turbulente, nicht jedoch auf laminare Strömungen anwendbar.

Das Auftreten von Turbulenz läßt sich experimentell relativ einfach z.B. durch Markierung einzelner Stromfäden mit Farbe (Flüssigkeiten) oder Rauch (Gase) nachweisen. Im Falle laminarer Strömung bleibt diese Markierung in voller Schärfe stromabwärts erhalten; im Falle turbulenter Strömung "zerfranst" diese Markierung schon kurz hinter ihrer Einbringstelle; Farbstoffe oder Rauch werden vollständig in die gesamte Strömung eingemischt. Turbulente Strömung von Gasen läßt sich auch akustisch - mit dem Stethoskop - nachweisen. Schließlich läßt sich Turbulenz auch mit schnell ansprechenden Strömungssonden (z.B. Hitzdrahtanemometer) feststellen. Diese Geräte zeigen lokale Schwankungen der Strömungsgeschwindigkeit, die stets als Folge der Turbulenz auftreten, an.

Die Frage unter welchen Bedingungen Turbulenz auftritt, ist eine Frage danach, unter welchen Bedingungen eine laminare Strömung instabil wird. Dieses Problem wurde von Tollmien*) untersucht und dahingehend beantwortet, daß sich oberhalb Re_{krit} zufällige Störungen des laminaren Geschwindigkeitsprofiles aufschaukeln und dieses Profil schließlich zerstören; unterhalb Re_{krit} jedoch weggedämpft werden, so daß die Laminarströmung in jedem Fall erhalten bleibt. Aus diesem Grunde besagt die kritische Reynolds-Zahl auch nur, daß unterhalb ihres Wertes auf jeden Fall laminare Strömung vorliegen muß, oberhalb ihres Wertes jedoch turbulente Strömung auftreten kann. In der Tat ist es möglich, laminare Strömung bei geeigneten Vorsichtsmaßnahmen auch noch bis zum fünffachen Wert der kritischen Reynolds-Zahl und mehr aufrecht zu erhalten. Im Hinblick auf technische Anwendungen unterscheidet man daher zwischen folgenden Strömungsbereichen:

laminare Strömung	$0 < Re < Re_{krit}$
Übergangsströmung	$Re_{krit} < Re \lesssim 5\, Re_{krit}$
turbulente Strömung	$5\, Re_{krit} < Re$

Die Wirkung der Turbulenz besteht in jedem Fall in einer Erhöhung des diffusen Transportes von Energie, Impuls und Masse gegenüber dem diffusen Transport dieser Größen durch die molekulare Eigenbewegung im Innern der Materie. Diese Erhöhung ist um so stärker, je höher die Strömungsgeschwindigkeit ist, da die Größe der lokalen Geschwindigkeitsschwankungen und damit die Intensität der turbulenten Durchmischung der Materie mit zunehmender Geschwindigkeit der Grundströmung zunehmen.

Wir haben gesehen, daß bei laminarer Strömung der Wärmeübergangskoeffizient α höchstens mit der Quadratwurzel aus der Strömungsgeschwindigkeit zunehmen kann, vgl. Abb. 2.4.2(3) und 2.4.2(4), wobei wiederholt darauf

---

*) Tollmien, Walter (1900-1967); Turbulenz, Grenzschichtströmungen, Max Planck-Institut für Strömungsforschung, Göttingen

hingewiesen sei, daß bei laminarer Strömung die Strömungsgeschwindigkeit $\overline{u}$ lediglich für die mittlere Kontaktzeit $t = L/\overline{u}$ steht.

Bei turbulenter Strömung hingegen ist der Wärmeübergangskoeffizient α etwa proportional der Strömungsgeschwindigkeit hoch 3/4, vgl. Abb. 2.5(1).

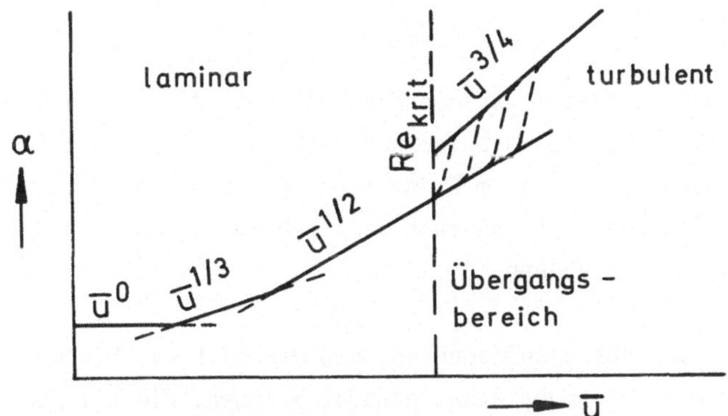

Abb. 2.5(1) Abhängigkeit des Wärmeübergangskoeffizienten α von der Strömungsgeschwindigkeit bei laminarer und turbulenter Strömung.

Dabei ist die Strömungsgeschwindigkeit indessen nicht nur ein Maß für die Kontaktzeit, sondern auch für die Intensität der turbulenten Mischbewegung.

Bis heute läßt sich der Wärmeübergangskoeffizient α bei turbulenter Strömung nicht in der gleichen Weise vorausberechnen, wie bei laminarer Strömung.

Bei laminarer Strömung genügt die Vorgabe des Kanaldurchmessers d, der Kanallänge L, der mittleren Strömungsgeschwindigkeit $\overline{u}$ und der Stoffwerte λ, ρ, c und η; die Funktion $\alpha(d,L,\overline{u},\lambda,\rho,c,\eta)$ kann dann auf rein theoretischem Wege mit Hilfe der Erhaltungssätze und der kinetischen Ansätze von Fourier für den Wärmestrom durch molekulare Leitung $\dot{q} = -\lambda\ \partial T/\partial y$, sowie von Newton für die Schubspannung im Innern der Strömung $\tau = -\eta\ \partial u/\partial y$, aus dem das Hagen-Poiseulle'sche Gesetz folgt, berechnet werden, vgl. Gl. 2.4.2(2), 2.4.2(3) und 2.4.2(4).

Bei turbulenter Strömung hängt α zwar von den gleichen Größen $d, L, \overline{u}, \lambda, \rho, c, \eta$ ab, auch gelten natürlich die Erhaltungssätze, jedoch fehlen entsprechende kinetische Ansätze für $\dot{q}$ und τ wie bei laminarer Strömung. Die Form der Funktion $\alpha(d, L, \overline{u}, \lambda, \rho, c, \eta)$ bei turbulenter Strömung muß daher auf experimentellem Wege gefunden werden. Da dies mit ziemlichem Aufwand verbunden ist, war man schon früh bestrebt, die Zahl der erforderlichen Experimente zu reduzieren.

L. Prandtl hat in diesem Zusammenhang gezeigt, daß der Wärmeübergang und der Druckverlust bei turbulenter Rohrströmung in ganz bestimmter Weise zusammenhängen, so daß es im Prinzip genügt, Druckverluste zu messen, was wesentlich einfacher ist und auch viel schneller geht, um den Wärmeübergang vorhersagen zu können.

Um diesen Zusammenhang aufzudecken, muß man sich das Strömungsprofil bei turbulenter Kanalströmung etwas genauer ansehen. Wie die Abb. 2.5(2) zeigt, sind als Folge der turbulenten Mischbewegung die Strömungsprofile bei turbulenter Strömung im Kern wesentlich flacher, an der Wand jedoch steiler als bei laminarer Strömung.

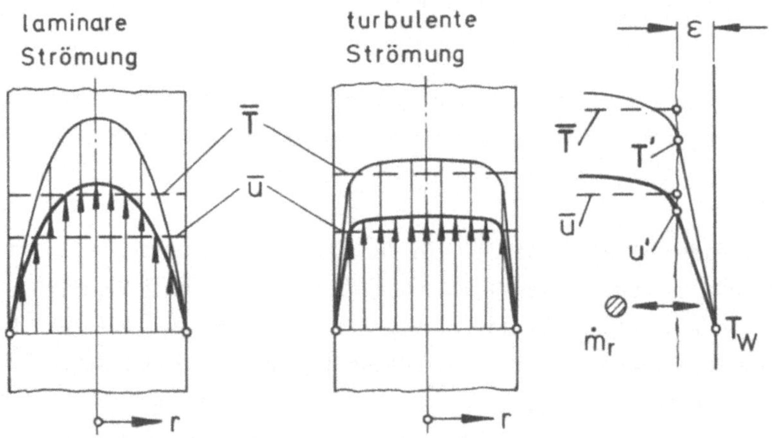

Abb. 2.5(2) Geschwindigkeits- und Temperaturprofile in durchströmten Kanälen (Rohren)

Unmittelbar an der Kanalwand, wo die Flüssigkeit haftet und die lokale Strömungsgeschwindigkeit null ist, müssen auch die turbulenten Schwankungsbewegungen verschwinden. Prandtl hat in Anbetracht dieser Sachlage folgendes Modell der turbulenten Kanalströmung entworfen: In unmittelbarer Nähe der Kanalwand existiere eine viskose (laminare) Unterschicht von der Dicke ε, innerhalb welcher die kinetischen Ansätze von Fourier $\dot{q} = -\lambda\ \partial T/\partial r$ und Newton $\tau = -\eta\ \partial u/\partial r$ gelten, d.h., daß dort rein molekularer Energie- und Impulstransport vorliegt. Im Kern der Strömung besorgen den Energie- und Impulstransport sog. "Turbulenzballen", die - ähnlich wie Moleküle eines Gases - regellose Schwankungsbewegungen ausführen und von denen $\dot{m}_r$ Massenelemente je Flächen- und Zeiteinheit in die viskose Unterschicht eindringen und - wegen der Kontinuitätsbedingung - auch wieder aus ihr herausgeschleudert werden. Die Turbulenzballen haben in der Kernströmung den Axialimpuls $\dot{m}_r\overline{u}$; beim Eindringen in die viskose Unterschicht werden sie auf den Impuls $\dot{m}_r u'$ abgebremst. Da eine Impulsänderung nur durch Einwirkung äußerer Kräfte zustande kommen kann, herrscht in der Ebene ε die Schubspannung

$$\tau = \dot{m}_r(\overline{u}-u') \qquad 2.5(5)$$

Diese Schubspannung wird in der viskosen Unterschicht an die Wand gemäß dem Newton'schen Schubspannungsansatz übertragen

$$\tau = \eta\,\frac{u'}{\varepsilon} \qquad 2.5(6)$$

Ähnlich wie das Geschwindigkeitsprofil sieht auch das Temperaturprofil aus; im Kern der Strömung herrscht $\overline{T}$, an der viskosen Unterschicht T' und an der Wand T_w. Damit erhalten wir für den Energietransport von der Kernströmung an die viskose Unterschicht

$$\dot{q} = \dot{m}_r c(\overline{T}-T') \qquad 2.5(7)$$

Dieser Wärmestrom wird durch die Unterschicht hindurch gemäß dem Fourier'schen Wärmeleitgesetz an die Wand übertragen

$$\dot{q} = \lambda\,\frac{T' - T_w}{\varepsilon} \qquad 2.5(8)$$

In diesen Gleichungen sind $\dot{m}_r$ und ε Hilfsgrößen, sog. Modellparameter, die, da ihnen keine unmittelbare physikalische Realität zukommt, bei der Formulierung des gesuchten Zusammenhanges zwischen $\dot{q}$ und τ wieder eliminiert werden müssen. In diesem Sinne folgt aus den Gln. 2.5(5), 2.5(6), 2.5(7) und 2.5(8)

$$\dot{q} = \frac{\tau}{\frac{\overline{u}-u'}{c} + \frac{\eta}{\lambda} u'} (\overline{T}-T_w) \qquad 2.5(9)$$

oder mit $Pr = \nu/\kappa$

$$\dot{q} = \frac{\tau}{\frac{\overline{u}}{c}\left[1+(Pr-1)\frac{u'}{\overline{u}}\right]} (\overline{T}-T_w) \qquad 2.5(10)$$

Mit den Definitionsgleichungen

$$\alpha = \frac{\dot{q}}{\overline{\overline{T}} - T_w} \qquad 2.5(11)$$

und

$$\tau = \frac{\xi}{8} \rho \, \overline{u}^2 \qquad 2.5(12)$$

worin ξ der Druckverlustbeiwert, definiert durch

$$\Delta P = \xi \frac{L}{d} \rho \frac{\overline{u}^2}{2} \quad , \qquad 2.5(13)$$

ist, folgt aus Gl. 2.5(10)

$$\boxed{Nu = \frac{\xi}{8} Re \, Pr \frac{1}{1+(Pr-1)\frac{u'}{\overline{u}}}} \qquad 2.5(14)$$

$$Nu = \alpha d/\lambda \text{ und } Re = \overline{u}d/\nu$$

Dies ist die Grundform der Prandtl'schen Beziehung zwischen Wärmeübergang und Druckverlust bei turbulenter Rohrströmung.

Betrachtet man Gasströmungen mit $Pr \cong 1$ und setzt man außerdem das Blasius'sche Widerstandsgesetz

$$\xi = 0{,}3164 \, Re^{-1/4} \qquad 2.5(15)$$

ein, so folgt aus Gl. 2.5(14) eine Beziehung

$$Nu = 0{,}04 \; Re^{3/4} \quad , \qquad 2.5(16)$$

die mit experimentellen Ergebnissen sehr gut übereinstimmt. Insbesondere wird der Exponent der Re-Zahl mit dem Zahlenwert 3/4 bestätigt.

Bei genauerer Betrachtung ist jedoch anzumerken, daß das Blasius'sche Widerstandsgesetz nur bis etwa Re = 10^5 mit genügender Genauigkeit erfüllt ist. Bei höheren Re-Zahlen ist $\xi \sim Re^{-1/5}$ bis $\sim Re^{-1/6}$. Demnach ist zu erwarten, daß bei sehr hohen Re-Zahlen $Nu \sim Re^{4/5}$ bis $Nu \sim Re^{5/6}$ wird. Auch dies ist durch Versuche bestätigt worden.

Für Pr $\neq$ 1 spielt das Geschwindigkeitsverhältnis $u'/\bar{u}$ eine Rolle. Auch das Verhältnis von Rohrdurchmesser zu Rohrlänge d/L hat zumindest bei relativ kurzen Rohren einen gewissen Einfluß auf den Wärmeübergang. Zur Erfassung dieser Einflüsse sind in den letzten 50 Jahren zahlreiche Vorschläge gemacht worden. Die neueste, weiterentwickelte Fassung der Gl. 2.5(14) findet sich im VDI-Wärmeatlas, 5. Aufl., Blatt Gb 3. Sie lautet

$$Nu = \frac{\xi}{8}(Re-1000)Pr\left[1+\left(\frac{d}{L}\right)^{2/3}\right]\frac{1}{1+12{,}7\sqrt{\xi/8}\,(Pr^{2/3}-1)} \qquad 2.5(17)$$

Hierin ist der Druckverlustbeiwert nach der Formel

$$\xi = (1{,}82\ \lg Re - 1{,}64)^{-2} \qquad 2.8(18)$$

zu berechnen. Die Gl. 2.5(17) wurde von Gnielinski*) aus Vorschlägen von Petukhov**) und Hausen***) entwickelt und an alle z.Zt. verfügbaren experimentellen Daten angepaßt. Sie gilt innerhalb folgender Bereiche

$$2300 < Re < 10^6$$
$$0{,}5 < Pr < 10^4$$
$$0 < \frac{d}{L} < 1$$

soweit nicht entsprechende Gleichungen für den laminaren Wärmeübergang (Gl. 2.4.2(3) und 2.4.2(4) höhere Nu-Zahlen liefern.

---

*) Gnielinski, V., Forsch.-Ing.-Wes. 41(1975) Nr. 1, S. 8-16

**) Petukhov, B.S. u. V.N. Popov, High Temperature 1(1963)1, 69-83

***) Hausen, H., Allgem. Wärmetechnik 9(1959) 4/5, 75-79

2.6 Zusammenfassende Darstellung der Wärmeübertragung an durchströmte Kanäle bei laminarer und turbulenter Strömung

Der Wärmeübergang, ausgedrückt durch den dimensionslosen Wärmeübergangskoeffizienten Nu, ist bei ausgebildeter Laminarströmung allein eine Funktion der Graetz-Zahl Gz = Re Pr d/L. Ersetzt man in Gz die Strömungsgeschwindigkeit $\overline{u}$ durch die Verweilzeit $t = L/\overline{u}$ im Kanal, so geht Gz über in 1/Fo, womit deutlich wird, daß der Wärmeübergang bei ausgebildeter Laminarströmung ein Problem der instationären Wärmeleitung ist, wie es auch bei der Wärmeübertragung an ruhende und bewegte Festkörper auftritt. Handelt es sich um nichtausgebildete Laminarströmung, so tritt neben der Graetz-Zahl auch noch die Prandtl-Zahl $Pr = \nu/\kappa$ auf. Im Falle turbulenter Strömung hängt Nu außer Gz und Pr auch noch vom Verhältnis des Kanaldurchmessers zur Kanallänge d/L ab. Eine zusammenfassende Darstellung des Wärmeüberganges bei laminarer und turbulenter Kanalströmung muß demnach drei unabhängige Variable enthalten

$$Nu = Nu(Gz,\ Pr \text{ und } d/L) \quad . \qquad 2.6(1)$$

Da Pr ein reiner Stoffwert ist, der für ganze Stoffgruppen etwa denselben Zahlenwert hat (für Gase und Dämpfe ist $Pr \approx 0{,}67$ bis 1), ist in den Abb. 2.6(1), 2.6(2), 2.6(3) und 2.6(4) $Nu = Nu(Gz,\ d/L)_{Pr=const}$ dargestellt. Bemerkenswert ist, daß zwischen Nu und Gz nicht nur ein physikalischer, sondern auch noch ein definitorischer Zusammenhang besteht. Bekanntlich ist die Anzahl der Übertragungseinheiten $NTU = \alpha A/c\dot{M}$. Durch Erweiterung erhält man

$$NTU = \frac{\frac{\alpha}{\lambda}\,\pi\, L\, d}{\frac{c}{\lambda}\,\rho\,\frac{\pi}{4}\,d^2\overline{u}} = 4\,\frac{Nu}{Gz} \qquad 2.6(2)$$

In den Abb. 2.6(1) bis 2.6(4) sind daher auch noch Linien konstanter NTU eingetragen, die entsprechend Gl. 2.6(2) unter 45^0 verlaufen. Die NTU sind ein Maß dafür, wie weit sich der Wärmeübertragungsvorgang bereits dem Gleichgewichtszustand genähert hat.

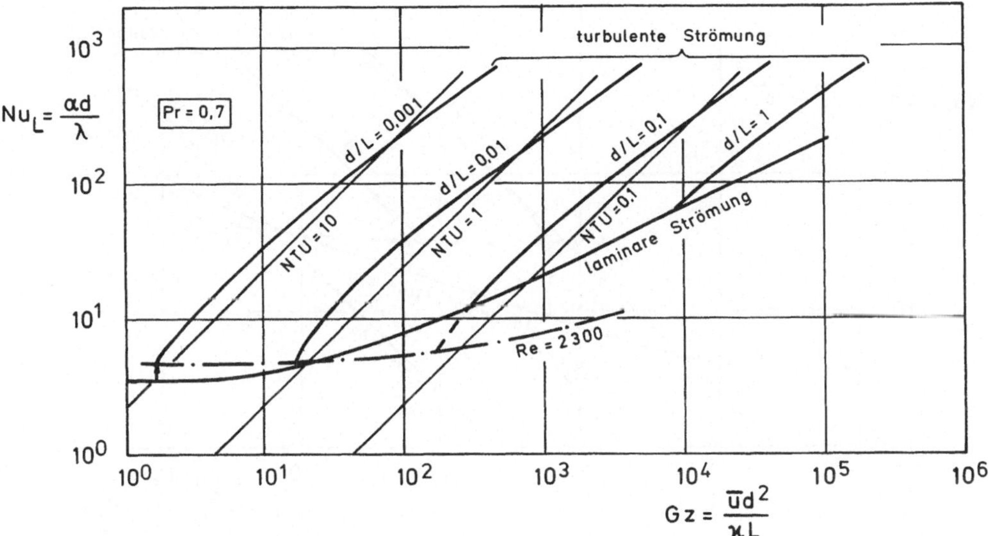

Abb. 2.6(1)

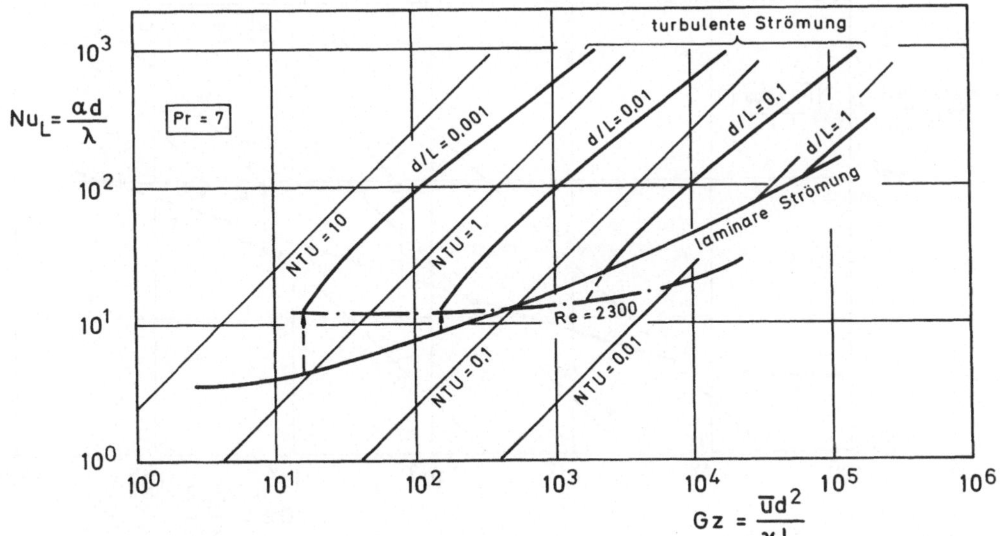

Abb. 2.6(2)

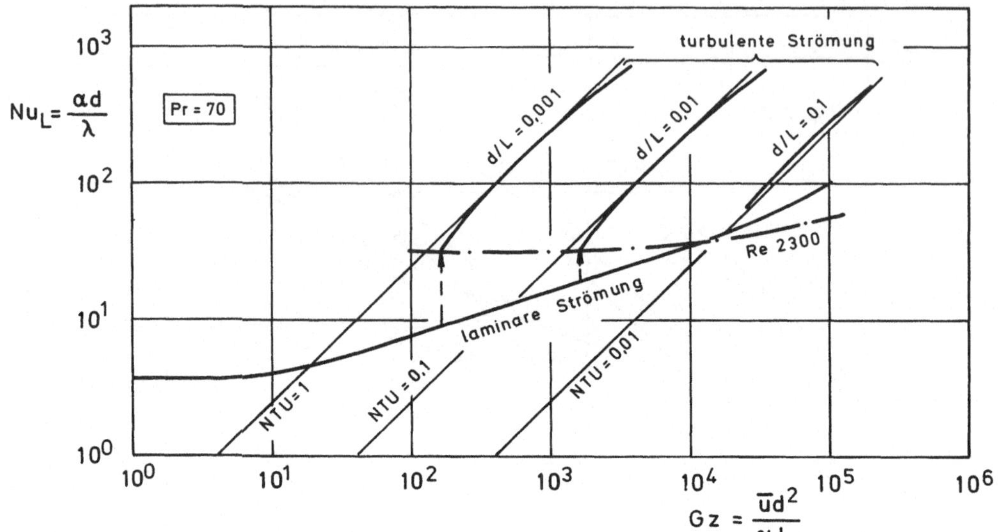

Abb. 2.6(3)

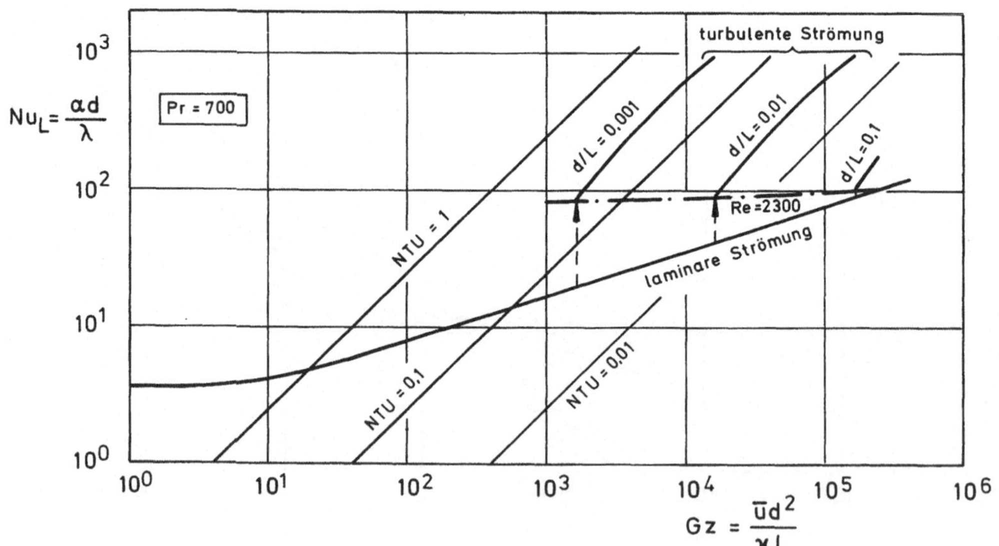

Abb. 2.6(4)

Betrachten wir z.B. die Abkühlung heißer Luft in einem Rohr von konstanter Wandtemperatur T_w, so gilt

$$\frac{T_{aus} - T_w}{T_{ein} - T_w} = e^{-NTU} \qquad 2.6(3)$$

Diese Beziehung erhält man aus den Ansätzen

$$d\dot{Q} + c\,\dot{M}\,dT = 0 \qquad 2.6(4)$$

$$d\dot{Q} = \alpha(T-T_w)\,dA \qquad 2.6(5)$$

Der Temperaturverlauf der Luft im Rohr ist in Abb. 2.6(5) dargestellt. Demnach ist der Unterschied zwischen der Austrittstemperatur T_{aus} und der Wandtemperatur T_w um so kleiner, je größer die Austauschfläche A - genauer gesagt - je größer die NTU ist. Für NTU = 3 beträgt die Austrittstemperaturdifferenz nur noch 5 % der Eintrittstemperaturdifferenz. Für NTU = 5 ist am Rohrende das Gleichgewicht praktisch erreicht.

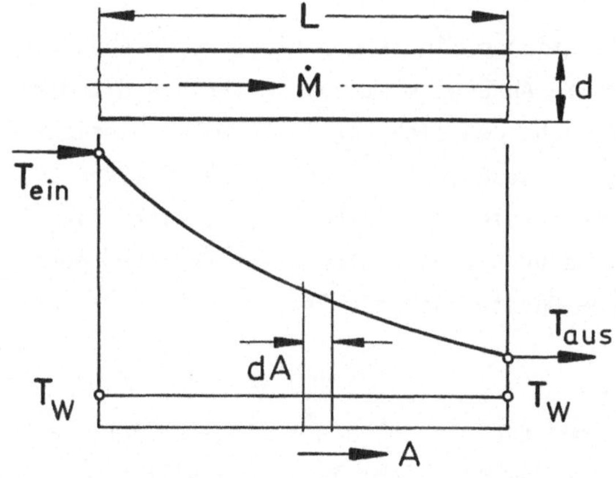

Abb. 2.6(5)
Abkühlung von Luft in einem durchströmten Rohr von konstanter Wandtemperatur T_w.

Die Nußelt-Zahl Nu, das ist die Ordinate in den Abb. 2.6(1) bis 2.6(4), ist ein Maß für die "Intensität" der Wärmeübertragung. Die Anzahl der Übertragungseinheiten NTU, die identisch ist mit einer dimensionslosen Verweilzeit (NTU = $\alpha A/c\dot{M}$ = $\alpha At/cM$) und die als Diagonalen in den Abb. 2.6(1) bis 2.6(4) eingetragen sind, sind ein Maß für die "Effektivität" der Wärmeübertragung. Bemerkenswert ist, daß bei laminarer Strömung eine hohe Intensität immer mit einer niedrigen Effektivität erkauft werden muß. Nur bei turbulenter Strömung läßt sich eine hohe Intensität bei gleichzeitig hoher Effektivität erreichen, wenn man relativ lange Rohre vorsieht. Läßt sich laminare Strömung nicht vermeiden (sehr heiße Gase, Gase im Vakuum, sehr zähe Flüssigkeiten), so sollte man die Wärmeaustauschfläche nach Möglichkeit immer wieder unterbrechen, um immer wieder eine Anlaufströmung zu erzeugen, bei der der Wärmeübergang immer höher ist als bei ausgebildeter Strömung.

Die Abb. 2.6(1) bis 2.6(4) zeigen ferner, daß die Kurven für turbulente Wärmeübertragung die für laminare insbesondere bei kurzen Rohren unterschneiden. In diesen Fällen gelten die Kurven für laminaren Wärmeübergang! Der Grund hierfür wird im Abschnitt 2.7 erklärt.

Bei hohen Pr-Zahlen und gleichzeitig relativ langen Rohren schließen die Kurven für turbulenten Wärmeübergang nicht unmittelbar an diejenigen für laminaren Wärmeübergang an. Der Wärmeübergang sollte bei Erreichen der kritischen Reynolds-Zahl (2300 beim Rohr) sprungartig ansteigen, vorausgesetzt, daß nicht oberhalb der kritischen Reynolds-Zahl die (dann an sich instabile) Laminarströmung noch künstlich aufrechterhalten wird.

In zahlreichen Büchern und Publikationen findet man nicht Nu in Abhängigkeit von Gz, Pr und d/L, sondern in Abhängigkeit von Re, Pr und d/L dargestellt. Beide Darstellungen unterscheiden sich nur in formaler Hinsicht, da zu jedem Wertetripel Re, Pr, d/L auch nur ein Wertetripel Gz, Pr, d/L gehört. Indessen kann man bei der Darstellung Nu(Re,Pr,d/L) nicht die Linien NTU = const einzeichnen, wodurch diese Information verloren geht. Die Abb. 2.6(6) zeigt eine solche Darstellung für Pr = 0,7 (Luft und andere zweiatomige Gase).

Im englischen Schrifttum findet man den von Colburn*) eingeführten "j-factor" in Abhängigkeit von der Reynolds-Zahl Re dargestellt. Der j-factor ist definiert durch

$$j \equiv \frac{Nu}{Re\ Pr^{1/3}} \qquad 2.6(6)$$

Der Vorteil dieses j-factors beruht darauf, daß bei voll-turbulenter Strömung und hohen Prandtl-Zahlen

$$Nu = f_t(Re)\ Pr^{1/3} \qquad 2.6(7)$$

---

*)Colburn, Allan Phillip (1904-), Wärmeübertragung, Wärmeübertrager

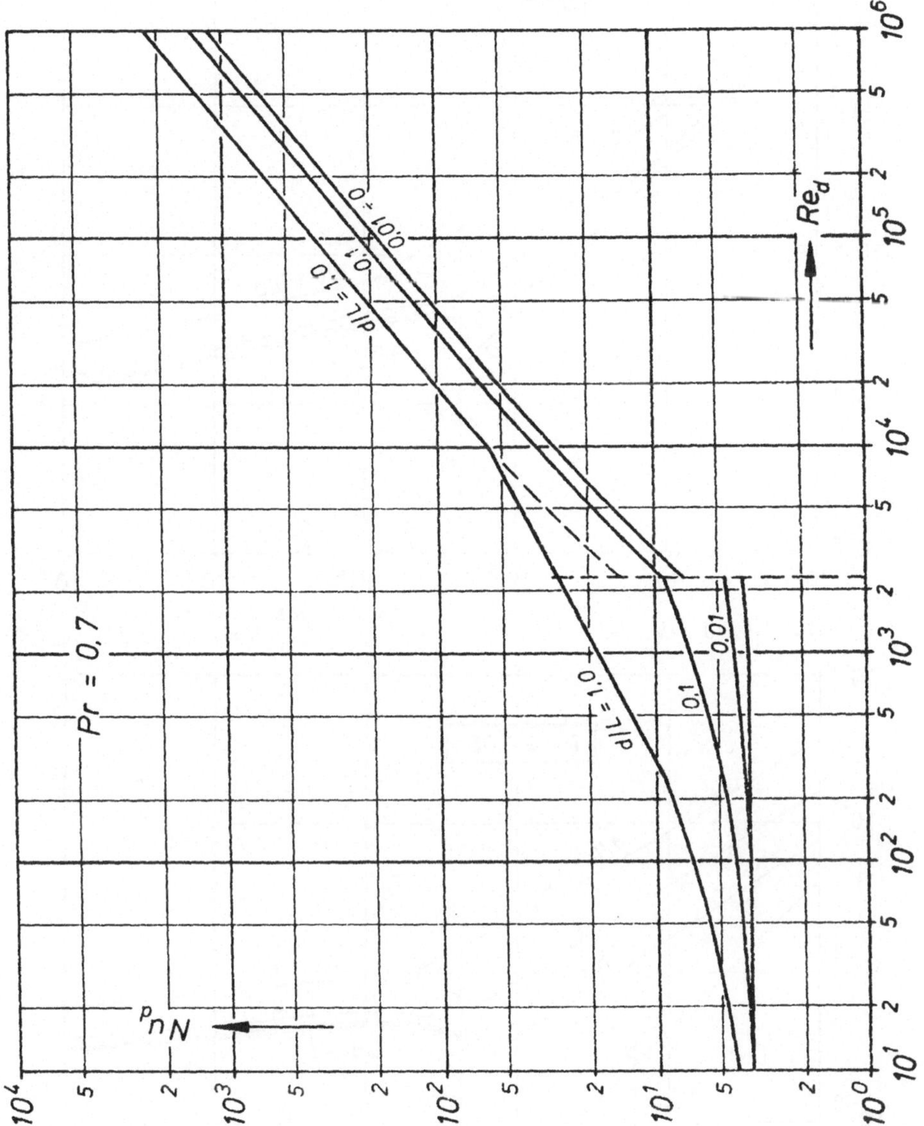

Abb. 2.6(6)

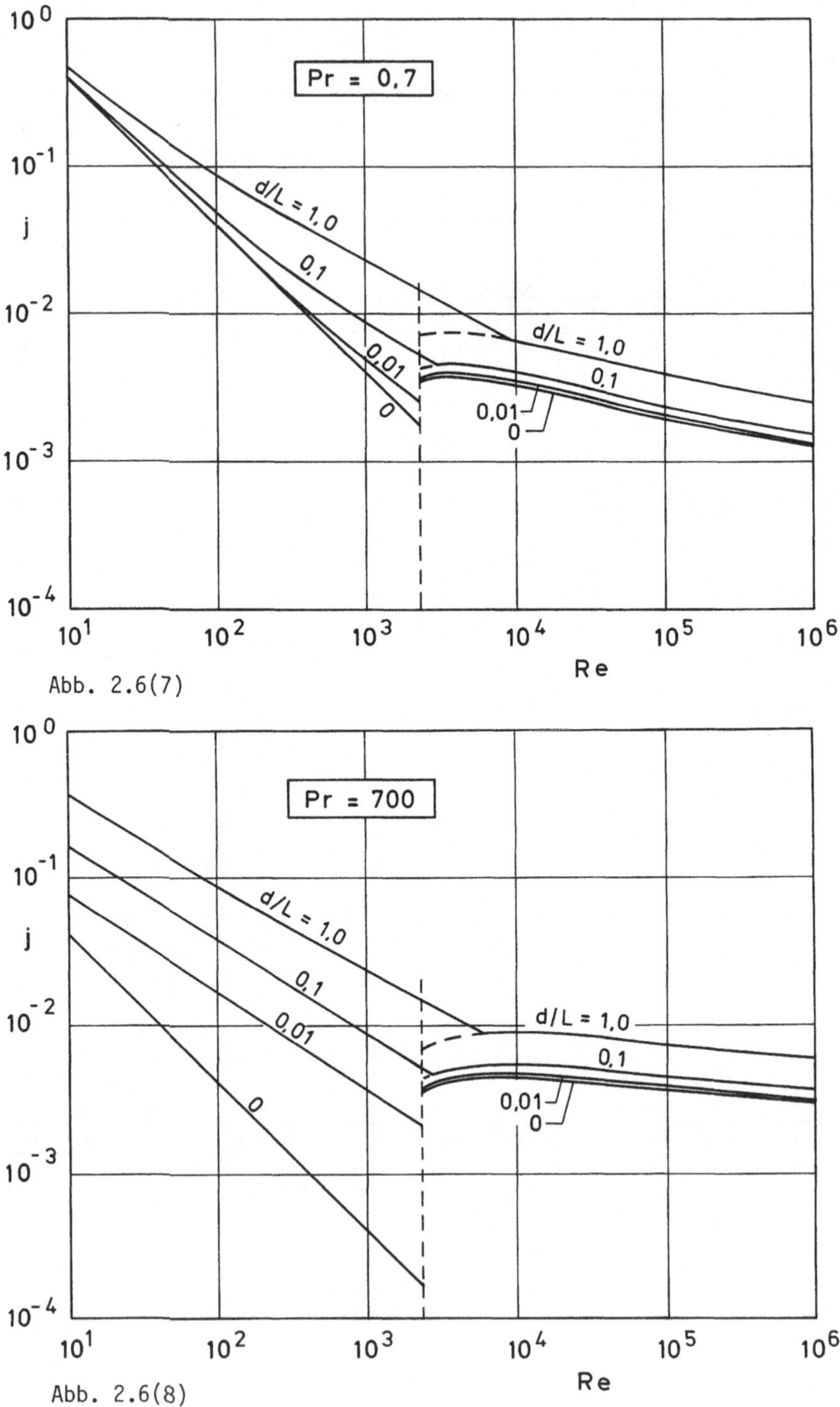

Abb. 2.6(7)

Abb. 2.6(8)

wird, wie man aus Gl. 2.5(17) ersieht, wenn man dort den Nenner $1+12{,}7 \cdot \sqrt{\xi/8}\,(Pr^{2/3} - 1)$ durch $12{,}7 \cdot \sqrt{\xi/8}\,Pr^{2/3}$ ersetzt. Auch bei laminarer Anlaufströmung ist

$$Nu = f_1\{Re\}Pr^{1/3} \qquad 2.6(8)$$

wie man aus Gl. 2.4.2(4) ersieht. Daraus folgt, daß in gewissen Bereichen der j-factor im wesentlichen eine Funktion der Reynolds-Zahl ist. Die Abb. 2.6(7) zeigt den j-Factor über Re, für Pr = 0,7; die Abb. 2.6(8) zeigt ihn für Pr = 700.

2.7 Wärmeübertragung an überströmte Einzelkörper bei erzwungener und freier Konvektion

Ein überströmter Einzelkörper ist dadurch gekennzeichnet, daß das strömende Medium sehr ausgedehnt ist und in hinreichender Entfernung von diesem Körper sowohl hydrodynamisch wie thermisch völlig ungestört strömt. Prototypen von Einzelkörpern sind die Platte, der Zylinder und die Kugel.

Die Strömung um den Einzelkörper kann nun von außen aufgezwungen werden (Einzelkörper im Windkanal) oder durch Dichteunterschiede als Folge von Temperaturunterschieden entstehen (Heizkörper). Im ersteren Fall spricht man von erzwungener Konvektion, im letzteren von freier Konvektion.

2.7.1 Wärmeübergang bei erzwungener Konvektion

Die Abb. 2.7.1(1) zeigt eine angeströmte ebene Platte.

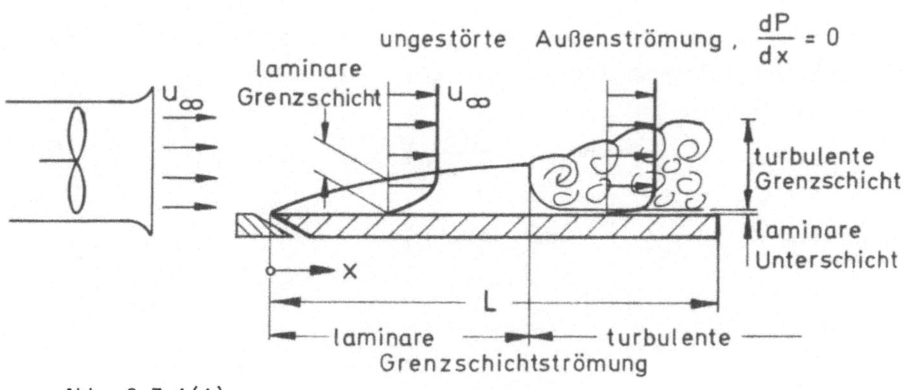

Abb. 2.7.1(1)

An der Vorderkante beginnend bildet sich eine sog. "Grenzschichtströmung" aus. Dieser Ausdruck besagt, daß sich die Verzögerung der Außenströmung von u_∞ auf null an der Plattenoberfläche innerhalb einer relativ dünnen Strömungsgrenzschicht abspielt. Die Dicke dieser Grenzschicht nimmt stromabwärts zu, da kein Druckgefälle besteht ($dP/dx = 0$) und deswegen die Reibungsverluste nur durch eine Impulsabnahme der Außenströmung gedeckt werden können. Die mittlere Dicke solcher Strömungsgrenzschichten ist von der Größenordnung 1 mm.

Die Grenzschicht ist von der Vorderkante her stets laminar. Erst wenn sie eine gewisse kritische Dicke erreicht hat, schlägt sie in eine turbulente Strömung um, wobei jedoch eine sog. laminare "Unterschicht" unmittelbar an der Plattenoberfläche erhalten bleibt. Dieser Turbulenzumschlag ist - ähnlich wie bei durchströmten Kanälen - durch eine kritische Reynolds-Zahl, die jedoch hier mit der Plattenlänge L gebildet wird, gekennzeichnet.

$$\left[\frac{u_\infty L}{\nu}\right]_{krit} = 5 \cdot 10^5 \qquad 2.7.1(1)$$

Ist die Länge der Platte kleiner als $5 \cdot 10^5\ \nu/u_\infty$, so ist die Grenzschicht über die ganze Länge laminar. Ist die Plattenlänge größer als dieser kritische Wert, so ist die Grenzschicht im vorderen Teil laminar, im hinteren Teil jedoch turbulent. Das Einsetzen der Turbulenz ist durch die Gl. 2.7.1(1) nur näherungsweise beschrieben. Tatsächlich kann die kritische Reynolds-Zahl auch erheblich kleiner sein ($5 \cdot 10^4$), was davon abhängt, wie die Plattenvorderkante ausgebildet ist (stumpf oder zugeschärft) und welchen "Turbulenzgrad" die Außenströmung hat.

Der mittlere Wärmeübergangskoeffizient bei laminarer Grenzschichtströmung läßt sich nach folgender Formel berechnen

$$Nu_{lam} = \frac{0,664}{\sqrt[6]{Pr}} \sqrt{Pe} \qquad 2.7.1(2)$$

Hierin sind $Nu = \frac{\alpha L}{\lambda}$

und $Pe = \frac{u_\infty L}{\kappa}$

sowie $Pr = \nu/\kappa$.

Der Wärmeübergangskoeffizient α nimmt demnach mit der Wurzel aus der Anströmgeschwindigkeit zu. Man erkennt die Ähnlichkeit der Gl. 2.7.1(2) mit der Gl. 2.4.2(4) für den Wärmeübergang bei laminarer Anlaufströmung im Rohr. Gl. 2.7.1(2) geht unmittelbar in Gl. 2.4.2(4) über, wenn man sie mit dem Verhältnis von Rohrdurchmesser zu Rohrlänge multipliziert. Ist die Strömungsgrenzschicht teilweise turbulent, so gilt nach VDI-Wärmeatlas, Blatt Ga 1 für den über die gesamte Plattenlänge gemittelten Wärmeübergangskoeffizienten

$$Nu_{turb} = \frac{\xi}{8} Re\ Pr \frac{1}{1+12{,}7\ \sqrt{\xi/8}\,(Pr^{2/3}-1)} \qquad 2.7.1(3)$$

mit

$$\frac{\xi}{8} = 0{,}037\ Re^{-1/5} \quad . \qquad 2.7.1(4)$$

Für Pr = 1 (Gase) hat diese Gleichung die einfache Form

$$Nu_{turb} = 0{,}037\ Re^{4/5} \qquad 2.7.1(5)$$

Für hohe Prandtl-Zahlen (zähe Flüssigkeiten) folgt

$$Nu_{turb} = \frac{1}{12{,}7} \sqrt{\frac{\xi}{8}}\ \frac{Pr}{Pr^{2/3} - 1}\ Re \qquad 2.7.1(6)$$

bzw.

$$Nu_{turb} = 0{,}015\ Pr^{1/3}\ Re^{9/10} \qquad 2.7.1(7)$$

Man erkennt an Hand der Gln. 2.7.1(2) bis 2.7.1(7), daß der Einfluß der Strömungsgeschwindigkeit auf den Wärmeübergangskoeffizienten mit steigender Pr-Zahl zunimmt.

Die Gln. 2.7.1(2) bis 2.7.1(7) gelten indessen nicht nur für überströmte Platten. Sie sind praktisch auf alle überströmten Einzelkörper mit konkaven Oberflächen anwendbar, wenn man die Plattenlänge L durch eine geeignete äquivalente Länge des nichtplattenförmigen Körpers ersetzt. Aus Versuchen hat man gefunden, daß eine solche Länge zweckmäßig wie folgt gebildet wird:

$$L = \frac{A}{U_s} \qquad 2.7.1(8)$$

Hierin sind A die wärmeaustauschende Oberfläche und U_s der Umfang der Projektionsfläche in Strömungsrichtung.

Für die überströmte Kugel vom Durchmesser d folgt danach

$$L = \frac{\pi d^2}{\pi d} = d$$

Für den (langen) querüberströmten Zylinder folgt

$$L = \frac{\pi\, d\, L}{2(d+L)} \cong \frac{\pi}{2}\, d$$

Bei sehr kleinen Re-Zahlen verliert Gl. 2.7.1(2) ihre Gültigkeit, da dann die Grenzschichtdicke nicht mehr als klein gegenüber der Körperabmessung angesehen werden kann. Man nennt diesen Bereich den der "schleichenden" Umströmung. Hier gilt für den Zylinder

$$Nu = 0{,}75\ \sqrt[3]{Pe} \qquad 2.7.1(9)$$

und für die Kugel

$$Nu = 1{,}01\ \sqrt[3]{Pe} \qquad 2.7.1(10)$$

Geht schließlich die Re-Zahl gegen null, so findet eine Wärmeübertragung nur noch durch Wärmeleitung in eine ruhende Umgebung statt. Für die Kugel wurde dieser Fall bereits im Abschnitt 2.2 mit dem Ergebnis

$$Nu(Re \to 0) = {}_{min}Nu = 2 \qquad 2.7.1(11)$$

behandelt.

Allgemein gilt: Für jeden dreidimensional endlichen Körper gibt es eine minimale Nußelt-Zahl, die auf keine Weise unterschritten werden kann. Die Kugel hat den größten minimalen Wärmeübergangskoeffizienten.

Für eine dünne Tablette vom Durchmesser d errechnet man

$${}_{min}\alpha = \frac{8}{\pi}\,\frac{\lambda}{d} \qquad 2.7.1(12)$$

die äquivalente Tablettenabmessung gemäß Gl. 2.7.1(8) ist $L = \pi d/4$. Damit wird für die dünne Tablette

$${}_{min}Nu = {}_{min}\left(\frac{\alpha L}{\lambda}\right) = 2 \quad . \qquad 2.7.1(13)$$

2.7.2 Wärmeübergangskoeffizient bei freier Konvektion

Eine freie Strömung entsteht durch Dichteunterschiede. Wird z.B. eine senkrecht stehende Platte von der Höhe L beheizt, dann sind die wandnahen Flüssigkeits- oder Gasschichten spezifisch leichter als die weiter entfernt liegenden und es besteht ein statischer Druckunterschied zwischen diesen Schichten, der eine aufwärts gerichtete Strömung bewirkt. Die Abb. 2.7.2(1) zeigt das entsprechende Geschwindigkeitsprofil einer solchen Auftriebsströmung. Unmittelbar an der Plattenoberfläche ist die Strömungsgeschwindigkeit null. Mit zunehmender Entfernung von der Plattenoberfläche steigt die Geschwindigkeit an, durchläuft ein Maximum und fällt in hinreichender Entfernung von der Platte wieder auf null ab. Das zugehörige Temperaturprofil fällt in einer wandnahen Grenzschicht auf den Wert, der in hinreichender Entfernung vorgegeben ist, ab.

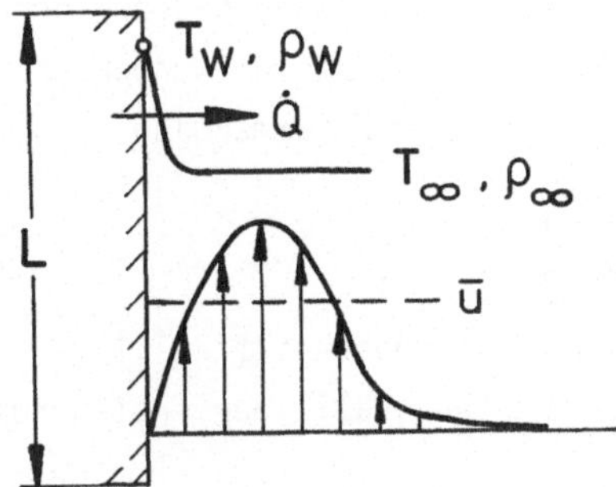

Abb. 2.7.2(1)
Auftriebsströmung an einer senkrechten Platte

Gesetzt den Fall, daß die mittlere Geschwindigkeit der Auftriebsströmung $\bar{u}$ in dem Bereich, in dem die Temperatur von T_W auf T_∞ abfällt, bekannt wäre, müßten sich die zuvor aufgeführten Gleichungen für die überströmte Platte bei erzwungener Konvektion auch auf den Fall der freien Konvektion anwenden lassen. Geht man davon aus, daß die potentielle Energie aufgrund des statischen Druckunterschiedes

$$E_{pot} = g\, L(\rho_\infty - \rho_W) \qquad 2.7.2(1)$$

vollständig in kinetische Energie der Auftriebsströmung

$$E_{kin} = \frac{1}{2}\bar{\rho}\,\bar{u}^2 \qquad 2.7.2(2)$$

umgesetzt werden könnte, so müßte gelten

$$g\,L\,(\rho_\infty - \rho_W) = \frac{1}{2}\bar{\rho}\,\bar{u}^2 \qquad 2.7.2(3)$$

Tatsächlich muß wegen der unvermeidlichen Reibungsverluste $E_{kin} < E_{pot}$ sein. Mit einem Wirkungsgrad ε der Energieumsetzung erhalten wir demnach aus Gl. 2.7.2(3)

$$g\,L\,(\rho_\infty - \rho_W)\,\varepsilon = \frac{1}{2}\bar{\rho}\,\bar{u}^2 \qquad 2.7.2(4)$$

Durch Erweiterung erhält man hieraus

$$\frac{g\,L^3(\rho_\infty - \rho_W)}{\bar{\nu}^2\,\rho_W} = \frac{\bar{\rho}}{2\varepsilon\rho_W}\cdot\frac{\bar{u}^2\,L^2}{\bar{\nu}^2} \qquad 2.7.2(5)$$

Die linke Seite der Gl. 2.7.2(5) nennt man die Grashof*)-Zahl Gr. Die rechte Seite dieser Gleichung enthält die bekannte (äquivalente) Reynolds-Zahl im Quadrat und einen Vorfaktor, der den Wirkungsgrad der Energieumsetzung enthält und der aus Versuchen zu $\bar{\rho}/2\varepsilon\rho_W = 2{,}5$ bestimmt wurde. Somit ergibt sich zwischen der die freie Konvektionsströmung beschreibenden Grashof-Zahl Gr und der die (äquivalente) Strömung durch erzwungene Konvektion beschreibenden Reynolds-Zahl $Re_{äq}$ folgender Zusammenhang

$$\boxed{Gr \cong 2{,}5\,Re_{äq}^{\;2}} \qquad 2.7.2(6)$$

Mit dieser Äquivalenzbeziehung lassen sich die im Abschnitt 2.7.1 genannten Formeln für erzwungene Konvektion auch auf Fälle der freien Konvektion anwenden.

Beispielsweise geht die Gl. 2.7.1(2) für die laminare Grenzschichtströmung bei erzwungener Konvektion über in die Beziehung

$$Nu = 0{,}528\,\sqrt[3]{Pr}\,\sqrt[4]{Gr} \qquad 2.7.2(7)$$

Für turbulente Grenzschichtströmung und Pr = 1 erhält man

$$Nu = 0{,}023\,Gr^{2/5} \qquad 2.7.2(8)$$

Man entnimmt diesen beiden Gleichungen, daß der Einfluß der Plattenhöhe L auf den Wärmeübergangskoeffizienten α bei laminarer Grenzschichtströmung von der Art $\alpha \sim L^{-1/4}$, bei turbulenter Grenzschichtströmung jedoch von der Art $\alpha \sim L^{+1/5}$ ist.

---

*) Grashof, Franz (1826-1893), Karlsruhe, Wärmeübertragung, Gründer des VDI

In den meisten technischen Anwendungsfällen liegt indessen der Übergangsbereich vor, in dem α praktisch unabhängig von der Plattenhöhe L ist.

Handelt es sich um nichtplattenförmige Körper, so gelten die gleichen Formeln, wenn man wiederum eine äquivalente Plattenhöhe, wie sie durch Gl. 2.7.1(8) bereits für den Fall erzwungener Konvektion definiert wurde, einsetzt.

2.7.3 Überlagerte freie und erzwungene Konvektion

Durch Versuche hat man festgestellt, daß es bei der Überlagerung von freier und erzwungener Konvektion ebenfalls möglich ist, die im Abschnitt 2.7.1 genannten Formeln zur Berechnung des Wärmeübergangskoeffizienten bei erzwungener Konvektion anzuwenden, wenn man in diese eine resultierende Reynolds-Zahl einsetzt, die wie folgt zu bilden ist:

$$Re_{res.} = \sqrt{Re^2_{erzw.} + \frac{1}{2,5} Gr} \qquad 2.7.3(1)$$

Hierin sind Re_{erzw} die Reynolds-Zahl der erzwungenen Strömung und Gr die Kennzahl der freien Strömung. Man erkennt, daß offensichtlich eine Addition der Strömungsenergien vorgenommen werden muß, wobei es gleichgültig ist, ob die Strömungen der erzwungenen und der freien Konvektion gleich- oder gegengerichtet sind.

Indessen gibt es bei gegengerichteten Strömungen, falls $Re_{erzw} = Re_{äq}$ ist, instabile Strömungszustände, bei denen eine Vorausberechnung von Wärmeübergangskoeffizienten sehr unsicher ist.

2.7.4 Zusammenfassende Darstellung der Wärmeübertragung an überströmte Einzelkörper verschiedener Form bei erzwungener und freier Konvektion

Die in den Abschnitten 2.7.1 bis 2.7.3 mitgeteilten Gleichungen zur Berechnung von mittleren Wärmeübergangskoeffizienten überströmter Einzelkörper lassen sich empirisch zu einer einzigen Berechnungsformel zusammenfassen, die alle bekannten Meßergebnisse mit einer für technische Zwecke ausreichenden Genauigkeit wiedergibt:

$$Nu = {}_{min}Nu + \sqrt{Nu_{lam}^2 + Nu_{turb}^2} \qquad 2.7.4(1)$$

Hierin ist $Nu = \alpha L/\lambda$ mit $L = A/U_s$ nach Gl. 2.7.1(8). ${}_{min}Nu$, Nu_{lam} und Nu_{turb} berechnen sich wie folgt:

$$_{min}Nu \lesseqgtr 2, \quad \text{je nach Körperform} \qquad 2.7.4(2)$$

$$Nu_{lam} = 0{,}664\ Pr^{1/3}\ Re_{res}^{\ 1/2} \qquad 2.7.4(3)$$

$$Nu_{turb} = \frac{0{,}037\ Re_{res}^{\ 4/5}\ Pr}{1+2{,}44(Pr^{2/3}-1)Re_{res}^{\ -1/10}} \qquad 2.7.4(4)$$

Hierin ist

$$Re_{res} = \sqrt{Re_{erzw}^2 + \frac{1}{2{,}5}\ Gr} \qquad 2.7.4(5)$$

mit

$$Re_{erzw} = u_\infty\ L/\nu \qquad 2.7.4(6)$$

und

$$Gr = \frac{L^3\ g}{\nu^2} \cdot \frac{\rho_\infty - \rho_W}{\rho_W} \qquad 2.7.4(7)$$

Die Länge L ist die gleiche, wie bei der Bildung der Nu-Zahl. Sämtliche Stoffwerte sind bei einer mittleren Temperatur $T_m = \frac{1}{2}(T_\infty + T_W)$ zu nehmen. Der Gültigkeitsbereich dieser Gleichungen ist beschränkt auf folgende Werte

$$0{,}1 < Re_{res} < 10^7$$

$$0{,}5 < Pr < 2500 \quad .$$

Für schleichende Umströmung ($Pr \to \infty$) gelten die asymptotischen Beziehungen 2.7.1(9) und 2.7.1(10). In der Abb. 2.7.4(1) sind die Gleichungen 2.7.1(1) bis 2.7.1(4) in der Form $Nu(Pe_{res})$ mit Pr als Parameter aufgetragen. Für reine erzwungene Konvektion ist $Pe_{res} = Re_{erzw}\ Pr$ und für reine freie Konvektion $Pe_{res} = \sqrt{\frac{Gr}{2{,}5}} \cdot Pr$. Dieser Abbildung kann man folgende Tendenzen entnehmen:

Der Wärmeübergangskoeffizient α nimmt zu mit steigender Anströmgeschwindigkeit u_∞ und abnehmender Körperlänge L. Bei Kugeln (und auch allen sonstigen dreidimensional endlichen Körpern) strebt α gegen sehr große Werte, wenn L gegen null geht. Andererseits läßt sich bei kleinen Kugeln α durch eine Steigerung der Anströmgeschwindigkeit u_∞ nicht erhöhen.

Pr = 0,1
1
10
100
Kugel, Pr = ∞
Zylinder, Pr = ∞
Platte
Zylinder
Kugel
min Nu_{Kugel} = 2
min $Nu_{Zyl.}$ ≅ 0,3
Platte
Zylinder
Platte
Kugel
min Nu_K
$Nu = \frac{\alpha l}{\lambda}$
$Pe_{res} = \sqrt{Re^2_{erzw} + \frac{1}{2,5} Gr \cdot Pr}$

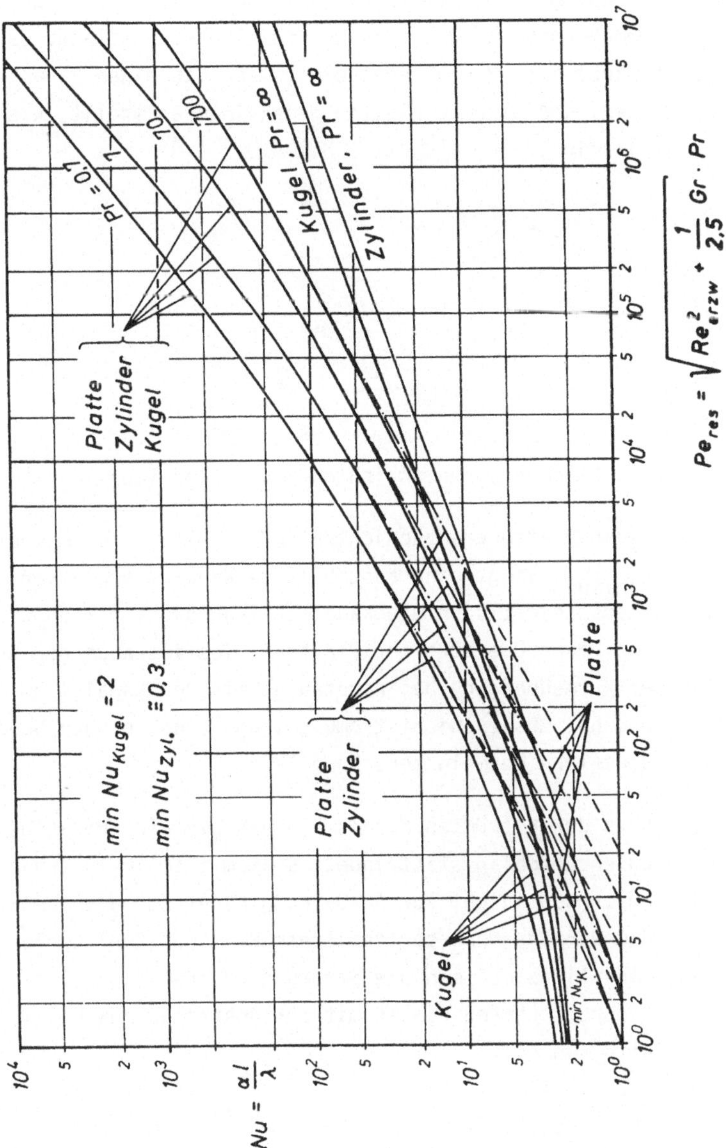

Abb. 2.7.4(1)

Im Abschnitt 2.6 wurde der Wärmeübergang an durchströmte Kanäle behandelt. Der Wärmeübergang an durchströmte Kanäle unterscheidet sich nicht grundsätzlich vom Wärmeübergang an überströmte Einzelkörper, solange der Kanal relativ weit und kurz ist. Man erkennt dies, wenn man einen Kanal dadurch bildet, daß man zwei überströmte Platten gegeneinander stellt, wie dies die Abb. 2.7.4(2) zeigt.

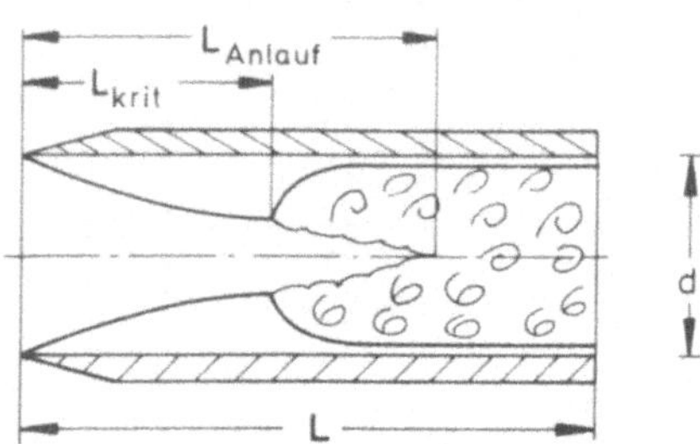

Abb. 2.7.4(2) Strömungsgrenzschichten am Kanaleinlauf

Erst wenn die beiden Plattengrenzschichten in der Mitte zusammengewachsen sind, d.h. $L > L_{Anlauf}$, liegt eine ausgebildete Kanalströmung vor. Bis zu dieser Stelle unterscheidet sich die Kanalströmung nicht nennenswert von der Grenzschichtströmung überströmter Platten. Dies ist auch der Grund dafür, daß sich der Wärmeübergang bei nichtausgebildeter Kanalströmung (Gl. 2.4.2(4)) und bei Grenzschichtströmung längs einer ebenen Wand (Gl. 2.7.1(2)) nach denselben Formeln berechnen läßt.

Ist die Länge eines durchströmten Kanals kleiner als die kritische Länge, bei der der Turbulenzumschlag stattfindet, so kommt es im Innern eines solchen Kanales überhaupt nicht zur Ausbildung einer turbulenten Strömung, obwohl die mit dem Kanaldurchmesser gebildete Reynolds-Zahl größer als 2300 sein kann. Identifiziert man die Strömungsgeschwindigkeit in der Mitte eines laminar durchströmten Kanals mit der Anströmgeschwindigkeit einer überströmten Platte, so gilt

$$Re_{krit,Platte} = \left(\frac{u_\infty L}{\nu}\right)_{krit} = 5\cdot 10^4 \text{ bis } 5\cdot 10^5$$

$$Re_{krit,Rohr} = \frac{\overline{u}\, d}{\nu} = \frac{1}{2}\,\frac{u_\infty d}{\nu} = 2300$$

Hieraus resultiert, daß ein Turbulenzumschlag in einem Rohr erst nach einer Lauflänge von ca. 10 bis 100 Rohrdurchmessern eintreten kann. Für kürzere Rohre gelten die Wärmeübergangsformeln für laminare Strömung.

Dies ist der Grund dafür, daß bei relativ kurzen Rohren die Wärmeübergangsformeln für Laminarströmung einen höheren Wärmeübergang ergeben als die für turbulente Strömung, wie dies aus der Abb. 2.6(1) u.f. ersichtlich ist.

2.8 Wärmeübertragung in durchströmten Haufwerken

Unter einem Haufwerk versteht man die geordnete oder regellose Anordnung von Einzelkörpern verschiedener Form; z.B.:

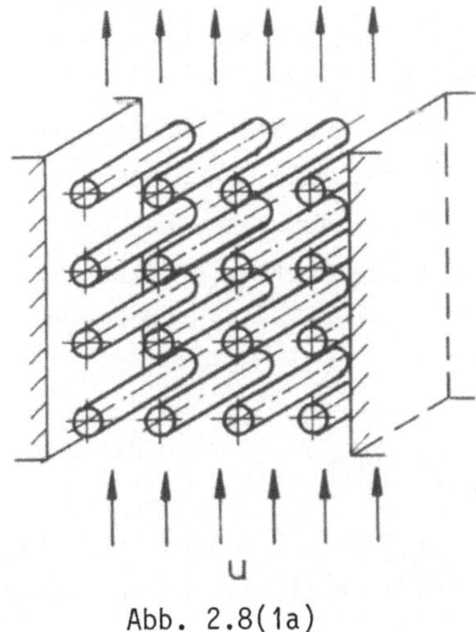

Abb. 2.8(1a)

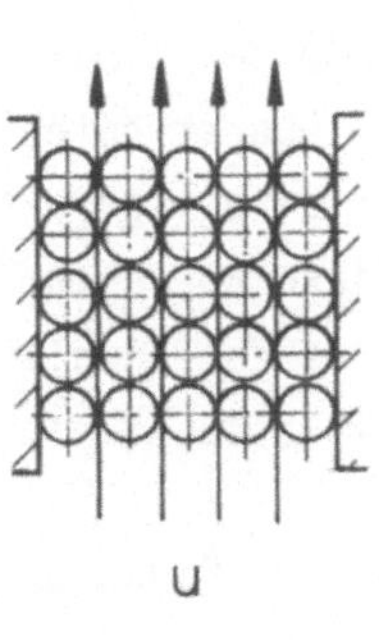

Abb. 2.8(1b)

Eine für die effektive Strömungsgeschwindigkeit im Innern eines solchen Haufwerkes wesentliche Größe ist das sog. Lückenvolumen.

Es gilt:

$$V_{Lücken} + V_{Körper} = V_{gesamt}$$

Man definiert ein relatives Lückenvolumen

$$\boxed{\psi = \frac{V_{Lücken}}{V_{gesamt}} = 1 - \frac{V_{Körper}}{V_{gesamt}}} \qquad 2.8(1)$$

Die mittlere Strömungsgeschwindigkeit im Innern des Haufwerkes errechnet sich wie folgt:

$$\boxed{\overline{u} = \frac{\dot{V}}{f_{ges}\,\psi}} \qquad 2.8(2)$$

Hierin ist $\dot{V}$ der Volumendurchsatz und f_{ges} der Strömungsquerschnitt des leer gedachten Kanals.

Ist das Haufwerk stark aufgelockert, d.h. sind die Abstände der Einzelkörper sehr groß, dann ist der Wärmeübergang nach Abschnitt 2.7.4 für überströmte Einzelkörper zu berechnen. Die dort aufgeführten Gleichungen stellen also den Grenzfall für $\psi \to 1$ dar. Rückt man von diesem Grenzfall ausgehend die Einzelkörper mehr und mehr zusammen, so beeinflussen sich die Strömungs- und Temperaturgrenzschichten gegenseitig. Dies geschieht in einer Weise, daß der Wärmeübergang dadurch verbessert wird. Bei einer regellosen Kugelschüttung ($\psi \cong 0{,}40$) ist er rd. doppelt so hoch wie bei einer Einzelkugel, die mit $\overline{u}$ angeströmt wird. Man kann daher den Wärmeübergang an die Körper eines Haufwerkes mit Hilfe der Gleichungen berechnen, die für den überströmten Einzelkörper gelten, wenn man diese Gleichungen noch mit einer Korrekturfunktion versieht. Aus Versuchen hat man gefunden, daß diese Korrekturfunktion für isotrope Haufwerke im Bereich mittlerer Reynolds-Zahlen allein eine Funktion des relativen Lückenvolumens ist. Es gilt also

$$Nu_{Haufwerk} = \varphi(\psi)\ Nu_{Einzelkörper} \qquad 2.8(3)$$

Hierin wird $Nu_{Einzelkörper}$ nach den Gln. 2.7.4(1) bis 2.7.4(4) berechnet, wobei $Re_{res} = Re_{erzw}$ mit der Geschwindigkeit $\overline{u}$ nach Gl. 2.8(2) zu berechnen ist.

Die Korrekturfunktion lautet aufgrund von Versuchswerten

$$\varphi = 1+1{,}5\ (1-\psi) \qquad 2.8(4)$$

Für $0{,}4 < \psi < 1$. Diese Korrektur ist innerhalb eines Bereiches von $100 < Pe < 10^4$ praktisch von der Pecletzahl unabhängig. Für sehr kleine Pecletzahlen (schleichende Strömung) kann die Korrektur auch kleiner als 1 werden. Dies kommt daher, daß sich bei sehr niedrigen Strömungsgeschwindigkeiten, d.h. bei relativ hohen NTU, Ungleichverteilungen der Strömungsgeschwindigkeit als Folge von (meist vorhandenen) Fehlstellen in der Kugelanordnung sehr stark auf die insgesamt übertragbare Wärmemenge auswirken können.

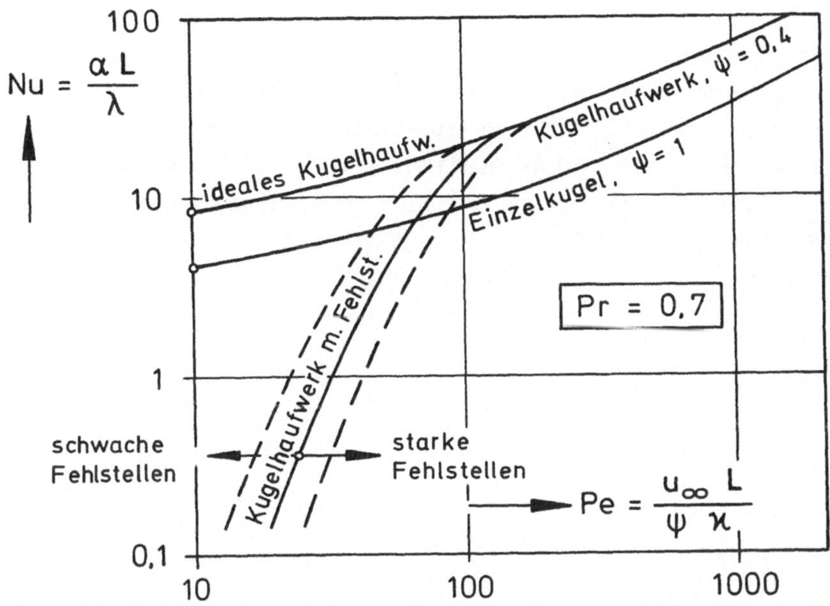

Abb. 2.8(2) Wärmeübergang in Kugelhaufwerken gemäß Gl. 2.8(1) bis Gl. 2.8(4)

Dieses Phaenomen wurde bereits im Abschnitt 1.2 bei der Parallelschaltung zweier Doppelrohrapparate behandelt. Tritt dort eine Ungleichverteilung der Ströme auf, so erreicht der Wirkungsgrad der Gesamtanordnung bei unendlich großer Austauschfläche einen Maximalwert, der nur noch von der Mengenverteilung der Ströme auf die beiden Austauscher abhängt. Würde man für die Gesamtanordnung einen mittleren Wärmedurchgangskoeffizienten definieren, so müßte dieser bei vorhandener Ungleichverteilung der Ströme stets gegen null gehen, da sich die mittleren Austrittstemperaturen der Gesamtströme selbst dann nicht mehr ändern, wenn die Austauschfläche gegen unendlich oder, was gleichbedeutend ist, die Mengenströme gegen null gehen. Aus den gleichen Grunde fällt die (mittlere) Nußelt-Zahl für ein Kugelhaufwerk mit abnehmender Strömungsgeschwindigkeit auf null ab, wenn die Strömungsgeschwindigkeit im Innern des Haufwerkes nicht absolut gleichmäßig verteilt ist, wie dies in der Abb. 2.8(2) dargestellt ist.

2.9 Wärmeübertragung in Wirbelschichten

Wirbelschichten entstehen dadurch, daß man die Strömungsgeschwindigkeit in einem Haufwerk so weit erhöht, bis der Reibungsdruckverlust der Strömung gleich dem Gewicht der Haufwerkspartikel wird. Sodann beginnen die Partikel des Haufwerkes im Gas- oder Flüssigkeitsstrom zu schweben und dabei regellose Querbewegungen auszuführen, d.h. durcheinanderzuwirbeln. Die Ausdehnung einer Wirbelschicht steigt mit zunehmender Strömungsgeschwindigkeit u_∞.

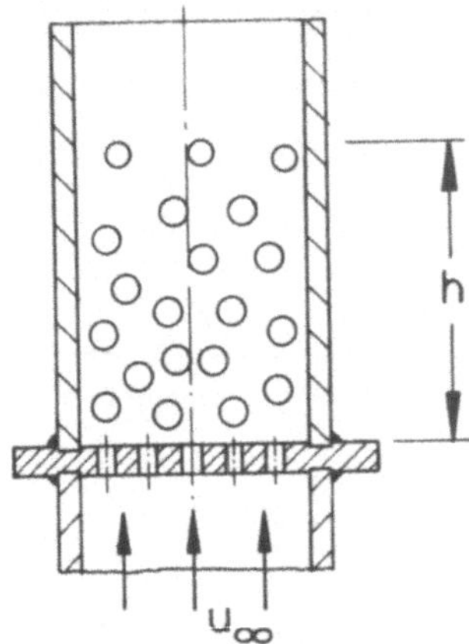

Abb. 2.9(1)
Wirbelschicht (schematisch)

Wird die Strömungsgeschwindigkeit so weit gesteigert, bis sie gleich der Sinkgeschwindigkeit der Einzelpartikel ist, werden die Partikel ausgetragen. Der Existenzbereich der Wirbelschicht ist demnach gekennzeichnet durch das Lückenvolumen des Haufwerkes ψ_H(=0,4 für Kugelhaufwerk) am sog. Lockerungspunkt und $\psi \to 1$, dem sog. Austragspunkt. Versuche haben gezeigt, daß für einen gegebenen Partikeldurchmesser l der Wärmeübergangskoeffizient α innerhalb des zugehörigen Existenzbereiches der Wirbelschicht von der Strömungsgeschwindigkeit unabhängig ist, vgl. Abb. 2.9(2).

Daraus ergibt sich die Möglichkeit, den Wärmeübergangskoeffizienten zwischen den Partikeln und dem Fluid mit Hilfe der Sinkgeschwindigkeit der Einzelpartikel u_s zu berechnen. Man hat lediglich diese Geschwindigkeit in die Formeln des Abschnittes 2.7.1 einzusetzen und erhält damit die Wärmeübergangskoeffizienten in der Wirbelschicht an der Stelle des Austragspunktes, die man dann bis zum Lockerungspunkt extrapolieren darf, wie dies in der Abb. 2.9(2) durch Pfeile angedeutet ist.

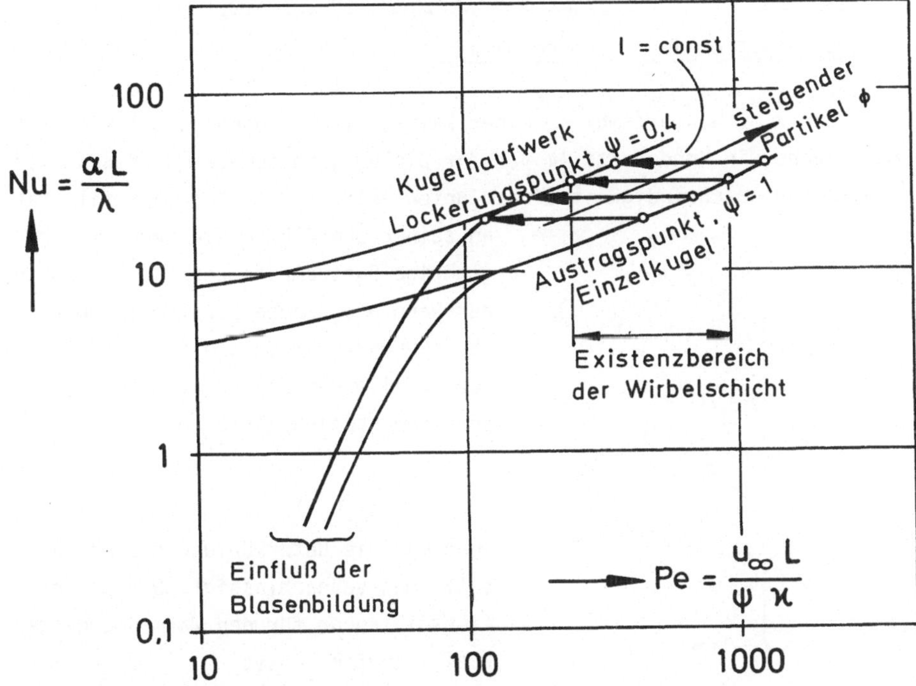

Abb. 2.9(2) Wärmeübertragung in der Wirbelschicht

Bei niedrigen Pe-Zahlen, genauer gesagt bei großen NTU, wird der Wärmeübergang aus den gleichen Gründen wie beim Festbett stark vermindert. Wirbelschichten sind besonders anfällig für Ungleichverteilungen der Strömungsgeschwindigkeit, insbesondere durch Bildung von Blasen.

Wirbelschichten, von Winkler 1922 zur Kohlevergasung erfunden, haben eine zunehmende technische Bedeutung erlangt. Aktuelle Anwendungen sind u.a. Staubfeuerungen unter Druck im Dampfkesselwesen, Kohlevergasung, Abwasserreinigung mit Aktivkohle etc.

2.10 Wärmeübertragung bei der Kondensation von Dämpfen

2.10.1 Kondensation von ruhendem Dampf *)

Kondensiert z.B. Wasserdampf an einer kalten Fläche, dann bildet sich auf dieser Fläche ein Kondensatfilm von der Dicke ε, in dem das Kondensat mit der mittleren Geschwindigkeit $\overline{u}$ nach unten abläuft. Der Kondensatfilm hat an seiner Oberfläche die zum Druck P gehörige Sattdampftemperatur T_S und an der Wand die Wandtemperatur T_W. Die abzuführende Wärmemenge $\dot{q}$ ist gleich der anfallenden Kondensatmenge $\dot{n}$ mal der Kondensationswärme Δh_v

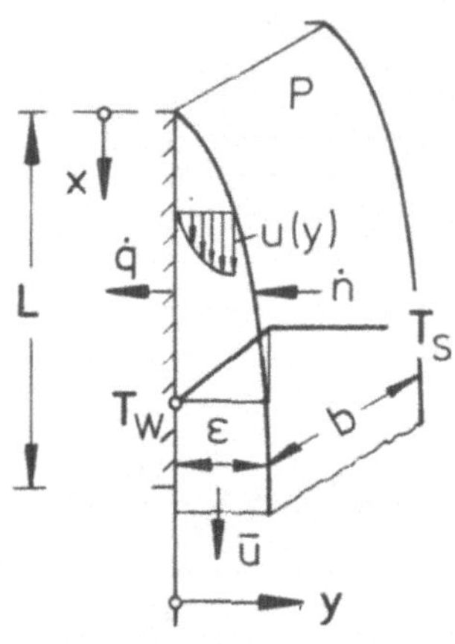

Abb. 2.10.1(1)

$$\dot{q} = \dot{n}\ \Delta h_v \qquad 2.10.1(1)$$

wenn man die Unterkühlung des Kondensatfilmes vernachlässigt. Die Definitionsgleichung für den Wärmeübergangskoeffizienten lautet:

$$\dot{q} = \alpha(T_S - T_W) \qquad 2.10.1(2)$$

Die an der Oberfläche des Kondensatfilmes frei werdende Kondensationswärme wird durch den Film hindurchtransportiert und an die Wand durch Wärmeleitung übertragen:

$$\dot{q} = -\ \lambda_f \left[\frac{\partial T}{\partial y}\right]_{Wand} \qquad 2.10.1(3)$$

Die Bestimmung von α läuft auf die Bestimmung des Temperaturgefälles $\left[\frac{\partial T}{\partial y}\right]_{Wand}$ hinaus.

Strömt der Film laminar, so ist - wiederum unter Vernachlässigung der lokalen Enthalpieänderung des Kondensatfilmes - der Temperaturverlauf im Film linear und es gilt:

$$\left[\frac{\partial T}{\partial y}\right]_{Wand,x} = \frac{T_S - T_W}{\varepsilon(x)} \qquad 2.10.1(4)$$

*) Die nachstehenden Ausführungen sind unter dem Namen "Nußelt'sche Wasserhauttheorie" bekannt und gehen auf die Arbeit von W. Nußelt "Die Oberflächenkondensation des Wasserdampfes", Z.VDI 60(1916) zurück.

Demnach ist in diesem Fall der lokale Wärmeübergangskoeffizient

$$\alpha_{x,lam} = \frac{\lambda_f}{\varepsilon(x)} \qquad 2.10.1(5)$$

Um den Wärmeübergangskoeffizienten α_x berechnen zu können, muß man also zunächst die Filmdicke ε bestimmen.

Zur Berechnung der Filmdicke machen wir zunächst eine Massenbilanz. Alles Kondensat, was längs des Strömungsweges von 0 bis x angefallen ist, muß durch den Filmquerschnitt an der Stelle x abfließen:

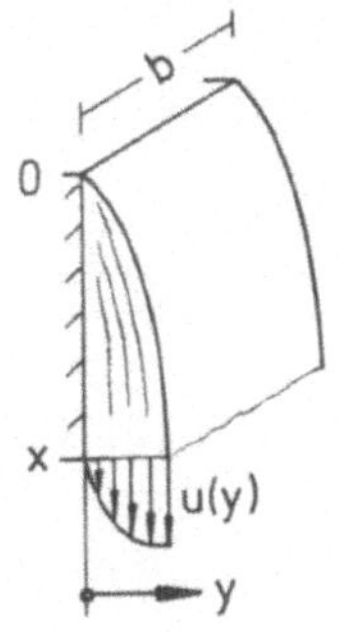

Abb. 2.10.1(2)

$$\int_0^x \dot{n} b dx = \int_0^{\varepsilon(x)} \rho_f \, budy \qquad 2.10.1(6)$$

Hieraus folgt

$$\dot{n} = \rho_f \frac{d}{dx} \int_0^{\varepsilon(x)} udy \qquad 2.10.1(6a)$$

und mit Gl. 2.10.1(1), 2.10.1(3) und 2.10.1(4)

$$\frac{d}{dx} \int_0^{\varepsilon(x)} udy = \frac{\lambda_f (T_S - T_W)}{\rho_f \, \Delta h_v \varepsilon(x)} \qquad 2.10.1(7)$$

In Gl. 2.10.1(7) ist die Geschwindigkeit u als Funktion von y unbekannt. Zur Berechnung dieser Funktion machen wir eine Kräftebilanz:

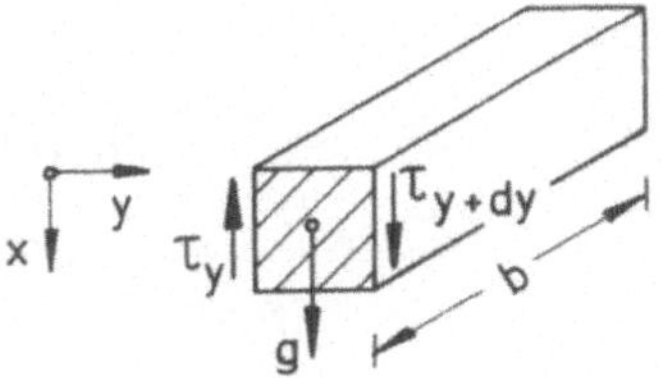

Abb. 2.10.1(3)

$$g\rho_f \, bdxdy + bdx\tau_{y+dy} = bdx\tau_y \qquad 2.10.1(8)$$

Mit

$$\tau_{y+dy} = \tau_y + \frac{d\tau}{dy} dy \qquad 2.10.1(9)$$

folgt aus Gl. 2.10.1(8)

$$\boxed{g\rho_f = -\frac{d\tau}{dy}} \qquad 2.10.1(10)$$

und mit

$$\frac{d\tau}{dy} = \eta_f \frac{d^2u}{dy^2} \qquad 2.10.1(11)$$

folgt aus Gl. 2.10.1(10)

$$\boxed{\frac{d^2u}{dy^2} = -\frac{g}{\nu_f}} \qquad 2.10.1(12)$$

Gl. 2.10.1(12) ist die Differentialgleichung für das Geschwindigkeitsfeld u(y). Die Randbedingungen lauten:

Haftung an der Wand: $u\,(0) = 0$ 2.10.1(13)

Keine Kräfte an der Filmoberfläche: $u'(\varepsilon) = 0$ 2.10.1(14)

Die Lösung der Gl. 2.10.1(12)lautet:

$$u = -\frac{1}{2}\frac{g}{\nu_f}y^2 + C_1\,y + C_2 \qquad 2.10.1(15)$$

Aus den Randbedingungen folgt

$$C_2 = 0 \quad \text{und} \quad C_1 = \frac{g\varepsilon}{\nu_f} \;.$$

Damit erhalten wir

$$\boxed{u = \frac{g}{\nu_f}\left(\varepsilon y - \frac{1}{2}y^2\right)} \qquad 2.10.1(16)$$

Die Integration über y liefert

$$\int_0^{\varepsilon(x)} u dy = \frac{1}{3}\,\frac{g}{\nu_f}\,\varepsilon^3(x) \qquad 2.10.1(17)$$

und die Differentiation nach x:

$$\frac{d}{dx}\int_0^{\varepsilon(x)} u dy = \frac{g}{\nu_f}\,\varepsilon^2\frac{d\varepsilon}{dx} \qquad 2.10.1(18)$$

Dies eingesetzt in Gl. 2.10.1(7)

$$\varepsilon^3 \frac{d\varepsilon}{dx} = \frac{\lambda_f (T_s - T_w) \nu_f}{\rho_f \, \Delta h_v \, g} \qquad 2.10.1(19)$$

Trennung der Variablen und Integration über x ergibt die Filmdicke ε als Funktion der Länge x:

$$\frac{\varepsilon^4}{4} = \frac{\lambda_f (T_s - T_w) \nu_f \, x}{\rho_f \, \Delta h_v \, g} \qquad 2.10.1(20)$$

Gl. 2.10.1(20) nach ε aufgelöst und in Gl. 2.10.1(5) eingesetzt ergibt den lokalen Wärmeübergangskoeffizienten α_x

$$\alpha_{x,lam} = \sqrt[4]{\frac{g \, \rho_f \, \Delta h_v \, \lambda_f^3}{4 \, \nu_f (T_s - T_w) x}} \qquad 2.10.1(21)$$

Für die praktische Anwendung benötigt man den <u>integralen Mittelwert</u>

$$\alpha_{lam} = \frac{1}{L} \int_0^L \alpha_x \, dx \qquad 2.10.1(22)$$

Aus Gl. 2.10.1(21) folgt

$$\boxed{\alpha_{lam} = \frac{2\sqrt{2}}{3} \cdot \sqrt[4]{\frac{g \, \rho_f \lambda_f^3 \Delta h_v}{\nu_f (T_s - T_w) \, L}}} \qquad 2.10.1(23)$$

Gl. 2.10.1(23) läßt sich auch in dimensionsloser Form schreiben. Der Ausdruck $\sqrt[3]{\frac{\nu_f^2}{g}}$ hat die Dimension einer Länge. Wir bilden hiermit eine dimensionslose Wärmeübergangszahl

$$Nu_{Lam} = \frac{\alpha_{lam}}{\lambda_f} \sqrt[3]{\frac{\nu_f^2}{g}} \qquad 2.10.1(24)$$

und eine dimensionslose Länge

$$K_x = \sqrt[3]{\frac{g}{\nu_f^2}} \cdot x \qquad 2.10.1(25a)$$

bzw.

$$\boxed{K_L = \sqrt[3]{\frac{g}{\nu_f^2}} \cdot L} \qquad 2.10.1(25b)$$

Sodann verbleibt noch eine dimensionslose Temperaturdifferenz

$$\boxed{\frac{\lambda_f (T_s - T_w)}{\eta_f \, \Delta h_v} = \frac{c_f (T_s - T_w)}{\Delta h_v} \, \frac{\kappa_f}{\nu_f} = K_T} \qquad 2.10.1(26)$$

Mit diesen Kennzahlen lautet dann Gl. 2.10.(23)

$$Nu_{lam} = \frac{2\sqrt{2}}{3} \cdot \frac{1}{\sqrt[4]{K_L \; K_T}} \qquad 2.10.1(27)$$

Diese Gleichung gilt für laminare Filmströmung.

Wichtig ist festzustellen, daß der Wärmeübergang bei laminarer Filmströmung um so schlechter wird, je größer die Höhe L der gekühlten Wand und je größer der Temperaturunterschied $(T_s - T_w)$ ist. Dies liegt daran, daß bei Zunahme dieser beiden Größen auch die Filmdicke ε zunimmt, womit α nach Gl. 2.10.1(5) abnehmen muß. Diesem Einfluß ist indessen dadurch eine Grenze gesetzt, daß bei zunehmender Filmdicke ε schließlich eine kritische Filmdicke erreicht wird, ab welcher der Film dann <u>turbulent</u> strömt. Bei turbulenter Filmströmung kehren sich nun die Verhältnisse um, d.h. der Wärmeübergang wird mit weiter zunehmender Filmdicke wieder besser. Dies liegt daran, daß mit zunehmender Filmdicke auch die Intensität der turbulenten Mischbewegungen im Innern des Filmes und damit auch der Wärmetransport stark zunehmen. Abb. 2.10.1(4) zeigt das Temperaturprofil im Innern eines turbulent strömenden Kondensatfilmes.

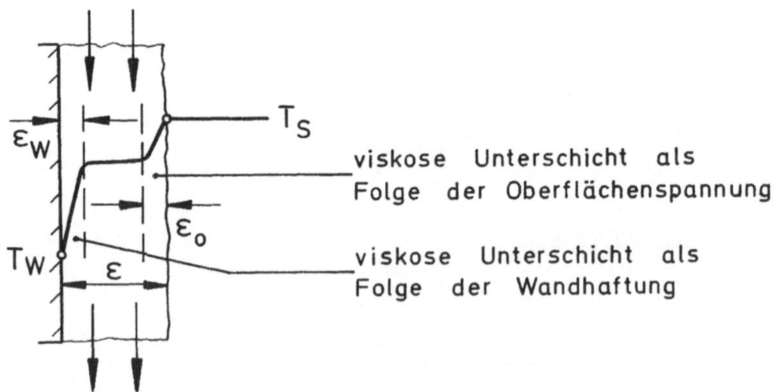

Abb. 2.10.1(4) Temperaturprofil im turbulent strömenden Kondensatfilm

Danach ist die turbulente Kernströmung mit nahezu ausgeglichenem Temperaturprofil von zwei viskosen (laminaren) Unterschichten von der Dicke ε_W in der Nähe der gekühlten Wand und von der Dicke ε_0 in der Nähe der Filmoberfläche begrenzt. Die Wärmeübergangswiderstände liegen hauptsächlich in diesen Unterschichten, so daß

$$\alpha_{x,turb} \cong \frac{\lambda_f}{\varepsilon_W + \varepsilon_0} \qquad 2.10.1(28)$$

ist. Die Dicke dieser Unterschichten nimmt nun mit zunehmender Gesamtdicke des Filmes ab. Indessen läßt sich diese Abnahme nicht a priori berechnen, weshalb man hier auf Versuchsergebnisse angewiesen ist. Letztere haben gezeigt (vgl. F. Blangetti *)), daß auch bei turbulenter Filmströmung der Wärmeübergangskoeffizient Nu von den gleichen Kennzahlen wie bei laminarer Filmströmung, nämlich K_L und K_T abhängt, zusätzlich jedoch auch noch die Prandtl-Zahl des Kondensatfilmes Pr_f einen maßgeblichen Einfluß hat.

Diese Effekte lassen sich erfassen, wenn man den Wärmeübergangskoeffizienten für laminare Filmströmung mit einer entsprechenden empirischen Korrekturfunktion versieht. Demnach gilt allgemein für den mittleren Wärmeübergangskoeffizienten bei der Kondensation ruhender Dämpfe an vertikalen Flächen:

$$Nu = Nu_{lam}\, f\{K_L K_T,\, Pr_f\} \qquad 2.10.1(29)$$

Die Korrekturfunktion hat nach den Versuchen von Blangetti die Form

$$f = \left[1+9\cdot 10^{-7}(K_L K_T)^{1,45}\, Pr_f^{\,1,53}\right]^{0,60} \qquad 2.10.1(30)$$

Sie ist experimentell bis $Pr_f = 20$ belegt.

Nu_{lam} ist nach Gl. 2.10.1(27) zu berechnen. In der Abb. 2.10.1(5) ist Nu über $K_L K_T$ mit Pr_f als Parameter aufgetragen. Alle Kurven durchlaufen ein Minimum, das sich mit steigender Pr_f-Zahl zu kleineren $K_L K_T$-Werten hin verschiebt.

---

*) Blangetti, F.: Lokaler Wärmeübergang bei der Kondensation mit überlagerter Konvektion im vertikalen Rohr, Dissertation Universität Karlsruhe, 1979

Die Darstellung des Wärmeüberganges nach Gl. 2.10.1(29) und 2.10.1(30) ist für die erste Auslegung von Kondensatoren geeignet, da häufig die Höhe der gekühlten Fläche und der Temperaturunterschied vorgegebene Größen sind. Zur Nachrechnung eines ausgeführten Kondensators eignet sich indessen eine Darstellung, in der unmittelbar die ablaufende Kondensatmenge je Längeneinheit der gekühlten Fläche $\dot{N}\{L\}$ als unabhängige Variable enthalten ist. Diese Kondensatmenge tritt unmittelbar in der mit der Filmdicke $\varepsilon\{L\}$ am Kondensatablauf gebildeten Reynolds-Zahl auf. Es ist

$$Re_f\{L\} = \frac{\overline{u}\{L\}\ \varepsilon\ \{L\}}{\nu} \qquad 2.10.1(31)$$

Nun ist die ablaufende Kondensatmenge je Längeneinheit der Filmbreite b

$$\dot{N}\{L\} = \rho_f\ \overline{u}\{L\}\varepsilon\{L\} \qquad 2.10.1(32)$$

Demnach läßt sich die Reynolds-Zahl des ablaufenden Kondensatfilmes auch schreiben

$$Re_f\{L\} = \frac{\dot{N}\{L\}}{\eta_f} \qquad 2.10.1(33)$$

Weiterhin folgt aus der Energiebilanz für den gesamten Kondensatfilm

$$\dot{Q} = b\ \dot{N}\{L\}\ \Delta h_v \qquad 2.10.1(34)$$

und dem kinetischen Ansatz

$$\dot{Q} = bL\alpha(T_s - T_w) \qquad 2.10.1(35)$$

der Zusammenhang

$$Re_f\{L\} = \frac{\alpha L(T_s - T_w)}{\eta_f\ \Delta h_v} \qquad 2.10.1(36)$$

oder entsprechend erweitert

$$\boxed{Re_f\{L\} = Nu\ K_L\ K_T} \qquad 2.10.1(37)$$

Mit Hilfe dieser Beziehung, die die Reynolds-Zahl des ablaufenden Kondensatfilmes mit dem über die gesamte Filmoberfläche gemittelten Wärmeübergangskoeffizienten verknüpft, lassen sich in die Abb. 2.10.1(5) Linien konstanter $Re_f\{L\}$-Zahl einzeichnen, so daß man aus dieser Abbildung auch den Zusammenhang $Nu = Nu\{Re_f\{L\}, Pr_f\}$ ablesen kann.

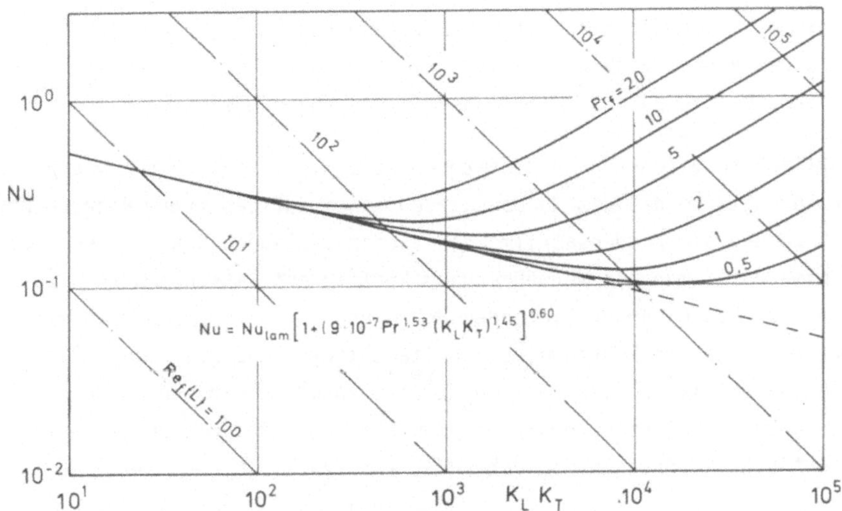

Abb. 2.10.1(5) Mittlerer Wärmeübergangskoeffizient bei der Kondensation von ruhenden Dämpfen an vertikalen ebenen Flächen

Im Hinblick auf die technische Anwendung interessiert auch der Wärmeübergang bei der Kondensation an gekrümmte Flächen, wie z.B. an innen gekühlten, waagerechten Rohren, vgl. Abb. 2.10.1(6).

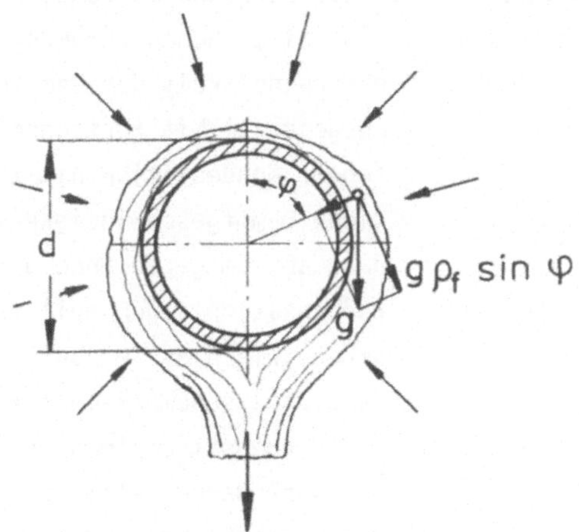

Abb. 2.10.1(6)

Kondensation an innen gekühlten, waagerechten Rohren

Da in diesem Falle nur die Schwerkraftkomponente $g \rho_f \sin\varphi$ in Richtung der Filmströmung wirksam ist, liefert die Rechnung für den laminar ablaufenden Film

$$Nu_{Rohr,waag.} = Nu_{Wand,senkr} \cdot 0,77 \qquad 2.10.1(38)$$

wobei als Höhe der Kühlfläche zur Berechnung von $Nu_{Wand,senkr}$ der Durchmesser d des Rohres einzusetzen ist. Es wird empfohlen, diesen Minderungsfaktor auch bei turbulent ablaufenden Filmen anzuwenden.

In praktisch ausgeführten Kondensatoren werden oft viele Rohre übereinander angeordnet, so daß das Kondensat von einem auf das andere Rohr tropft. Dadurch werden die Kondensatfilme der tiefer liegenden Rohre dicker, was bei laminaren Filmen den Wärmeübergangskoeffizient verschlechtert. Ist z die Zahl der übereinander liegenden Rohre und α_0 der Wärmeübergangskoeffizient der obersten Rohrlage, so sollte entsprechend Gl. 2.10.1(23) bei rein laminarem Film gelten: $\alpha_z = \alpha_0\, z^{-1/4}$. Indessen wird durch das Abtropfen auch Turbulenz erzeugt, was den Wärmeübergang wieder verbessert. Für praktische Rechnungen mag daher der Ansatz

$$\alpha_z = \alpha_0\, z^{-0,1} \qquad 2.10.1(39)$$

empfohlen werden.

2.10.2 Kondensation von strömendem Dampf

Wird Dampf nicht an der Außenseite innengekühlter Rohre, sondern an der Innenseite außengekühlter Rohre kondensiert, so ist der sich bildende Kondensatfilm besonders zu Beginn der Kondensation einer hohen Strömungsgeschwindigkeit des Dampfes ausgesetzt. Mit fortschreitender Kondensation nimmt diese Dampfgeschwindigkeit dann ab, um gegen Ende der Kondensation gegen null zu gehen, wie dies in Abb. 2.10.2(1) schematisch für die Kondensation im senkrechten Rohr dargestellt ist. Durch die Schleppwirkung der Dampfströmung wird erstens die Ablaufgeschwindigkeit des Kondensatfilmes erhöht und damit die Filmdicke verringert und zweitens die Turbulenz im Kondensatfilm

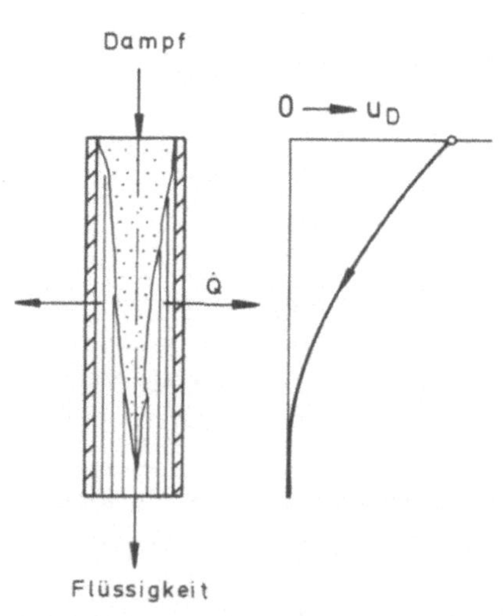

Abb. 2.10.2(1)
Kondensation im vertikalen Rohr

verstärkt. Beide Effekte bewirken eine Erhöhung des Wärmeüberganges. Eine genaue Berechnung dieses Einflusses erfordert wegen der stark veränderlichen Dampfgeschwindigkeit mit dem Strömungsweg eine schrittweise Berechnung der Wärmeübergangskoeffizienten. Hierzu sei auf die Spezialliteratur verwiesen, z.B. F. Blangetti, Dissertation, Karlsruhe 1979.

2.10.3 Kondensation von Dampfgemischen

Bei der Kondensation von Dampfgemischen kondensieren zuerst verstärkt die Komponenten mit dem niedrigeren Dampfdruck (also die schwerflüchtigen Bestandteile) und zuletzt die Komponenten mit dem höheren Dampfdruck (also die leichtflüchtigen Bestandteile). Es findet also während der Kondensation eine teilweise Entmischung statt. Diese Vorgänge können nur zusammen mit den Gesetzen der Stoffübertragung (Diffusion) behandelt werden. Das gleiche gilt auch für die Berechnung des Einflusses inerter Gase, z.B. Luft, auf den Wärmeübergang bei der Kondensation. Es sei an dieser Stelle angemerkt, daß schon die Gegenwart geringster Luftmengen den Wärmeübergang bei der Kondensation von Wasserdampf erheblich herabsetzen kann. Praktisch liegt dieses Problem bei jedem Dampfturbinenkondensator in Kraftwerken vor.

Zu all diesen - technisch sehr wichtigen Fragen - muß an dieser Stelle auf Spezialliteratur verwiesen werden, z.B. VDI-Wärmeatlas, Blätter A 20 bis A 24 und Jb 1 bis Jb 14.

2.11. Wärmeübertragung bei der Verdampfung von Flüssigkeiten

2.11.1 Verdampfung von ruhenden Flüssigkeiten

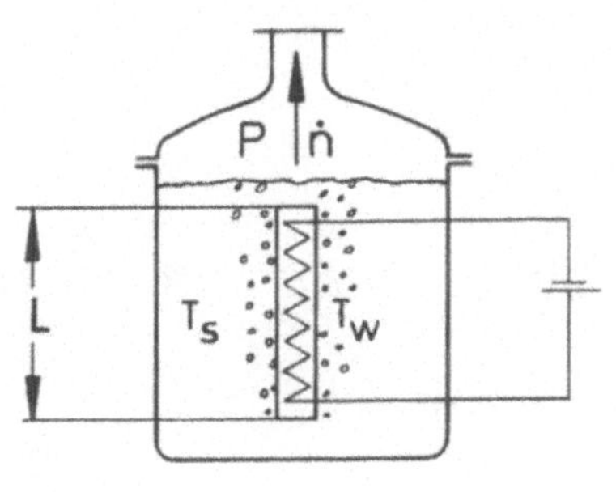

Abb. 2.11.1(1)

Wird eine Flüssigkeit erhitzt, so setzt bei Überschreiten der Siedetemperatur T_s Verdampfung ein. Bei kleinen Übertemperaturen der Wand T_W-T_s findet Verdampfung nur am oberen Flüssigkeitsspiegel statt. Die Wärme wird durch freie Auftriebsströmung von der Heizfläche an die Flüssigkeitsoberfläche transportiert.

Bei größeren Übertemperaturen setzt Dampfblasenbildung an der Heizfläche ein. Die aufsteigenden Dampfblasen erhöhen die Flüssigkeitszirkulation und damit den Wärmeübergang beträchtlich. Bei sehr großen Übertemperaturen schließen sich die Blasen an der Heizfläche zu einem Dampffilm zusammen.

Wegen der schlechten Wärmeleitfähigkeit des Dampfes wird dann der Wärmeübergang wieder sehr schlecht, vgl. Abb. 2.11.1(2).

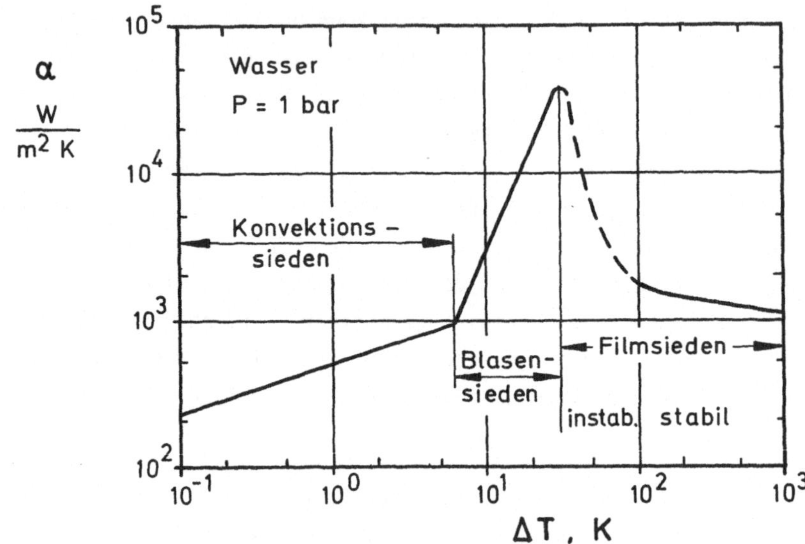

Abb. 2.11.1(2) Wärmeübergangskoeffizient α in Abhängigkeit von Temperaturdifferenz $\Delta T = T_W - T_S$.

a) Konvektionssieden

Im Bereich des Konvektionssiedens gelten die bekannten Wärmeübergangsgleichungen

$$\frac{\alpha L}{\lambda_f} = f\left(\frac{uL}{\nu_f}, \frac{\lambda_f}{\kappa_f}\right) \qquad 2.11.1(1)$$

wobei

$$\frac{uL}{\nu_f} = Re \cong \sqrt{\frac{1}{2,5}\ Gr} \quad \text{ist.} \qquad 2.11.1(2)$$

Hierin ist

$$Gr = \frac{L^3\ g\ \Delta\rho}{\rho\nu_f^2} = \frac{L^3\ g\ \beta\ \Delta T}{\nu_f^2} \qquad 2.11.1(3)$$

mit dem thermischen Ausdehnungskoeffizienten

$$\beta = -\frac{1}{\rho} \cdot \frac{\partial\rho}{\partial T} \; . \qquad 2.11.1(4)$$

Für siedendes Wasser von P = 1 bar ist

$$\beta = 0{,}752 \cdot 10^{-3} \; [1/K]$$

und

$$\nu_f = 0{,}295 \cdot 10^{-6} \; [m^2/s]$$

Bei einer Plattenlänge von z.B. L = 10 cm und einer Temperaturdifferenz von ΔT = 5 K ergibt sich dann eine Grashofzahl von

$$Gr = \frac{0{,}10^3 \cdot 9{,}81 \cdot 0{,}752 \cdot 10^{-3}\; 5}{0{,}295^2 \cdot 10^{-12}} = 4{,}24 \cdot 10^8$$

Daraus folgt $Re = \sqrt{\frac{4{,}24}{2{,}5}} \cdot 10^4$. Dies liegt im Übergangsbereich zwischen laminarer und turbulenter Strömung. In diesem Bereich kann man die Gl. 2.7.4(1) durch folgenden Ausdruck approximieren

$$\frac{\alpha L}{\lambda_f} = 0{,}180 \; \sqrt[3]{Pr_f} \cdot \sqrt[3]{Re_f^{\,2}} \qquad 2.11.1(5)$$

oder

$$\frac{\alpha L}{\lambda_f} = 0{,}180 \; \sqrt[3]{Pr_f} \cdot \sqrt[3]{\frac{L^3 g \, \beta_f \, \Delta T}{2{,}5 \cdot \nu_f^{\,2}}} \qquad 2.11.1(5a)$$

Da sich die Länge L herauskürzt, bildet man zweckmäßig wie schon bei der Kondensation die Nußelt-Zahl wie folgt:

$$\frac{\alpha}{\lambda_f} \cdot \sqrt[3]{\frac{\nu_f^{\,2}}{g}} = Nu \qquad 2.11.1(6)$$

Damit erhält man für den Bereich des Konvektionssiedens:

$$\boxed{Nu = 0{,}135 \cdot \sqrt[3]{Pr_f} \cdot \sqrt[3]{\beta_f \, \Delta T}} \qquad 2.11.1(7)$$

Tatsächlich gemessene Wärmeübergangszahlen liegen etwas höher, da einige wenige Dampf- und Gasblasen, die den Auftrieb verstärken, auch in diesem Bereich immer vorhanden sind.

b) Blasensieden

Auch beim Blasensieden ist die Plattenoberfläche noch vollständig benetzt und es existiert eine dünne Flüssigkeitsunterschicht, in der die Flüssigkeit durch die Auftriebswirkung der Blasen nach oben strömt. Auch dies ist ein Vorgang der Wärmeübertragung bei freier Konvektion, so daß zur Berechnung des Wärmeübergangs eine im Prinzip ähnlich aufgebaute Gleichung wie die Gl. 2.11.1(7) zu erwarten ist. Indessen ist wegen des großen Dichteunterschiedes zwischen Dampfblasen und Flüssigkeit die Intensität der Auftriebsströmung viel stärker als beim Konvektionssieden. Führt man für das zweiphasige Gemisch aus Flüssigkeit und Dampfblasen ebenfalls einen Ausdehungskoeffizienten

$$\beta_{Gemisch} = \frac{1}{\rho_{Gemisch}} \cdot \frac{\partial \rho_{Gemisch}}{\partial T} \qquad 2.11.1(8)$$

ein, so lautet die auf das Blasensieden übertragene Gl. 2.11.1(7) in ihrem Kern

$$\alpha \sim \sqrt[3]{\beta_{Gemisch}\ \Delta T} \qquad 2.11.1(9)$$

Nun ist einzusehen, daß $\beta_{Gemisch}$ selbst sehr stark mit zunehmendem Temperaturunterschied ΔT zunimmt, da die Zahl der sich bildenden Blasen ebenfalls mit wachsendem Temperaturunterschied ΔT durch vermehrte Blasenkeimstellenaktivierung stark ansteigt. Die Abhängigkeit des Gemischausdehnungskoeffizienten $\beta_{Gemisch}$ von den äußeren Einflußgrößen wie Stoffwerte der siedenden Flüssigkeit, Druck und Temperatur, Art und Beschaffenheit der Heizkörperoberfläche (Rauhigkeit, Gasgehalt) u.a.m. ist sehr verwickelt und bis heute noch nicht hinreichend geklärt. Man ist hier allein auf Versuche angewiesen. Letztere haben ergeben, daß

$$\beta_{Gemisch} \sim \Delta T^{m} \qquad 2.11.1(10)$$

gesetzt werden kann, wobei der Exponent m beim Sieden unter Normaldruck im Mittel etwa den Wert 6 hat. Damit folgt aus Gl. 2.11.1(9) für den Wärmeübergang im Bereich des Blasensiedens bei Normaldruck die Proportionalität

$$\alpha \sim \Delta T^{7/3} \qquad 2.11.1(11)$$

Bei hohen Drücken ist m kleiner, bei niedrigen dagegen größer, was auch an Hand der Gl. 2.11.1(8) verständlich ist, da sich mit steigendem Druck die Gemischdichte immer mehr der Flüssigkeitsdichte nähert, und demzufolge der Gemischausdehnungskoeffizient gegen den Flüssigkeitsausdehnungskoeffizienten gehen muß.

Lassen wir zunächst den Einfluß des Druckes außer acht und schreiben für den Wärmeübergang bei Normaldruck, d.h. bei p = 1 bar und der zugehörigen Siedetemperatur $T_s(1 bar)$

$$\alpha = C_o \left[\frac{\Delta T}{T_s}\right]^{7/3} \qquad 2.11.1(12)$$

so gilt für C_o nach einer von K. Stephan*) an Hand von Versuchsergebnissen aufgestellten Korrelation

$$C_o = 2{,}12 \cdot 10^{-4} \frac{\lambda_f^2}{\nu_f \, \sigma} \cdot \left[\frac{\rho_d \Delta h_v R_p}{\gamma^2 \, \sigma}\right]^{4/9} \cdot T_s \qquad 2.11.1(13)$$

Hierin bedeuten λ_f die Wärmeleitfähigkeit und ν_f die kinematische Viskosität der Flüssigkeit, σ die Oberflächenspannung und γ der Randwinkel der Flüssigkeit, ρ_d die Dichte des Dampfes und Δh_v die Verdampfungsenthalpie bei 1 bar. R_p ist die sog. Rauhigkeitstiefe der Heizfläche nach DIN 4762. Danach gilt etwa für

feinstgeschliffene Flächen		$R_p \approx 0{,}1$ µm
feingeschlichtete	"	$R_p \approx 1$ µm
geschlichtete	"	$R_p \approx 10$ µm
geschruppte/geputzte	"	$R_p > 100$ µm

Nachstehend sind einige Zahlenwerte für C_o bei einer Rauhigkeitstiefe von R_p = 1 µm aufgeführt.

---

*) Stephan, K., CIT 35(1963), 775/784

Stoff		p_c/bar	T_c/°C	T_s(1bar)/°C	T_s/K	$C_o/\frac{W}{m^2K}$
H_2O	Wasser	221,2	374,2	+100	373,1	$10{,}61 \cdot 10^6$
NH_3	Ammoniak	112,6	132,3	-33,4	239,7	$8{,}51 \cdot 10^6$
CH_3Cl	Methylchlorid	66,8	143,1	-23,7	249,4	$3{,}33 \cdot 10^6$
SO_2	Schwefeldioxyd	78,8	157,5	-10,0	263,1	$3{,}26 \cdot 10^6$
CHF_2Cl	Frigen 22	49,3	96,0	-40,8	232,3	$1{,}76 \cdot 10^6$
CF_3Cl	Frigen 13	38,6	28,8	-81,5	191,6	$1{,}67 \cdot 10^6$
$CHF\,Cl_2$	Frigen 21	51,7	178,5	+ 8,9	282,0	$1{,}38 \cdot 10^6$
CF_2Cl_2	Frigen 12	40,1	111,5	-29,8	243,3	$1{,}06 \cdot 10^6$
$CF\,Cl_3$	Frigen 11	43,8	198,0	+23,7	275,8	$0{,}91 \cdot 10^6$
$C_2F_4Cl_2$	Frigen 114	32,6	145,7	+ 4,1	277,2	$0{,}73 \cdot 10^6$
$C_2F_3Cl_3$	Frigen 113	34,1	214,1	+47,6	320,7	$0{,}73 \cdot 10^6$

Trägt man die Konstanten C_o über der Molmasse der Stoffe auf, so erhält man folgendes Bild:

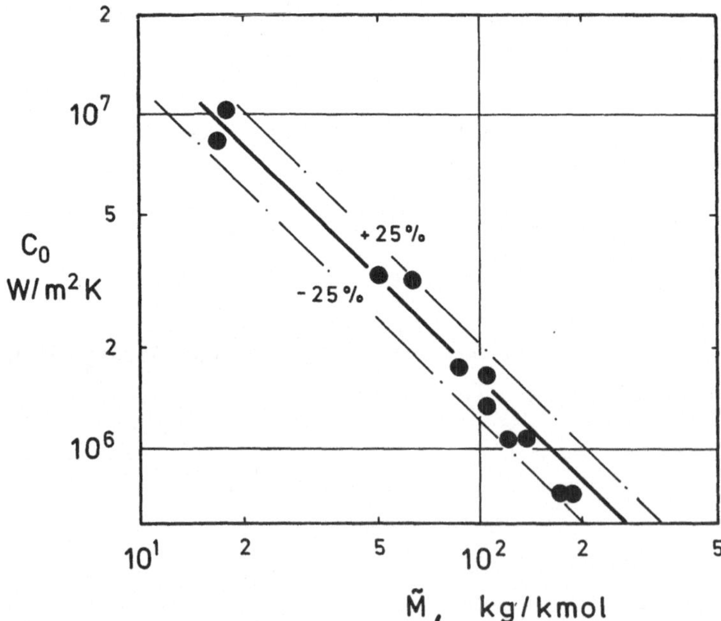

Abb. 2.11.1(3) Der Vorfaktor C_o in Gl. 2.11.1(12) als Funktion der Molmasse $\tilde{M}$.

Die Ausgleichsgerade in Abb. 2.11.1(3) folgt der Formel

$$C_o = \frac{1{,}6 \cdot 10^8}{\tilde{M}} \qquad 2.11.1(14)$$

Hiermit lassen sich in erster Näherung Wärmeübergangskoeffizienten beim Sieden anderer Flüssigkeiten bei p = 1 bar abschätzen.

Kennt man den Wärmeübergang beim Sieden unter Normaldruck (p_o = 1 bar), so kann man diesen auf andere Drücke nach der empirischen Formel von Haffner*) umrechnen ($\dot{q}$ = const)

$$\alpha(p) = \alpha(p_o)\,\frac{f\left(\frac{p}{p_c}\right)}{f\left(\frac{p_o}{p_c}\right)} \qquad 2.11.1(15)$$

worin

$$f\left(\frac{p}{p_c}\right) = 0{,}7 + \frac{p}{p_c}\left(8 + \frac{2}{1-\frac{p}{p_c}}\right) \qquad 2.11.1(16)$$

Für Wasser z.B. ergibt eine Steigerung des Druckes von 1 bar auf 10 bar eine Verbesserung des Wärmeüberganges nach dieser Gleichung um 54 % (bei $\dot{q}$ = const).

Wie aus der Abb. 2.11.1(2) ersichtlich, gibt es einen kritischen Temperaturunterschied ΔT_{krit}, der bei Wasser von 1 bar etwa bei 30°C liegt, bei dem ein maximaler Wärmeübergangskoeffizient α und damit auch eine maximal übertragbare Wärmestromdichte

$$_{max}\dot{q} = {_{max}\alpha}\ \Delta T_{krit} \qquad 2.11.1(17)$$

erreicht wird. Beim Überschreiten dieser kritischen Temperaturdifferenz schließen sich die Dampfblasen zu einem die Heizfläche überziehenden Dampffilm zusammen und der Wärmeübergang wird wieder sehr schlecht. Für diese maximal übertragbare Wärmestromdichte hat man aus Versuchen folgende Berechnungsformel entwickelt, siehe auch VDI-Wärmeatlas, Blatt Ha 18:

$$\boxed{_{max}\dot{q} = 0{,}14\ \Delta h_v \sqrt{\rho_d}\ \sqrt[4]{g\sigma(\rho_f-\rho_d)}} \qquad 2.11.1(18)$$

*) Haffner, H., Forschungsbericht des Bundesministerium für Bildung und Wissenschaft, FB-K70/24

In dieser Gleichung sind alle Größen in SI-Einheiten einzusetzen. Für siedendes Wasser bei 100 °C ergibt sich mit $\Delta h_v = 2257{,}3 \cdot 10^3$ J/kg, $\rho_d = 0{,}597$ kg/m³, $\rho_f = 958{,}1$ kg/m³ und $\sigma = 58{,}8 \cdot 10^{-3}$ N/m ein Wert für $_{max}\dot{q} = 1{,}18 \cdot 10^6$ W/m². Mit Gl. 2.11.1(18) ist die obere Grenze des Existenzbereiches des Blasensiedens angegeben. Das nachfolgende Filmsieden ist von geringerem technischen Interesse (ausgenommen jedoch z.B. Abschrecken von Stahl in Wasser) und soll hier nicht behandelt werden.

Gemäß Gl. 2.11.1(7) und 2.11.1(12) ist der Wärmeübergangskoeffizient α beim Sieden ruhender Flüssigkeiten in erster Linie vom Temperaturunterschied zwischen Heizfläche und Sättigungstemperatur $\Delta T = T_W - T_S(p)$ abhängig.

Die Abb. 2.11.1(4) zeigt $\alpha = \alpha(\Delta T)$ für Wasser bei verschiedenen Drücken für die Bereiche des Konvektions- und des Blasensiedens. In diese Abbildung sind auch Linien konstanter Wärmestromdichte $\dot{q}$ eingetragen, die sich entsprechend der Definitionsgleichung $\alpha = \dot{q}/\Delta T$ als Geraden mit der Steigung -1 abbilden.

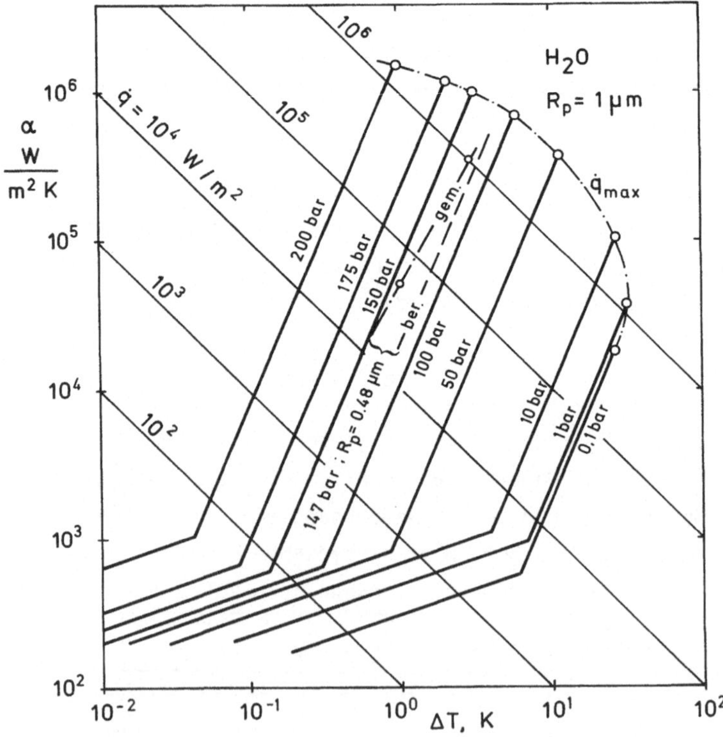

Abb. 2.11.1(4) Wärmeübergang beim Behältersieden von Wasser

Mit Hilfe dieser Definitionsgleichung kann man die Funktion $\alpha = \alpha\{\Delta T\}$ auch in die Form $\alpha = \alpha\{\dot{q}\}$ bringen. Es folgt aus

$$\alpha = C_o' \, \Delta T^{7/3} \qquad 2.11.1(19)$$

mit $C_o' = C_o T_s^{-7/3}$ der Zusammenhang

$$\alpha = (C_o')^{3/10} \, \dot{q}^{7/10} \qquad 2.11.1(20)$$

Setzt man hierin $\dot{q} = {}_{max}\dot{q}$ nach Gl. 2.11.1(18) ein, so erhält man daraus den maximalen Wärmeübergangskoeffizienten beim Blasensieden. Für Wasser bei 1 bar folgt ${}_{max}\alpha$ = 36 130 W/m²K. Daraus folgt der kritische Temperaturunterschied zu 32,7 K.

2.11.2 Auslegung von Verdampfern zur Verdampfung ruhender Flüssigkeiten

Betrachten wir einen Röhrenkesselapparat zur Abkühlung von Wasser mit verdampfendem Frigen 12, wie er in der Abb. 2.11.2(1) dargestellt ist.

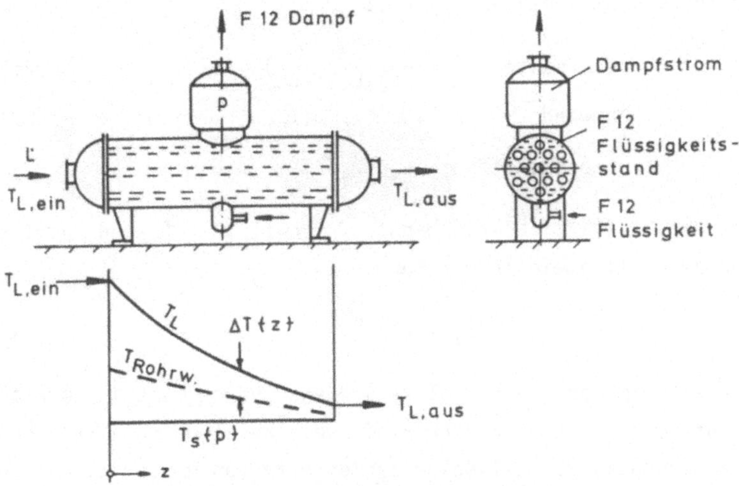

Abb. 2.11.2(1) Röhrenkesselverdampfer zur Abkühlung von Wasser mit verdampfendem Frigen 12

Das von $T_{L,ein}$ auf $T_{L,aus}$ abzukühlende Wasser durchströmt die Rohre, das Frigen verdampft im Mantelraum. Die Siedetemperatur des Frigens $T_s\{p\}$ ist durch den Kesseldruck vorgegeben und konstant. Der mittlere Wärmeübergangskoeffizient auf der Wasserseite α_L kann nach den Gleichungen aus dem Abschnitt 2.5 berechnet werden. Der lokale Wärmeübergangskoeffizient auf der Wasserseite ist auf der Wassereintrittsseite etwas höher wegen der im Abschnitt 2.7.4 beschriebenen Einlaufeffekte, jedoch kann man dies vernachlässigen und α_L auch lokal als konstant ansehen.

Anders hingegen sind die Verhältnisse auf der Frigenseite. Dort ist nach Gl. 2.11.1(12) der Wärmeübergangskoeffizient α_S stark vom lokalen Temperaturunterschied zwischen der Rohrwand und dem siedenden Frigen $\Delta T = T_R - T_S$ abhängig. Da dieser wegen der Wasserabkühlung längs des Strömungsweges stark abnimmt, nimmt auch α_S längs des Strömungsweges stark ab. Würde man in diesem Fall mit einem mittleren Wärmeübergangskoeffizienten auf der Frigenseite rechnen, so würde man doch größere Fehler machen. Wir müssen daher für diesen Fall die im Abschnitt 1.4 beschriebene Berechnungsmethode zur Bestimmung des mittleren Wärmedurchgangskoeffizienten k aus den jeweiligen mittleren Wärmeübergangskoeffizienten α_j entsprechend erweitern.

Wir beginnen wieder mit den kinetischen Ansätzen für den Wärmestrom an einer beliebigen Stelle z im Apparat:

$$\text{Wasserseite} \quad \dot{q} = \alpha_L(T_L - T_{RL}) \qquad 2.11.2(1)$$

$$\text{Rohrwand} \quad \dot{q} = \alpha_R(T_{RL} - T_{RS}) \qquad 2.11.2(2)$$

$$\text{Frigenseite} \quad \dot{q} = \alpha_S(T_{RS} - T_S) \qquad 2.11.2(3)$$

vgl. auch Abb. 1.4(1). Hierin hängt α_S von $(T_{RS} - T_S)$ und damit auch von $\dot{q}$ ab, und zwar allgemein in der Form

$$\alpha_S = C\,\dot{q}^n \qquad 2.11.2(4)$$

wobei n = 7/10 im Bereich des Blasensiedens und n = 1/4 im Bereich des Konvektionssiedens ist. Wir führen die weitere Rechnung allgemein durch, so daß das Ergebnis für beliebige Zahlenwerte von n benutzt werden kann. Die Elimination der Rohrwandtemperaturen in den Gln. 2.11.2(1) bis 2.11.2(3) ergibt:

$$\dot{q}\left\{\frac{1}{\alpha_L} + \frac{1}{\alpha_R} + \frac{1}{C\dot{q}^n}\right\} = T_L - T_S \quad . \qquad 2.11.2(5)$$

Andererseits lautet die Energiebilanz an der Stelle z

$$\dot{q}\, dA + c_L\, \dot{L}\, dT_L = 0 \qquad 2.11.2(6)$$

Die Elimination von T_L liefert

$$\left\{\frac{1}{\alpha_L} + \frac{1}{\alpha_R} + \frac{1-n}{C\dot{q}^n}\right\} \frac{d\dot{q}}{\dot{q}} + \frac{dA}{c_L \dot{L}} = 0 \qquad 2.11.2(7)$$

Die Integration ergibt

$$\boxed{A = c_L \dot{L} \left[\left(\frac{1}{\alpha_L} + \frac{1}{\alpha_R}\right) \ln \frac{\dot{q}_{ein}}{\dot{q}_{aus}} + \frac{1-n}{n\,C} \left\{\frac{1}{\dot{q}^n_{aus}} - \frac{1}{\dot{q}^n_{ein}}\right\}\right]} \qquad 2.11.2(8)$$

Man sieht, daß sich die Austauschfläche A auch mit Hilfe der Wärmestromdichten am Wasserein- und Austritt $\dot{q}_{ein}$ bzw. $\dot{q}_{aus}$ berechnen läßt. Diese Wärmestromdichten müssen ihrerseits iterativ aus Gl. 2.11.2(5) bestimmt werden:

$$\dot{q}_{ein} \left[\frac{1}{\alpha_L} + \frac{1}{\alpha_R} + \frac{1}{C\dot{q}^n_{ein}}\right] = T_{L,ein} - T_s \qquad 2.11.2(9)$$

und

$$\dot{q}_{aus} \left[\frac{1}{\alpha_L} + \frac{1}{\alpha_R} + \frac{1}{C\dot{q}^n_{aus}}\right] = T_{L,aus} - T_s \qquad 2.11.2(10)$$

Beachten muß man, ob der gesamte Apparat im Bereich des Blasensiedens oder im Bereich des Konvektionssiedens arbeitet oder beide Bereiche längs des Strömungsweges des Wassers durchlaufen werden. Den entsprechenden Umschlagspunkt findet man, indem man

$$C_{KS}\, \dot{q}_{Um}^{\,n_{KS}} = C_{BS}\, \dot{q}_{Um}^{\,n_{BS}} \qquad 2.11.2(11)$$

setzt, wobei die Indizes KS und BS Konvektions- bzw. Blasensieden bedeuten. Mit der so bestimmten Wärmeflußdichte am Umschlagspunkt kann man dann die zugehörige Wassertemperatur am Umschlagspunkt aus Gl. 2.11.2(5) bestimmen

$$\dot{q}_{Um} \left[\frac{1}{\alpha_L} + \frac{1}{\alpha_R} + \frac{1}{C\dot{q}^n_{Um}}\right] = T_{L,Um} - T_s \qquad 2.11.2(12)$$

Sodann berechnet man die zugehörigen Flächenanteile A_{KS} und A_{BS} nach Gl. 2.11.2(8). Die Summe beider Anteile ist dann gleich der erforderlichen Gesamtfläche des Verdampfers.

2.11.3 Verdampfung strömender Flüssigkeiten

In zahlreichen Fällen (Dampferzeuger in Kraftwerken, Luftkühlern u.a.m.) strömt die zu verdampfende Flüssigkeit durch außen beheizte senkrechte oder waagerechte Rohre. In diesen Fällen ist der Wärmeübergang stets besser als bei ruhenden Flüssigkeiten. Diese Verbesserung macht sich um so stärker bemerkbar, je höher die Strömungsgeschwindigkeit ist. Da letztere mit zunehmendem Dampfgehalt stark ansteigt, ist einzusehen, daß der Wärmeübergang längs des Strömungsweges stark veränderlich ist. Die Angabe von mittleren Wärmeübergangskoeffizienten ist in diesem Falle wenig sinnvoll. Der Verlauf des lokalen Wärmeübergangskoeffizienten folgt ziemlich verwickelten Gesetzmäßigkeiten, so daß hier auf Spezialliteratur verwiesen werden muß.*)

2.12. Wärmeübertragung durch Strahlung

2.12.1 Strahlung fester Oberflächen

Die Wärmeübertragung zwischen Oberflächen fester Körper kann nach zwei Methoden ermittelt werden, der sog. "Reflexionsmethode" und der sog. "Hohlraummethode". Wir wollen zunächst nach der Reflexionsmethode vorgehen, da sie anschaulicher ist, dann aber auch die Hohlraummethode kennenlernen, da sie in vielen praktischen Fällen schneller zum Ziel führt.

Den Energieaustausch zwischen zwei planparallelen Platten, deren Ausdehnung groß gegen ihren Abstand ist, berechnen wir nach der Reflexionsmethode wie folgt:

---

*) Bandel, J.: Druckverlust und Wärmeübergang bei der Verdampfung siedender Kältemittel im durchströmten waagerechten Rohr, Diss. Universität Karlsruhe, 1973.

Steiner, D.: Wärmeübergang und Druckverlust von siedendem Stickstoff bei verschiedenen Drücken im waagerechten durchströmten Rohr, Diss. Universität Karlsruhe, 1975.

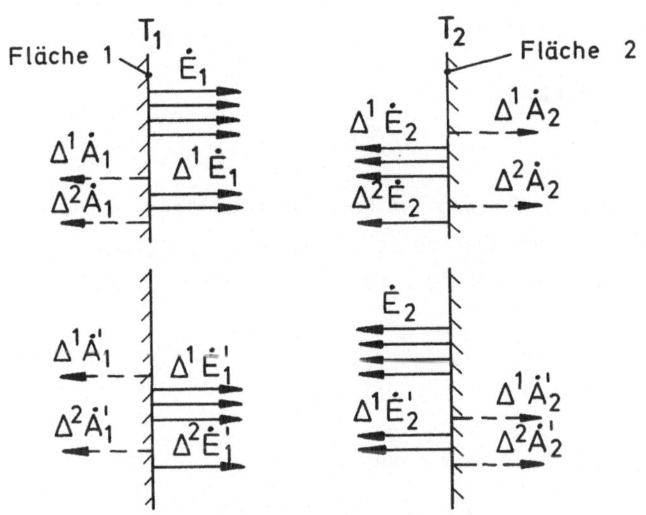

Abb. 2.12.1(1) Wärmeübertragung durch Strahlung zwischen zwei planparellelen Platten nach der Reflexionsmethode

Die Energie, die von der Fläche 1 ausgestrahlt wird, ist

$$\dot{E}_1 = \varepsilon_1 \, C_s \, T_1^{\,4} \qquad 2.12.1(1)$$

Von dieser Energie wird an der Fläche 2 der Anteil

$$\Delta^1 \dot{A}_2 = a_2 \, \dot{E}_1 \qquad 2.12.1(2)$$

absorbiert. a_2 ist der Absorptionskoeffizient der Fläche 2, der zwischen null und eins liegen muß. Der verbleibende Energieanteil wird von der Fläche 2 reflektiert.

$$\Delta^1 \dot{E}_2 = \dot{E}_1(1-a_2) \qquad 2.12.1(3)$$

Von diesem reflektierenden Anteil wird von der Fläche 1 der Anteil

$$\Delta^1 \dot{A}_1 = a_1 \, \Delta^1 \dot{E}_2 = \dot{E}_1(1-a_2)a_1 \qquad 2.12.1(4)$$

absorbiert und davon wieder der Anteil

$$\Delta^1 \dot{E}_1 = \Delta^1 \dot{E}_2(1-a_1)=\dot{E}_1 \, (1-a_2)(1-a_1) \qquad 2.12.1(5)$$

auf die Fläche 2 zurückgestrahlt. Hiervon absorbiert die Fläche 2 wieder den Betrag

$$\Delta^2 \dot{A}_2 = \Delta^1\dot{E}_1 a_2 = \dot{E}_1(1-a_2)(1-a_1)a_2 \qquad 2.12.1(6)$$

und sie reflektiert

$$\Delta^2 \dot{E}_2 = \Delta^1\dot{E}_1(1-a_2) = \dot{E}_1(1-a_2)^2(1-a_1) \qquad 2.12.1(7)$$

und so fort. Dieser Vorgang ist durch die Pfeile in der oberen Bildhälfte der Abb. 2.12.1(1) veranschaulicht. Demnach erhält die Fläche 1 von der eigenen ausgesandten Energie $\dot{E}_1$ die Summe aller Beträge $\Delta^j A_1$ wieder zurück:

$$\sum_{j=1}^{j=\infty} \Delta^j\dot{A}_1 = \dot{E}_1(1+k+k^2+k^3+..)(1-a_2)a_1 \qquad 2.12.1(8)$$

Hierin ist $k = (1-a_2)(1-a_1)$. Nun ist

$$1+k+k^2+k^3+\ldots = \frac{1}{1-k} \qquad 2.12.1(9)$$

so daß

$$\sum_{j=1}^{j=\infty} \Delta^j \dot{A}_1 = \frac{\dot{E}_1(1-a_2)a_1}{1-k} \qquad 2.12.1(10)$$

ist. In der gleichen Weise verfolgen wir nun den Weg der von der Fläche 2 ausgesandten Strahlung. Es ist

$$\dot{E}_2 = \varepsilon_2 C_s T_2^4 \qquad 2.12.1(11)$$

$$\Delta^1 \dot{A}_1' = a_1 \dot{E}_2$$

$$\Delta^1 \dot{E}_1' = \dot{E}_2(1-a_1)$$

$$\Delta^1 \dot{A}_2' = \dot{E}_2(1-a_1)a_2$$

$$\Delta^1 \dot{E}_2' = \dot{E}_2(1-a_1)(1-a_2)$$

$$\Delta^2 \dot{A}_1' = \dot{E}_2(1-a_1)(1-a_2)a_1$$

und so fort. Die Summe aller $\Delta^j \dot{A}_1'$ ergibt dann die Energie, die die Fläche 1 von der Fläche 2 erhalten hat.

$$\sum_{j=1}^{j=\infty} \Delta^j \dot{A}_1' = \dot{E}_2(1+k+k^2+k^3+..)a_1 \qquad 2.12.1(12)$$

$$\sum_{j=1}^{j=\infty} \Delta^j \dot{A}_1' = \frac{\dot{E}_2 a_1}{1-k} \qquad 2.12.1(13)$$

Die insgesamt von der Fläche 1 abgegebene Energie ist dann

$$\dot{q} = \dot{E}_1 - \sum_{j=1}^{j=\infty} \Delta^j \dot{A}_1 - \sum_{j=1}^{j=\infty} \Delta^j \dot{A}_1' \qquad 2.12.1(14)$$

Daraus folgt

$$\dot{q} = \dot{E}_1 - \frac{\dot{E}_1(1-a_2)a_1 + \dot{E}_2\, a_1}{1 - k} \qquad 2.12.1(15)$$

oder

$$\dot{q} = \frac{\dot{E}_1\, a_2 - \dot{E}_2\, a_1}{a_1 + a_2 - a_1\, a_2} \qquad 2.12.1(15)$$

Haben nun beide Flächen die gleiche Temperatur, so muß Gleichgewicht herrschen, d.h. $\dot{q} = 0$ sein. Daraus folgt aus Gl. 2.12.1(15) mit Gl. 2.12.1(11)

$$\varepsilon_1 a_2 = \varepsilon_2 a_1 \qquad 2.12.1(16)$$

oder

$$\frac{\varepsilon_1}{a_1} = \frac{\varepsilon_2}{a_2} \qquad 2.12.1(17)$$

Da nun ε_1 und ε_2 erstens voneinander unabhängig sind und zweitens auch den Wert 1 annehmen können, muß gelten

$$\varepsilon_1 = a_1 \qquad 2.12.1(18)$$

$$\varepsilon_2 = a_2 \qquad 2.12.1(19)$$

Gl. 2.12.1(18) und 2.12.1(19), die besagen, daß die Emissionszahl ε gleich der Absorptionszahl a ist, nennt man das Kirchhoff'sche*) Gesetz. Damit folgt nun für die zwischen den beiden Platten durch Strahlung ausgetauschte Energie oder die Wärmeflußdichte

$$\dot{q} = \frac{C_s}{\frac{1}{\varepsilon_1} + \frac{1}{\varepsilon_2} - 1} (T_1^4 - T_2^4) \qquad 2.12.1(20)$$

---

*) Kirchhoff, Gustav Robert, 1824-1887

Definiert man noch einen sog. kombinierten Strahlungskoeffizienten

$$\dot{q} = C_{12}\,(T_1^{\,4} - T_2^{\,4}) \qquad 2.12.1(21)$$

so ist im Falle planparalleler Platten, deren Ausdehnung groß gegen ihren Abstand ist

$$C_{12} = \frac{C_s}{\frac{1}{\varepsilon_1} + \frac{1}{\varepsilon_2} - 1} \qquad 2.12.1(22)$$

Zu dem gleichen Ergebnis gelangt man mit der Hohlraummethode, mit der man das Problem jedoch gleich auf eine beliebige Anzahl von Flächen, die einen geschlossenen Hohlraum bilden, ausgedehnt, lösen kann, siehe auch VDI-Wärmeatlas, Blatt Ka 5. Wir verwenden bei dieser Methode folgende Begriffe:

$\dot{H}_i$, d.i. die insgesamt auf die Fläche A_i auftreffende flächenbezogene Strahlung,[W/m^2], auch Helligkeit genannt.

$\dot{B}_i$, d.i. die insgesamt von der Fläche A_i ausgesandte flächenbezogene Strahlung,[W/m^2]. Sie setzt sich zusammen aus der Eigenemission $\dot{E}_i = \varepsilon_i C_s T_i^{\,4}$ und dem reflektierten Anteil der auftreffenden Strahlung $r_i \dot{H}_i$, wobei $r_i = 1-\varepsilon_i = 1-a_i$ für strahlungsundurchlässige Oberflächen ist.

Aus dieser Definition folgt

$$\dot{B}_i = \dot{E}_i + r_i\,\dot{H}_i \qquad 2.12.1(23)$$

Der Nettoenergiestrom, den die Fläche A_i mit allen anderen Flächen A_k(k = 1,2,3..n) austauscht, ist

$$\dot{Q}_i = A_i(\dot{B}_i - \dot{H}_i) \qquad 2.12.1(24)$$

Die insgesamt auf die Fläche A_i auftreffende Strahlung ist gleich der Summe von allen Flächen (k = 1,2,3..n) ausgesandten und auf die Fläche A_i auftreffenden Strahlung

$$A_i\dot{H}_i = \sum_{k=1}^{n} A_k\,\dot{B}_k\,\varphi_{ki} \qquad 2.12.1(25)$$

Darin ist φ_{ki} das sog. "Winkelverhältnis", auch "Einstrahlzahl" genannt. Es ist eine rein geometrische Größe, für die folgende Relationen gelten

$$\sum_{k=1}^{n} \varphi_{ik} = 1 \,, \qquad 2.12.1(26)$$

da das Gesamtsystem ein geschlossener Hohlraum ist und

$$A_k \, \varphi_{ki} = A_i \, \varphi_{ik} \,, \qquad 2.12.1(27)$$

da bei Temperaturgleichheit $T_i = T_k$ die Nettoenergieströme $\dot{Q}_i$ verschwinden müssen. Aus den Gln. 2.12.1(23), 2.12.1(25), 2.12.1(27) folgt ein Gleichungssystem zur Bestimmung der $\dot{B}_i$:

$$\boxed{\dot{B}_i = \dot{E}_i + r_i \sum_{k=1}^{n} \dot{B}_k \varphi_{ik}} \quad (i=1,2,3..n) \qquad 2.12.1(28)$$

Ferner folgt aus den Gln. 2.12.1(23) und 2.12.1(24)

$$\boxed{\dot{Q}_i = A_i \frac{\varepsilon_i}{1-\varepsilon_i} (\dot{E}_{si} - \dot{B}_i)} \qquad 2.12.1(29)$$

Andererseits läßt sich die Gl. 2.12.1(24) mit Hilfe von Gl. 2.12.1(25) und 2.12.1(27) in die Form

$$\boxed{\dot{Q}_i = \sum_{k=1}^{n} \dot{B}_{ik}} \qquad 2.12.1(30)$$

mit

$$\boxed{\dot{B}_{ik} = A_i \, \varphi_{ik}(\dot{B}_i - \dot{B}_k)} \;{}^{*)} \qquad 2.12.1(31)$$

bringen. Die Gleichungen 2.12.1(29,30,31) sind bei kleinen Zahlen n (n = 1,2,3) einfacher zu lösen als das Gleichungssystem 2.12.1(28).

Wir wenden nun diese Hohlraummethode auf den Fall an, daß der Hohlraum von nur zwei Flächen gebildet wird. Darunter fallen zwei planparallele Flächen, deren Abstand klein gegen ihre Ausdehnung ist, sowie Körper, die sich im Innern eines (sehr langen) Hohlzylinders oder einer Hohlkugel befinden.

---

*) Vorsicht!! Die Größe $\dot{B}_{ik}$ wird z.T. in der Literatur als $\dot{Q}_{ik}$ bezeichnet. Sie ist aber nur für n=2 oder für ε_i=1 (schwarze Körper) mit dem aus der Reflexionsmethode folgenden Nettostrom $\dot{Q}_{ik}$ identisch.

Aus Gl. 2.12.1(30) folgt

$$\dot{Q}_1 = \dot{B}_{11} + \dot{B}_{12} \qquad 2.12.1(32)$$

$$\dot{Q}_2 = \dot{B}_{21} + \dot{B}_{22} \quad . \qquad 2.12.1(33)$$

Nun sind nach Gl. 2.12.1(31) alle $\dot{B}_{ii} \equiv 0$ und in Verbindung mit Gl. 2.12.1(27) alle $\dot{B}_{ik} = - \dot{B}_{ki}$. Daraus folgt

$$\dot{Q}_1 = - \dot{Q}_2 \qquad 2.12.1(34)$$

Ferner folgt

$$\dot{Q}_1 \frac{1-\varepsilon_1}{A_1\varepsilon_1} = \dot{E}_{s1} - \dot{B}_1 \qquad \text{aus Gl. 2.12.1(29)}$$

$$\dot{Q}_1 \frac{1}{\varphi_{12}A_1} = \dot{B}_1 - \dot{B}_2 \qquad \text{aus Gl. 2.12.1(30 und 34)}$$

$$\dot{Q}_1 \frac{1-\varepsilon_2}{A_2\varepsilon_2} = \dot{B}_2 - \dot{E}_{s2} \qquad \text{aus Gl. 2.12.1(29 und 34)}$$

Die Addition dieser Gleichungen liefert

$$\boxed{\dot{Q}_1 = \frac{\varphi_{12}\, A_1 C_s (T_1^{\,4} - T_2^{\,4})}{1+\varphi_{12}\left[\left(\frac{1}{\varepsilon_1} - 1\right) + \frac{A_1}{A_2}\left(\frac{1}{\varepsilon_2} - 1\right)\right]}} \qquad 2.12.1(35)$$

In dieser Gleichung ist noch das Winkelverhältnis φ_{12} unbekannt. Das Winkelverhältnis φ_{12} gibt an, welche Strahlungsenergie, die von der Fläche A_1 ausgeht, auf die Fläche A_2 auftrifft. Dieses wird für Flächen, bei denen die Richtungsverteilung der ausgesandten Strahlung dem sog. "Lambert'schen Cosinusgesetz" folgt, wie folgt berechnet. Die von einem Flächenelement ΔA_1 ausgesandte Strahlung in Abhängigkeit des Winkels gegen die Flächennormale ist

$$\dot{B}_1 = \dot{B}_{1,n} \cos \varphi_1 \qquad \text{(Lambert'sches Gesetz)}$$

worin $\dot{B}_{1,n}$ die Strahlungsdichte normal zum Flächenelement ΔA_1 ist. Dann ist die insgesamt im Raumwinkel $d\Omega$ enthaltene Strahlungsdichte

$$d\dot{B}_1 = \dot{B}_{1,n} \cos \varphi_1 \, d\Omega \qquad 2.12.1(36)$$

worin

$$d\Omega = \sin \varphi_1 \, d\varphi_1 \, d\psi \qquad 2.12.1(37)$$

ist, vgl. Abb. 2.12.1(2).

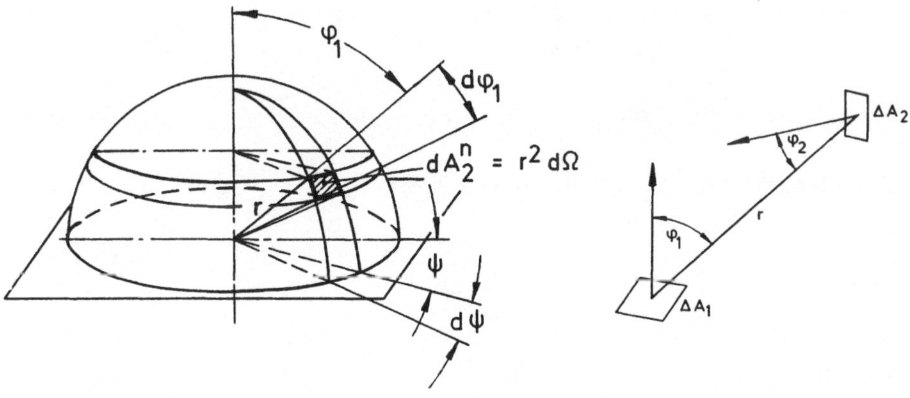

Abb. 2.12.1(2) Zur Berechnung des Winkelverhältnisses zwischen den Flächenelementen ΔA_1 und ΔA_2.

Die Strahlungsdichte an der Stelle, an der sich das normal zum Abstandsvektor liegende Flächenelement ΔA_2^n befindet, beträgt dann

$$\dot{B}_{1,r} = \Delta A_1 \frac{d\dot{B}_1}{dA_2{}^n} \qquad 2.12.1(38)$$

und die von diesem Flächenelement aufgenommene Strahlungsenergie

$$\dot{B}_{12} = \dot{B}_{1,r}\, \Delta A_2{}^n \qquad 2.12.1(39)$$

Nun ist das normal zu r liegende Element

$$dA_2{}^n = r \sin \varphi_1\, d\psi\;\; rd\, \varphi_1 \qquad 2.12.1(40)$$

und das unter einem Winkel φ_2 liegende Element

$$dA_2 = \frac{dA_2{}^n}{\cos \varphi_2} \qquad 2.12.1(41)$$

Damit folgt

$$\dot{B}_{12} = \dot{B}_{1,n}\, \Delta A_1 \frac{\cos \varphi_1 \cos \varphi_2}{r^2} \Delta A_2 \qquad 2.12.1(42)$$

Die insgesamt vom Flächenelement ΔA_1 abgegebene Strahlungsenergie berechnet sich nach Gl. 2.12.1(36), 2.12.1(37) zu

$$\dot{B}_1 = \dot{B}_{1,n} \int_0^{2\pi} \int_0^{\frac{\pi}{2}} \sin \varphi_1 \cos \varphi_1 \, d\varphi_1 \, d\psi \qquad 2.12.1(43)$$

$$\dot{B}_1 = \pi \dot{B}_{1,n} \qquad 2.12.1(43a)$$

Das Winkelverhältnis φ_{12} ist definiert durch

$$\varphi_{12} = \frac{\dot{B}_{12}}{\dot{B}_1 \, \Delta A_1} \qquad 2.12.1(44)$$

und wir erhalten für den Strahlungsaustausch zwischen zwei Flächenelementen ΔA_1 und ΔA_2

$$\boxed{\Delta A_1 \, \varphi_{12} = \frac{1}{\pi} \, \frac{\cos \varphi_1 \cos \varphi_2}{r^2} \, \Delta A_1 \, \Delta A_2} \qquad 2.12.1(45a)$$

und analog

$$\boxed{\Delta A_2 \, \varphi_{21} = \frac{1}{\pi} \, \frac{\cos \varphi_1 \cos \varphi_2}{r^2} \, \Delta A_1 \, \Delta A_2} \qquad 2.12.1(45b)$$

Liegt z.B. das Flächenelement ΔA_2 in Form einer kleinen Kreisscheibe mit der Fläche πR_2^2, dem Flächenelement ΔA_1 in großem Abstand senkrecht gegenüber, so ist nach Gl. 2.12.1(45)

$$\varphi_{12} = \left\{\frac{R_2}{r}\right\}^2 \qquad 2.12.1(46)$$

vgl. Abb. 2.12.1(3)

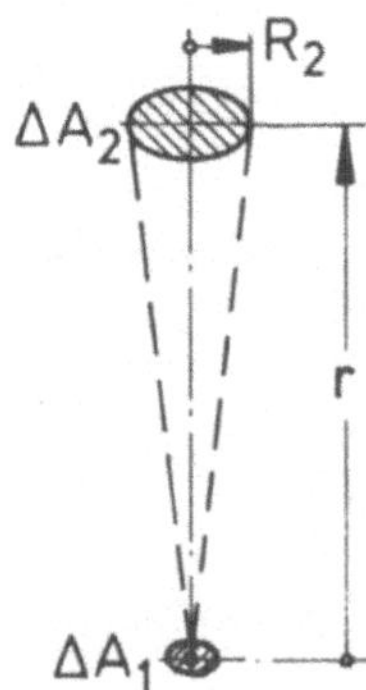

Abb. 2.12.1(3)

Winkelverhältnis φ_{12} für zwei senkrecht gegenüberliegende Flächenelemente, deren Abstand r groß gegen ihre Ausdehnung ist.

Das andere Extrem liegt vor, wenn die Fläche A_2 unendlich ausgedehnt ist.

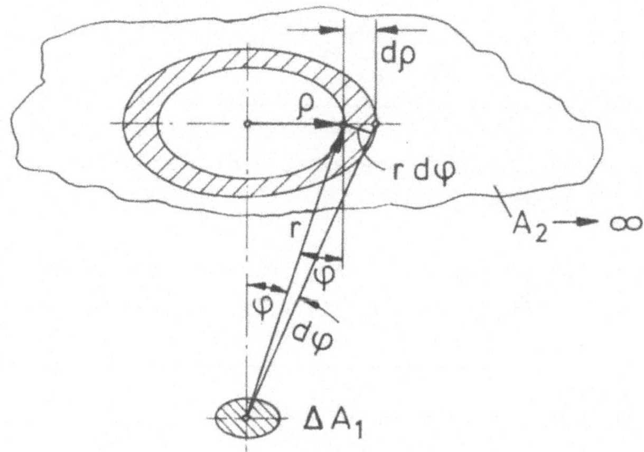

Abb. 2.12.1(4) Winkelverhältnis φ_{12} für $A_2 \to \infty$, $A_2 \parallel \Delta A_1$

In diesem Falle muß über alle Flächenelemente ΔA_2 summiert werden, wodurch Gl. 2.12.1(45) übergeht in

$$\Delta A_1 \ \varphi_{12} = \frac{1}{\pi} \ \Delta A_1 \int\limits_0 \frac{\cos \varphi_1 \ \cos \varphi_2}{r^2} \, dA_2 \qquad 2.12.1(47)$$

Im vorliegenden Fall ist $\varphi_1 = \varphi_2 = \varphi$ und $dA_2 = 2\pi\rho d\rho$ mit $\rho = r \sin\varphi$ und $d\rho = rd\varphi/\cos\varphi$. Damit erhält man aus Gl. 2.12.1(47)

$$\varphi_{12} = 2 \int\limits_0^{\pi/2} \sin\varphi \ \cos\varphi \ d\varphi = 1 \qquad 2.12.1(48)$$

Dieses Ergebnis ist nicht überraschend, da sämtliche von ΔA_1 ausgehenden Strahlen die unendlich ausgedehnte Fläche A_2 treffen müssen. Da dies auch dann der Fall ist, wenn man das Flächenelement ΔA_1 ebenfalls gegen Unendlich gehen läßt, gilt allgemein

$$\varphi_{12} = 1$$

für alle vollständig von A_2 abgeschatteten oder umschlossenen Flächen A_1. Damit folgt aus Gl. 2.12.1(35) für planparallele Platten, deren Abstand klein gegen ihre Ausdehnung ist und deren Flächen gleich sind

$$\boxed{\dot{Q}_1 = \dot{Q}_{12} = \frac{A\,C_s}{\frac{1}{\varepsilon_1} + \frac{1}{\varepsilon_2} - 1}\,(T_1{}^4 - T_2{}^4)} \qquad 2.12.1(49)$$

Dies ist das gleiche Ergebnis, wie es auch die Reflexionsmethode geliefert hatte, vgl. Gl. 2.12.1(20).

Für umschlossene Körper (Kugeln, lange Zylinder), vgl. Abb. 2.12.1(5), bei denen stets $A_1 < A_2$ ist, folgt aus Gl. 2.12.1(35) mit $\varphi_{12} = 1$

$$\boxed{\dot{Q}_1 = \dot{Q}_{12} = \frac{A_1\,C_s}{\frac{1}{\varepsilon_1} + \frac{A_1}{A_2}\left(\frac{1}{\varepsilon_2} - 1\right)}(T_1{}^4 - T_2{}^4)} \qquad 2.12.1(50)$$

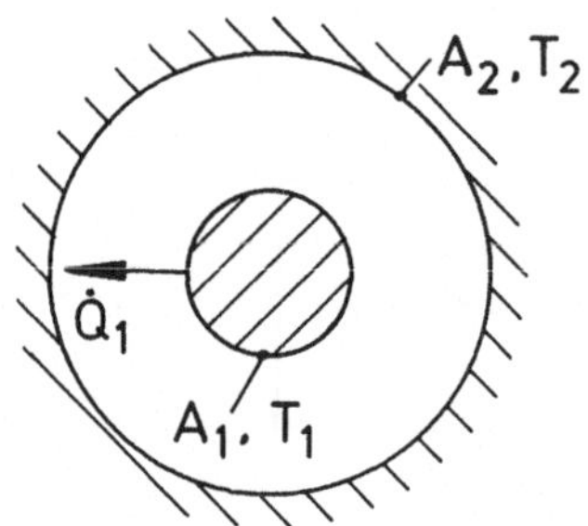

Abb. 2.12.1(5)
Strahlungswärmeaustausch zwischen konzentrischen Flächen

Ist die Fläche A_2 viel größer als die Fläche A_1, so vereinfacht sich die Gl. 2.12.1(50) zu

$$\dot{Q}_{12} = A_1\,\varepsilon_1\,C_s\,(T_1{}^4 - T_2{}^4) \qquad 2.12.1(51)$$

Winkelverhältnisse zwischen Flächen, die sich nicht völlig umschließen, müssen nun durch Summation aller lokalen Winkelverhältnisse, die den Flächenelementen ΔA_1 zugeordnet sind, berechnet werden. Gl. 2.12.1(47) geht dann über in

$$\boxed{A_1\,\varphi_{12} = \frac{1}{\pi}\int_{A_2}\int_{A_1}\frac{\cos\varphi_1\,\cos\varphi_2}{r^2}\,dA_2\,dA_1} \qquad 2.12.1(52)$$

Für zwei planparallele Platten endlicher Ausdehnung, die sich mit dem Abstand S gegenüberstehen, liefert das Doppelintegral

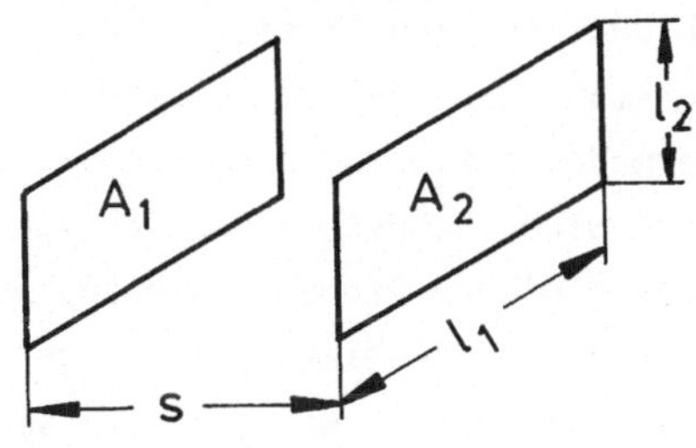

Abb. 2.12.1(6)
Zum Winkelverhältnis φ_{12}

$$\varphi_{12} = \frac{1}{\pi}\left\{\frac{1}{BC}\ln\frac{(1+B^2)(1+C^2)}{1+B^2+C^2} - \frac{2}{B}\operatorname{arctg} C - \frac{2}{C}\operatorname{arctg} B + \frac{2}{C}\sqrt{1+C^2}\operatorname{arctg}\frac{B}{\sqrt{1+C^2}} + \frac{2}{B}\sqrt{1+B^2}\operatorname{arctg}\frac{C}{\sqrt{1+B^2}}\right\} \qquad 2.12.1(53)$$

Hierin sind $B = \frac{l_2}{S}$ und $C = \frac{l_1}{S}$.
Für sehr lange Platten, d.h. $l_1 \to \infty$ erhält man aus Gl. 2.12.1(47)

$$\lim_{C\to\infty} \varphi_{12} = \frac{\sqrt{1+B^2} - 1}{B} \qquad 2.12.1(54)$$

und für sehr lange sowie gleichzeitig sehr schmale Platten folgt

$$\lim_{C\to\infty, B\to 0} \varphi_{12} = \frac{B}{2} = \frac{l_2/2}{S} \qquad 2.12.1(55)$$

In diesem Falle ist φ_{12} einfach gleich dem halben Sehwinkel, eine Tatsache, die oft als erste Abschätzung benutzt werden kann.

Winkelverhältnisse für weitere Konfiguration findet man u.a. im VDI-Wärmeatlas, Blätter Kb 1 bis Kb 10.

2.12.2 Strahlung von Gasen

Neben den festen und flüssigen Körpern emittiert und absorbiert auch ein Teil der Gase Energie durch Wärmestrahlung. Es handelt sich hierbei um Gase, deren Atome im Molekülverband so schwingen, daß der elektrische Schwerpunkt des Moleküls eine resultierende Schwingung ausführt und somit das Molekül zu einem abstrahlenden Dipol wird. Demnach können Edelgase, aber auch alle zweiatomige Gase, die aus gleichen Atomen bestehen, wie z.B. N_2, O_2, H_2 etc. nicht strahlen. Man nennt sie diatherman. Dagegen sind z.B. H_2O, CO_2, CO, SO_2, HCl, NH_3 etc. mehr oder weniger wirksame Strahler, die innerhalb enger Wellenbereiche ausstrahlen bzw. absorbieren.

Die Intensität der Gasstrahlung hängt von der Anzahl der im Strahlengang befindlichen Moleküle ab. Die von einer Fläche A_1 innerhalb der Absorptionsbanden der Gasmoleküle ausgesandte Strahlungsenergie $\dot{\underset{\sim}{E}}_w$ wird im Verlaufe ihres Weges durch eine angrenzende Gasschicht von der Dichte $\tilde{\rho}_g$ und der Dicke S_g nach einem Exponentialgesetz

$$\dot{\underset{\sim}{E}}(s) = \dot{\underset{\sim}{E}}_w \, e^{-a_s \tilde{\rho}_g S_g} \qquad 2.12.2(1)$$

geschwächt. Darin ist a_s der spezifische Absorptionskoeffizient, der von der Gasart abhängt. Der vom Gas absorbierte Energieanteil ist dann

$$\dot{\underset{\sim}{E}}_{abs} = \dot{\underset{\sim}{E}}_w - \dot{\underset{\sim}{E}}(s) \qquad 2.12.2(2)$$

$$\dot{\underset{\sim}{E}}_{abs} = \dot{\underset{\sim}{E}}_w (1-e^{-a_s \tilde{\rho}_g S_g})$$

oder mit dem volumetrischen Absorptionskoeffizienten

$$a_g = 1-e^{-a_s \tilde{\rho}_g S_g} \qquad 2.12.2(3)$$

$$\dot{\underset{\sim}{E}}_{abs} = a_g \cdot \dot{\underset{\sim}{E}}_w \qquad 2.12.2(4)$$

Läßt man die Anzahl der absorbierenden Gasmoleküle, d.h. das Produkt $\tilde{\rho}_g S_g$ gegen Unendlich gehen, so wird die gesamte von der Fläche A_1 ausgesandte Energie absorbiert und es ist $\dot{\underset{\sim}{E}}_{abs} = \dot{\underset{\sim}{E}}_w$. Ist $\dot{\underset{\sim}{E}}_w$ die gesamte von der Fläche A_1 im gesamten Wellenlängenbereich ausgesandte Energie, so kann von dieser maximal der Anteil

$$_{max}\dot{\underset{\sim}{E}}_{abs} = a_{g\infty}\, \dot{\underset{\sim}{E}}_W \qquad 2.12.2(5)$$

absorbiert werden. Für endliche Molekülzahlen ist dann

$$\dot{\underset{\sim}{E}}_{abs} = a_{g\infty}\, a_g\, \dot{\underset{\sim}{E}}_W \qquad 2.12.2(6)$$

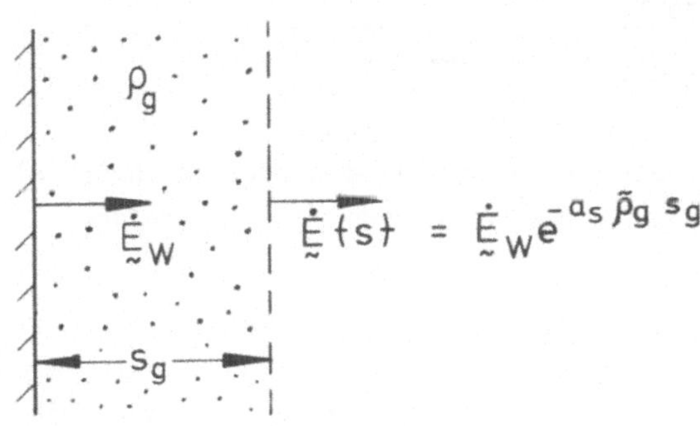

Abb. 2.12.2(1)

Absorption von Strahlungsenergie in einer Gasschicht der Dicke S_g

Hierin ist

$$\dot{\underset{\sim}{E}}_W = \varepsilon_W\, C_s\, T_W^4 \qquad 2.12.2(7)$$

die von der Wand ausgesandte graue Strahlung mit dem Emissionsvermögen ε_W der Wand. Andererseits emittiert auch das strahlende Gas

$$\dot{\underset{\sim}{E}}_{em} = \varepsilon_{g\infty}\, \varepsilon_g\, \dot{\underset{\sim}{E}}_g \qquad 2.12.2(8)$$

oder

$$\dot{\underset{\sim}{E}}_{em} = \varepsilon_{g\infty}\, \varepsilon_g\, C_s\, T_g^4 \qquad 2.12.2(9)$$

Nach dem Kirchhoff'schen Satz sind bei Temperaturgleichheit Absorptions- und Emissionskoeffizienten gleich, d.h. $a_g = \varepsilon_g$ und $a_{g\infty} = \varepsilon_{g\infty}$. Sieht man davon ab, daß beide Koeffizienten mehr oder weniger temperaturabhängig sein können, so läßt sich für die vom Gas absorbierte Energie nach Gl. 2.12.2(6) auch schreiben

$$\dot{\underset{\sim}{E}}_{abs} = \varepsilon_{g\infty}\, \varepsilon_g\, \varepsilon_W\, C_s\, T_W^4 \qquad 2.12.2(10)$$

Aus den Gln. 2.12.2(10) und 2.12.2(9) erhält man sodann z.B. nach der Reflexionsmethode für den Nettoenergiestrom $\dot{Q}_{gW}$ zwischen einem Gasvolumen und einer dieses einschließenden Fläche A_W

$$\boxed{\dot{Q}_{gw} = \frac{\varepsilon_{g\infty}\varepsilon_g\varepsilon_w\, C_s\, A_w}{\varepsilon_w(\varepsilon_{g\infty} - \varepsilon_g) + \varepsilon_g}(T_g{}^4 - T_w{}^4)} \qquad 2.12.2(11)$$

Der Vorfaktor in Gl. 2.12.2(11) ist das resultierende Emissionsverhältnis

$$\varepsilon_{gw} = \frac{\varepsilon_{g\infty}\,\varepsilon_g\,\varepsilon_w}{\varepsilon_w(\varepsilon_{g\infty}-\varepsilon_g)+\varepsilon_g} = \frac{1}{\frac{1}{\varepsilon_g} + \frac{1}{\varepsilon_{g\infty}}(\frac{1}{\varepsilon_w} - 1)} \qquad 2.12.2(12)$$

Für den Fall, daß die abstrahlende Wand ein nahezu schwarzer Strahler ist, d.h. $\varepsilon_w \to 1$, was z.B. bei Feuerraumwänden häufig zutrifft, vereinfacht sich Gl. 2.12.2(12)zu

$$\varepsilon_{gw} \cong \varepsilon_g\varepsilon_w \qquad 2.12.2(13)$$

Die Werte für $\varepsilon_{g\infty}$ sind nur durch Extrapolation abschätzbar. Für die technisch wichtigen Rauchgasbestandteile CO_2 und H_2O gelten etwa folgende Werte

$$CO_2: \quad \varepsilon_{g\infty} \cong 0{,}22$$

$$H_2O: \quad \varepsilon_{g\infty} \cong 0{,}80$$

Zur Berechnung von ε_g benötigt man den spez. Absorptionskoeffizienten a_s. Er ist leider - auch nicht für jeweils ein bestimmtes Gas - keine Konstante, sondern hängt in nicht einfacher Weise sowohl von der Gasdichte ρ_g als auch von der Schichtdicke und von der Temperatur ab. Dabei gilt, daß a_s mit steigender Gasdichte und zunehmender Schichtdicke abnimmt. Für Wasserdampf bei 1000 °C ist z.B.

$$a_s = 275\,\frac{m^2}{kmol} \quad \text{bei} \quad \tilde{\rho}_g S_g = 9{,}2\cdot 10^{-5}\ kmol/m^2$$

$$a_s = 145\,\frac{m^2}{kmol} \quad \text{bei} \quad \tilde{\rho}_g S_g = 9{,}2\cdot 10^{-4}\ kmol/m^2$$

$$a_s = 51\,\frac{m^2}{kmol} \quad \text{bei} \quad \tilde{\rho}_g S_g = 9{,}2\cdot 10^{-3}\ kmol/m^2$$

$$a_s = 16{,}6\,\frac{m^2}{kmol} \quad \text{bei} \quad \tilde{\rho}_g S_g = 5{,}5\cdot 10^{-2}\ kmol/m^2$$

Weitere Angaben, auch für andere Gase finden sich im VDI-Wärmeatlas, Blatt Kc5 u.f.

2.13 Möglichkeiten zur Verbesserung des Wärmeüberganges

Zur Verbesserung des Wärmeüberganges in Wärmeübertragern, Verdampfern und Kondensatoren gibt es eine Vielzahl von Möglichkeiten. In jedem Fall läßt sich der Wärmeübergang verbessern

1. durch Erhöhung der Strömungsgeschwindigkeiten
2. durch wiederholte Unterbrechung des Strömungsweges.

Beide Maßnahmen haben zur Folge, daß einmal die Verweilzeit kurz und damit das Temperaturgefälle an der Wand $(\partial T/\partial y)_{Wand}$ steil wird und zum anderen turbulente Strömungszustände herbeigeführt werden. Beides erhöht den Wärmeübergang. Andererseits ist insbesondere einer Erhöhung der Strömungsgeschwindigkeit durch die damit verbundene starke Zunahme des Druckverlustes eine Grenze gesetzt. Zu hohe Pumpleistungen für die durch den Wärmeübertrager zu fördernden Flüssigkeiten oder Gase ergeben zu hohe Betriebskosten. Andererseits ergeben sich durch den bei höheren Strömungsgeschwindigkeiten verbesserten Wärmeübergang kleinere Apparateabmessungen und damit geringere Investitionskosten. Es existieren demnach optimale Strömungsgeschwindigkeiten, bei denen die Summe von Betriebs- und Investitionskosten ein Minimum wird. Für Flüssigkeiten liegen derartige optimale Geschwindigkeiten in der Größenordnung von 0,2 bis 2 m/s und bei Gasen unter Normaldruck von 5 bis 50 m/s.

Neben diesen allgemeinen Maßnahmen, wie Steigerung der Strömungsgeschwindigkeit und Verkürzung des Strömungsweges, gibt es eine Reihe spezieller Maßnahmen zur Verbesserung des Wärmeüberganges. Eine häufig angewandte ist die Anbringung von Rippen zur Vergrößerung der Wärmeübertragungsfläche. Diese Maßnahme ist insbesondere dann vorteilhaft, wenn der Wärmeübergangskoeffizient auf der einen Seite des Strömungskanals viel schlechter ist als auf der anderen. Dies ist z.B. der Fall, wenn man Frigen durch Kühlung mit Luft kondensieren will, wie dies bei Haushaltskühlschränken oder Gefriertruhen erforderlich ist.

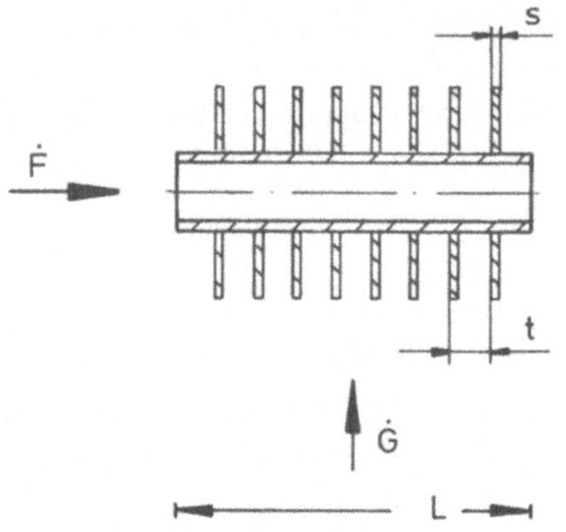

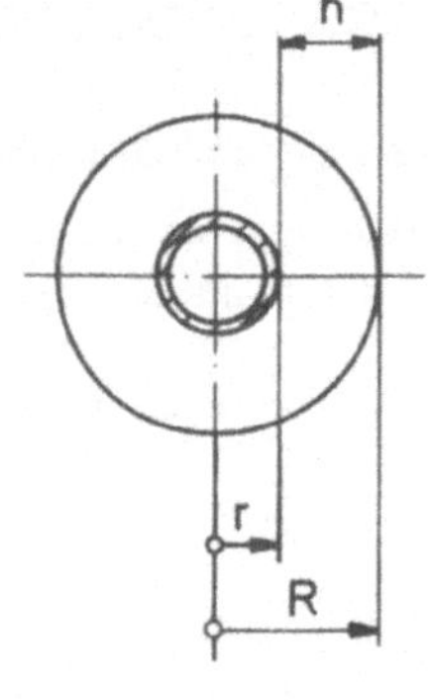

Abb. 2.13(1) Rippenrohr

Rippenrohre werden hergestellt durch Aufwickeln von Flachstahl auf das Kernrohr mit anschließender Verzinkung oder durch Aufpressen von Kreis- oder Rechteckscheiben. Die Abb. 2.13.(1) zeigt ein Kreisrippenrohr, das z.B. zur Abkühlung eines Luftstromes $\dot{G}$ mit Hilfe eines Kühlwasserstromes $\dot{F}$ Verwendung finden könnte. Dabei muß die Wärme zunächst von der Luft an die Oberfläche der Rippen A_{rR} übertragen, sodann durch den Querschnitt der Rippen $f_{rR} \cong \pi(r+R)s$ an das Kernrohr geleitet und von dort schließlich an das Kühlwasser übertragen werden.

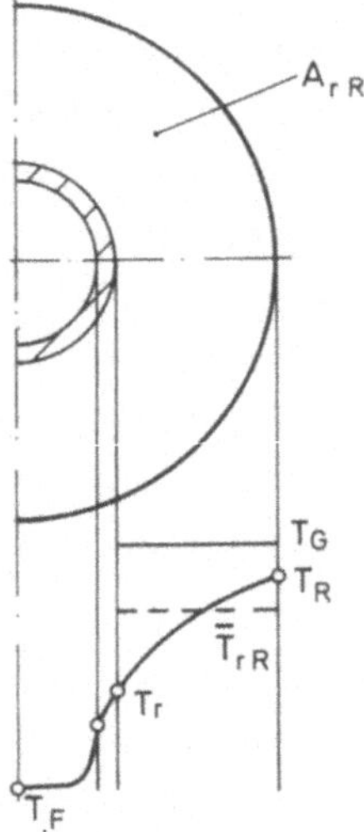

Abb. 2.13(2) Temperaturverlauf in der Rippe

Da zur Wärmeableitung durch den Rippenquerschnitt ein Temperaturgefälle erforderlich ist, muß die Temperatur an der Rippenschneide höher sein als am Rippenfuß. Aus diesem Grunde ist die mittlere Temperatur der Rippe $\bar{T}_{rR}$ höher als die Temperatur am Rippenfuß, d.h. an der Rohroberfläche. Daher ist auch der für die Wärmeübertragung von der Luft an die Rippenoberfläche zur Verfügung stehende Temperaturunterschied $(T_G - \bar{T}_{rR})$ geringer als der Temperaturunterschied zwischen Luft und Rohroberfläche $(T_G - T_r)$.

Man definiert einen sog. Rippenwirkungsgrad

$$\eta_R = \frac{T_G - \overline{T}_{rR}}{T_G - T_r} \qquad 2.13(1)$$

Demnach ist der von der Luft an die Rohroberfläche übertragene Wärmestrom

$$\dot{Q} = \alpha_G(\eta_R A_{rR} + A_r)(T_G - T_r) \qquad 2.13(2)$$

worin

$$A_{rR} = z\, 2\pi (R^2 - r^2) \qquad 2.13(3)$$

die Oberfläche von z Rippen (unter Vernachlässigung der Fläche der Rippenschneide) ist. A_r ist die zwischen den Rippen verbleibende freie Rohroberfläche

$$A_r = 2\pi r\,(L - z\,s) \qquad 2.13(4)$$

Man erkennt, daß die Rippenfläche A_R je nach Wirkungsgrad η_R nur zum Teil für die Wärmeübertragung von der Luft an das Kernrohr nutzbar gemacht werden kann. Es erhebt sich daher die Frage, wovon dieser Rippenwirkungsgrad abhängt und wie er vorausberechnet werden kann.

Berechnung von Rippenwirkungsgraden

Eine mathematisch einfache Lösung des Problems erhält man für den Fall der sog. ebenen Rippe, die dann vorliegt, wenn die Rippenhöhe h klein gegen den Innenradius r ist, vgl. Abb. 2.13(3).

Es sei zunächst dieser Fall behandelt.

Der Rippenwirkungsgrad läßt sich berechnen, wenn der Temperaturverlauf T(z) bekannt ist. Zur Berechnung dieses Verlaufes gehen wir aus von der Energiebilanz am Volumenelement bsdz und erhalten:

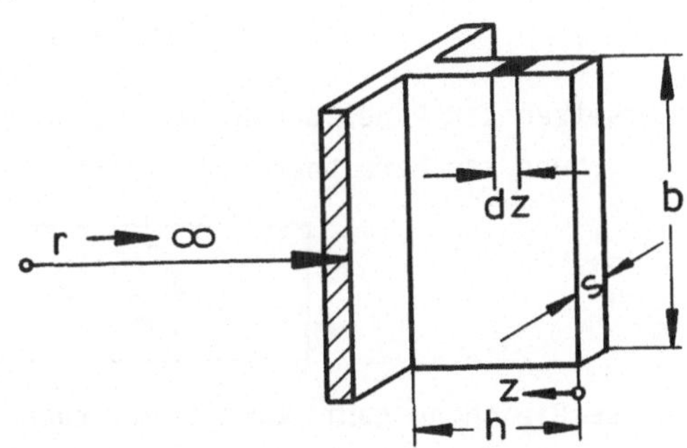

Abb. 2.13(3) Ebene Rippe

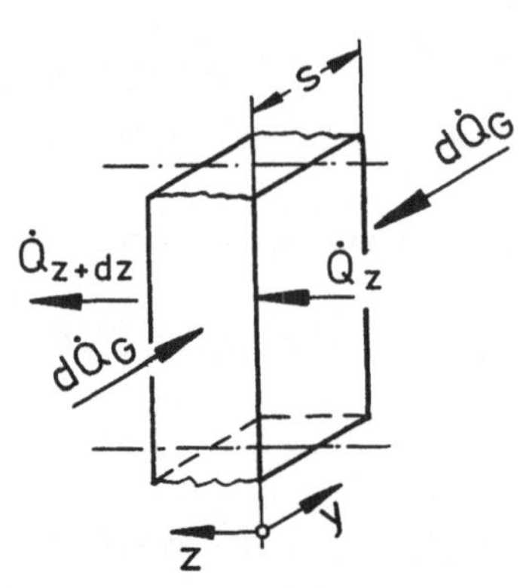

Abb. 2.13(4)
Energiebilanz am Kontrollvolumen bsdz

$$\dot{E}_{zu} = \dot{Q}_z + 2d\dot{Q}_G \qquad 2.13(5)$$

$$\dot{E}_{ab} = \dot{Q}_{z+dz} \qquad 2.13(6)$$

$$\frac{dE}{dt} = 0 \qquad 2.13(7)$$

Daraus folgt mit

$$\dot{Q}_{z+dz} = \dot{Q}_z + \frac{d\dot{Q}}{dz}\,dz \qquad 2.13(8)$$

und

$$\dot{E}_{zu} = \dot{E}_{ab} \qquad 2.13(9)$$

$$\frac{d\dot{Q}}{dz}\,dz - 2d\dot{Q}_G = 0 \qquad 2.13(10)$$

Der kinetische Ansatz für die Wärmeübertragung vom Gas an die Rippenoberfläche lautet

$$d\dot{Q}_G = \alpha_G(T_G - T_s(z))\ bdz \qquad 2.13(11)$$

wobei wir uns auf den Fall relativ dünnwandiger Rippen beschränken wollen, bei dem die Oberflächentemperatur der Rippe $T_s(z)$ näherungsweise gleich der Temperatur im Innern der Rippe ist, d.h. $dT/dy \cong 0$. Sodann ist

$$d\dot{Q}_G = \alpha_G(T_G - T(z))\ bdz \qquad 2.13(12)$$

Der kinetische Ansatz für die Wärmeleitung in der Rippe lautet

$$\dot{Q} = -\ bs\ \lambda_R \frac{dT}{dz} \qquad 2.13(13)$$

Einsetzen der kinetischen Ansätze in die Energiebilanz liefert die Grundgleichung zur Berechnung von $T(z)$:

$$\boxed{s\ \lambda_R \frac{d^2T}{dz^2} + 2\ \alpha_G(T_G - T) = 0} \qquad 2.13(14)$$

Diese Gleichung geht durch Normierung

$$\theta \equiv \frac{T_G - T}{T_G - T_r} \qquad 2.13(15)$$

und Kennzahlbildung

$$\zeta^2 \equiv \frac{2\alpha_G}{s\lambda_R} z^2 \qquad 2.13(16)$$

über in

$$\boxed{\frac{d^2\theta}{d\zeta^2} - \theta = 0} \qquad 2.13(17)$$

Die zugehörigen Randbedingungen lauten

$$\theta(\zeta_h) = 1 \qquad 2.13(18)$$

und, da wir uns auf den Fall sehr dünnwandiger Rippen beschränkt haben,

$$\left[\frac{d\theta}{d\zeta}\right]_{\zeta=0} = 0 \qquad 2.13(19)$$

Das bedeutet, daß wir die Wärmeabgabe der Rippenschneide als vernachlässigbar klein angesehen haben. Die Gl. 2.13(17) hat die Lösung

$$\theta = A \sinh \zeta + B \cosh \zeta \qquad 2.13(20)$$

Durch Einsetzen der Randbedingungen folgt

$$\theta = \frac{\cosh \zeta}{\cosh \zeta_h} \qquad 2.13(21)$$

Den Rippenwirkungsgrad η_R erhält man dann durch Integration über den gesamten Temperaturverlauf

$$\eta_R = \frac{1}{\zeta_h} \int_0^{\zeta_h} \theta d\zeta \qquad 2.13(22)$$

zu

$$\boxed{\eta_R = \frac{\tanh \zeta_h}{\zeta_h}} \qquad 2.13(23)$$

worin ζ_h die dimensionslose Rippenhöhe h ist

$$\zeta_h = \sqrt{\frac{2\alpha_G}{s\lambda_R}}\, h \quad . \qquad 2.13(24)$$

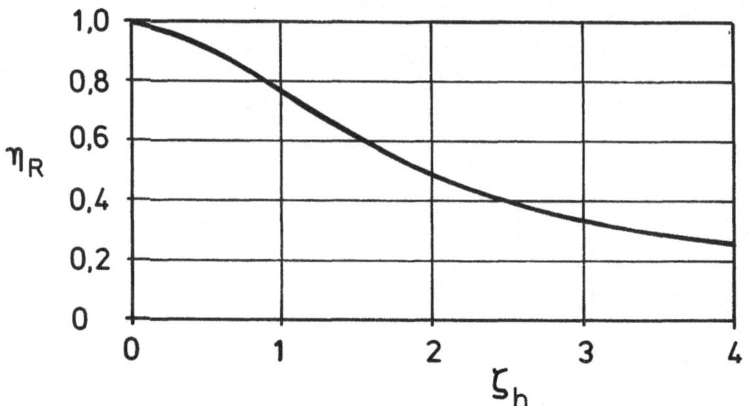

Abb. 2.13(5) Rippenwirkungsgrad η_R für eine ebene Rippe

Die Abb. 2.13(5) zeigt den Verlauf des Rippenwirkungsgrades η_R über der dimensionslosen Rippenhöhe ζ_h. Man erkennt, daß oberhalb $\zeta_h \cong 2$ der Rippenwirkungsgrad etwa proportional $1/\zeta_h$ wird ($\text{tnh}\zeta_h \cong 1$). Da die Rippenoberfläche A_{rR} andererseits proportional ζ_h ist, bedeutet dies, daß oberhalb $\zeta_h \cong 2$ das Produkt $\eta_R\ A_{rR}$ durch eine weitere Vergrößerung der Rippenhöhe nicht mehr erhöht werden kann; die Rippenschneide hat bereits die Lufttemperatur erreicht. Praktisch ausgeführte Rippenhöhen liegen in der Regel unter $\zeta_h \cong 1$.

Der Wirkungsgrad von Kreisrippen mit großem Unterschied zwischen Außen- und Innenradius ist bei gleicher Rippenhöhe stets kleiner als der der ebenen Rippe, da am Rippenfuß weniger Rippenquerschnitt für die Wärmeableitung zur Verfügung steht. Die Anzahl z der Rippen wird in der Regel so gewählt, daß das Produkt

$$\alpha_G(\eta_R\ A_{rR} + A_r)$$

ungefähr gleich dem Produkt

$$\alpha_F\ A_F$$

ist, wobei α_F der Wärmeübergangskoeffizient an der Rohrinnenfläche A_F ist.

Übungsaufgaben

WÄRMEÜBERTRAGUNG

1. Übungsblatt

1. Aufgabe

Ein Liter Wasser soll mit Hilfe eines elektrischen Tauchsieders zum Sieden gebracht werden. Das Wasser hat am Anfang die Temperatur ϑ_A = 14 °C.

a) Berechnen Sie den zeitlichen Verlauf der mittleren Wassertemperatur $\vartheta(t)$.

b) Wie lange dauert es, bis die Siedetemperatur ϑ_s = 100 °C erreicht ist, wenn der Tauchsieder die konstante elektrische Leistung von $\dot{W}_{el}$ = 1000 W aufnimmt?

Anmerkung: Wärmeverluste an die Umgebung und die Wärmekapazitäten des Tauchsieders u. des Behälters dürfen vernachlässigt werden.

Mittlere spez. Wärmekapazität des Wassers c_p=4,19 kJ/(kgK)

Dichte des Wassers $\rho = 10^3$ kg/m^3

2. Aufgabe

In einem Rührkessel soll eine Flüssigkeitsmenge L mit der Anfangstemperatur ϑ_A und der mittleren spez. Wärmekapazität c erwärmt werden. Berechnen Sie den zeitlichen Verlauf der Flüssigkeitstemperatur $\vartheta(t)$, wenn der Kessel (für t > 0) durch eine eingebaute Heizschlange beheizt wird, deren äußere Oberflächentemperatur ϑ_O durch innen kondensierenden Dampf konstant gehalten wird. Der Wärmeübergangskoeffizient α zwischen Heizschlangenoberfläche A und Rührkesselinhalt sei dabei konstant.

Anmerkung: Wärmeverluste an die Umgebung, die zugeführte Rührerleistung und die zeitliche Änderung der Enthalpie der Heizelemente u. der Kesselwand sind vernachlässigbar.

3. Aufgabe:

Versuchen Sie, die Aufgaben 1 und 2 ohne die in den Anmerkungen angegebenen Vernachlässigungen zu lösen. Berücksichtigen Sie die auftretenden Wärmeverluste (näherungsweise) durch einen konstanten Wärmedurchgangskoeffizienten k_V zwischen Flüssigkeit und Umgebung.

Zahlenangaben für Aufgabe 3.1 (Tauchsieder):

Masse des Tauchsieders und des Behälters	S	= 400 g
mittlere spez. Wärmekapazität	c_S	= 0,5 kJ/(kgK)
äußere Oberfläche des Behälters	A_V	= 0,1 m^2
Umgebungstemperatur	ϑ_u	= 20°C
mittlerer Wärmedurchgangskoeffizient zwischen Wasser und Umgebung	k_V	= 10 W/m^{2}K

Wärmeübertragung

2. Übungsblatt

Einem flüssigkeitsbeheizten Rührkessel (siehe Skizze) mit dem konstanten Flüssigkeitsinhalt L = 800 kg und der Anfangstemperatur $\vartheta_{L,A}$ = 10°C wird kontinuierlich ein Flüssigkeitsmassenstrom $\dot{L}_{ein}$ mit der Eintrittstemperatur $\vartheta_{L,ein}$ = 10°C zugeführt. Ein gleichgroßer Massenstrom $\dot{L}_{aus}=\dot{L}_{ein}=\dot{L}$ = 0,5 kg/s verläßt den Kessel mit der Temperatur des Kesselinhalts $\vartheta_{L,aus} = \vartheta_L(t)$. Die Heizschlange wird von Wärmeträgerflüssigkeit mit einem Massenstrom von $\dot{F}$ = 0,75 kg/s und einer Eintrittstemperatur von $\vartheta_{F,ein}$ = 100 °C durchströmt.

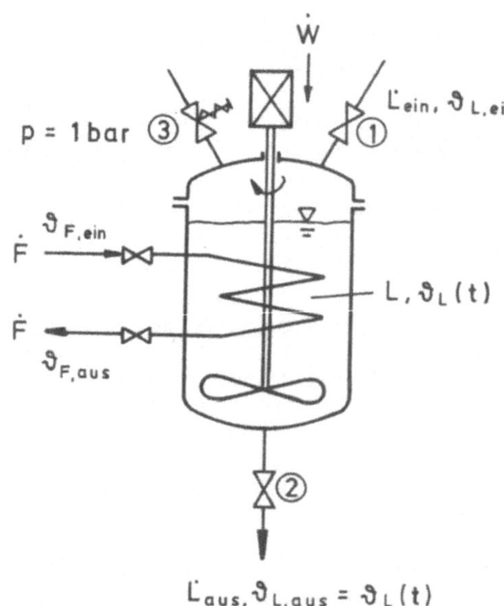

Gegebene Daten:

Oberfläche der Heizschlange: A_H = 4 m²

Wärmedurchgangskoeffizient für die Heizschlange: k_H = 750 W/m²K

spezifische Wärmekapazität der Wärmeträgerflüssigkeit: c_F = 2,0 kJ/kg K

spezifische Wärmekapazität des Kesselinhalts: c_L = 4,0 kJ/kg K

spezifische Wärmekapazität des Kesselmaterials (Stahl): c_S = 0,5 kJ/kg K

Stahlmasse des Kessels	S = 200 kg
mechanische Rührleistung	$\dot{W}$ = 1,0 kW
äußere Oberfläche des Kessels	A_V = 5,0 m²
Wärmedurchgangskoeffizient für den (unisolierten) Kessel	k_V = 10 W/m²K
Umgebungstemperatur	ϑ_u = 20 °C
Siedetemperatur des Kesselinhalts bei	p = 1 bar, $\vartheta_{L,S}$ = 100 °C
Verdampfungsenthalpie des Kesselinhalts	$\Delta h_{V_L} \cong 2000 \frac{kJ}{kg}$

1.a) Berechnen Sie die Beharrungstemperatur $\vartheta_{L,\infty}$, die sich im stationären Betrieb einstellt (falls unter den gegebenen Bedingungen ein Beharrungszustand existiert). Diskutieren Sie die Wirkung der verschiedenen Einflußgrößen auf die Beharrungstemperatur.

b) Innerhalb welcher Grenzen könnte $\vartheta_{L,\infty}$ variieren, wenn der kontinuierlich durchgesetzte Massenstrom $\dot{L}$ von Null bis zu sehr großen Werten verändert würde?

2. Berechnen Sie den zeitlichen Verlauf der Temperatur des Kesselinhalts $\vartheta_L(t)$ und den zeitlichen Verlauf der Austrittstemperatur der Wärmeträgerflüssigkeit $\vartheta_{F,aus}(t)$.

Skizzieren Sie den Verlauf der Temperaturen $\vartheta_F(z,t)$, $\vartheta_L(t)$ über dem Strömungsweg z der Wärmeträgerflüssigkeit (abgewickelte Länge der Rohrschlange) für verschiedene Zeiten.

Wie lange dauert es, bis die Differenz zur Beharrungstemperatur $(\vartheta_L - \vartheta_{L,\infty})$ nur noch 1% der Anfangsdifferenz $(\vartheta_L(0) - \vartheta_{L,\infty})$ beträgt? $(t = t_{99\%})$

<u>Hinweis:</u> $(\partial\vartheta_F/\partial t) \ll (u_F \partial\vartheta_F/\partial z)$

3. Versuchen Sie die Aufgaben 1 und 2 auch für den Fall zu lösen, daß die Eintrittstemperatur der Wärmeträgerflüssigkeit auf $\vartheta_{F,ein} = 250\ ^{\circ}C$ gesteigert wird. Der für $\vartheta_L = \vartheta_{L,S}$ im Kessel entstehende Dampf wird über das Ventil (3) abgelassen. Kann man trotz Verdampfung noch einen stationären Betrieb ("Beharrungszustand") erreichen, indem man den Flüssigkeitsabfluß (Ventil (2)) drosselt?

Wärmeübertragung

3. Übungsblatt

1.Aufgabe

Um kontinuierlich anfallendes heißes Öl abzukühlen, soll ein Rührkessel mit eingebauter Rohrschlange benutzt werden, durch die Kühlwasser strömt.

Gegebene Daten:

Öl (L)	Massenstrom	$\dot{L}$ =	0,5 kg/s
	spez.Wärmekapazität	c_L =	2 kJ/kg K
	Eintrittstemperatur	$\vartheta_{L,ein}$ =	100 °C
	gewünschte Austrittstemperatur	$\vartheta_{L,aus}$ =	40 °C (= Temperatur des Kesselinhalts)
Kühlwasser (F)	spez. Wärmekapazität	c_F =	4 kJ/kg K
	Eintrittstemperatur	$\vartheta_{F,ein}$ =	10 °C
	Dichte	ρ_F =	1000 kg/m³

a) Welcher Kühlwassermassenstrom $\dot{F}_{min}$ ist mindestens erforderlich, um die gewünschte Abkühlung des Öls im stationären Betrieb zu erreichen?

b) Wie groß muß der innere Rohrdurchmesser der Rohrschlange mindestens sein, wenn man mit dem 1,5-fachen Wert des minimalen Kühlwasserstroms ($\dot{F} = 1{,}5\ \dot{F}_{min}$) fährt und wenn die Strömungsgeschwindigkeit in der Rohrschlange den Wert von u = 1 m/s nicht überschreiten soll?

Wählen Sie den nächstgrößeren Durchmesser aus der Reihe der folgenden Rohre:

d_a	30	35	40	45	50	mm
s	1,5	2,0	2,0	2,5	3	mm
d_i	27	31	38	40	44	mm

c) Welche äußere Oberfläche A und welche Länge muß die Rohrschlange haben, um die gewünschte Austrittstemperatur zu erreichen, wenn der Wärmedurchgangskoeffizient zwischen Kühlwasser und Kesselinhalt k = 800 W/m²K beträgt? (Siehe auch VDI-Wärmeatlas C b 8)

Beachten Sie bei der Berechnung, daß die Öltemperatur ϑ_L im Kessel konstant und gleich der Austrittstemperatur des Öls ($\vartheta_{L,aus}$) ist, während die Wassertemperatur ϑ_F sich vom Eintritt zum Austritt der Rohrschlange kontinuierlich ändert.

2. Aufgabe

Wie groß ist die erforderliche Übertragungsfläche für die gleiche Kühlaufgabe (Aufgabe 1) in einem Wärmeübertrager, den die beiden Ströme $\dot{L}$ und $\dot{F}$ unvermischt parallel zueinander

a) im Gleichstrom
b) im Gegenstrom

durchlaufen. Vergleichen Sie die erforderlichen Übertragungsflächen für den Rührkessel, den Gleichstromwärmeübertrager und den Gegenstromwärmeübertrager miteinander.

Nehmen Sie dabei an, der Wärmedurchgangskoeffizient sei für die beiden Wärmeübertrager gleich und um 25 % niedriger als für den Rührkessel.

$$(k_{WÜT} = 600 \ W/m^2K \ ; \quad k_{RK} = 800 \ W/m^2K)$$

Skizzieren Sie den Temperaturverlauf $\vartheta_L \langle z \rangle$, $\vartheta_F \langle z \rangle$ für die drei Fälle (z = Koordinate in Strömungsrichtung, beim Kessel in der Rohrschlange gemessen).

Anmerkung zu 1. und 2.:
Wärmeverluste und der Einfluß der Rührleistung können vernachlässigt werden.

W ä r m e ü b e r t r a g u n g

4. Übungsblatt

Der im Bild dargestellte Typ eines Rohrbündelwärmeübertragers mit zwei rohrseitigen Gängen und zwei Umlenkblechen im Mantelraum soll verwendet werden, um einen Strom $\dot{F}$ einer organischen Flüssigkeit von der Eintrittstemperatur $\vartheta_{F,ein}=65^{\circ}C$ auf eine niedrigere Temperatur ($\vartheta_{F,aus}$) abzukühlen. Als Kühlmittel steht Leitungswasser mit $\dot{L} = 0{,}5 \cdot \dot{F}$ und einer Eintrittstemperatur von $\vartheta_{L,ein} = 15^{\circ}C$ zur Verfügung.

Die spezifische Wärmekapazität beträgt

für die organische Flüssigkeit $c_F = 2$ kJ/kg K
für das Leitungswasser $c_L = 4$ kJ/kg K.

Die "Anzahl der Übertragungseinheiten" für den F-Strom sei $NTU_F = kA/(c_F\dot{F}) = 4{,}29$.

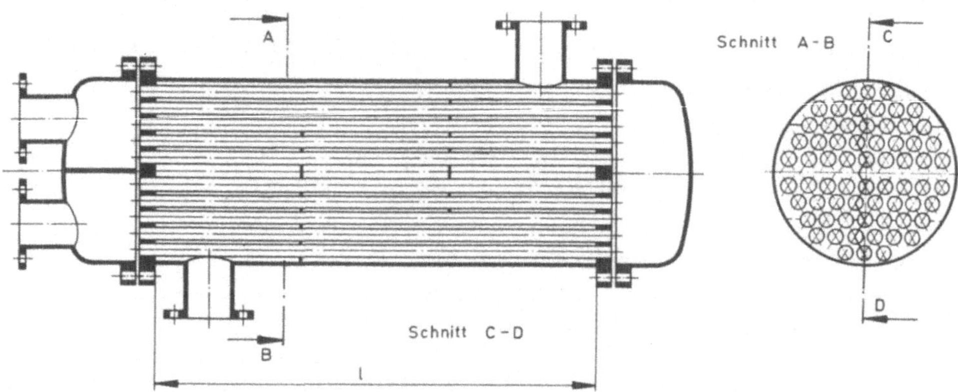

1. Wie groß ist NTU_L?

2. Wie groß sind die Wirkungsgrade ε_L und ε_F für eine einzelne Zelle dieses Apparates, wenn in jeder Zelle einseitig quervermischter Kreuzstrom angenommen wird?

3. Wie viele verschiedene Möglichkeiten der Strömungsführung gibt es mit diesem Apparat, wenn das Kühlwasser immer durch die Rohre fließen soll? Ordnen Sie die verschiedenen Möglichkeiten, beginnend mit dem Fall, daß beide Ströme an derselben Zelle eintreten nach zunehmendem Abstand der Eintrittsstellen der beiden Ströme.

4. Berechnen Sie nun für jede der verschiedenen Möglichkeiten den Verlauf der Temperaturen im Apparat, insbesondere die Austrittstemperaturen, und den Gesamtwirkungsgrad $\bar{\varepsilon}_L$ (Hinweis: Bilden Sie kleine Arbeitsgruppen, um die Rechenarbeit aufzuteilen).

   Vergleichen Sie die Ergebnisse miteinander und diskutieren Sie die Vor- und Nachteile der verschiedenen Möglichkeiten der Strömungsführung. (Hinweis: Wenn man das Kühlwasser auf Temperaturen über 50°C erhitzt, besteht erhöhte Gefahr der Kesselsteinbildung.)

Wärmeübertragung

5. Übungsblatt

1. Aufgabe

Im VDI-Wärmeatlas werden auf den Seiten Cb 6 bis Cb 8 überschlägige Wärmedurchgangskoeffizienten für verschiedene Wärmeübertragerbauarten angegeben. So findet man z.B. für den Wärmetransport zwischen zwei Gasströmen bei Normaldruck für Rohrbündel- und Doppelrohrwärmeübertrager k-Werte von 5 (bzw. 10) bis 35 W/m^2K (Mittelwert $\approx$ 20 W/m^2K). Für den Wärmetransport zwischen zwei Flüssigkeitsströmen findet man k-Werte von 150 (bzw. 300) bis 1200 (bzw. 1400) W/m^2K (Mittelwert $\approx$ 750 W/m^2K).

Der Wärmeübergangskoeffizient für eine 2 mm dicke Stahlwand beträgt $\alpha_s \cong 25000\ W/m^2K$.

a) Ermitteln Sie aus diesen Angaben die entsprechenden Zahlenwerte der Wärmeübergangskoeffizienten α_G (Gasströmung-feste Wand) und α_L (Flüssigkeitsströmung-feste Wand).

b) Wie groß sind dann Wärmedurchgangskoeffizienten für den Wärmetransport zwischen einem Gasstrom und einem Flüssigkeitsstrom? Vergleichen Sie die Ergebnisse Ihrer Rechnung mit den Angaben im VDI-Wärmeatlas (Flüssigkeit gegen Gas ($\approx$1 bar) k = 15 bis 70 W/m^2K).

c) Durch die Ablagerung von Schmutzschichten (Algen, Kalk, Staub, Kesselstein usw.) auf den Wänden von Wärmeübertragern erhöht sich der Wärmedurchgangswiderstand. Um dies bei der Auslegung von Wärmeübertragern zu berücksichtigen,, benutzt man häufig den Begriff des Verschmutzungswiderstandes R_f (fouling resistance, fouling factor), der durch die Gleichung $R_f = (1/k)-(1/k_o)$ definiert ist (k_o = WDK des sauberen Apparates) und praktisch aus Versuchen bestimmt werden muß. Für Flußwasser liegt R_f etwa in der Größenordnung $R_f \cong 0{,}2\cdot10^{-3}\ m^2K/W$ (unter 50°C) und $R_f \cong 0{,}4\cdot10^{-3}\ m^2K/W$ (über 50°C). Für industrielle Gase (Luft) findet man ebenfalls Werte von $R_f \cong 0{,}4\cdot10^{-3}\ m^2K/W$.

Berechnen Sie den durch Schmutzschichten verursachten Minderungsfaktor $\varphi = k/k_o$ für einen Dampfturbinenkondensator mit $k_o = 4000\ W/m^2K$ und $R_f = 0{,}2\cdot10^{-3}\ m^2K/W$ und für einen Gaserhitzer mit $k_o = 20\ W/m^2K$ und $R_f = 0{,}4\cdot10^{-3}\ m^2K/W$.

Diskutieren Sie die Ergebnisse. Was ist wohl der Grund dafür, daß R_f für Wasser über 50°C höhere Werte annimmt als für Temperaturen unter 50°C?

2. Aufgabe

Ein einfacher Sonnenkollektor besteht aus der rückseitig isolierten "schwarzen" Absorberfläche ($\varepsilon \cong 1$), die durch eine parallel dazu angeordnete Glasscheibe geschützt wird (sh. Skizze).

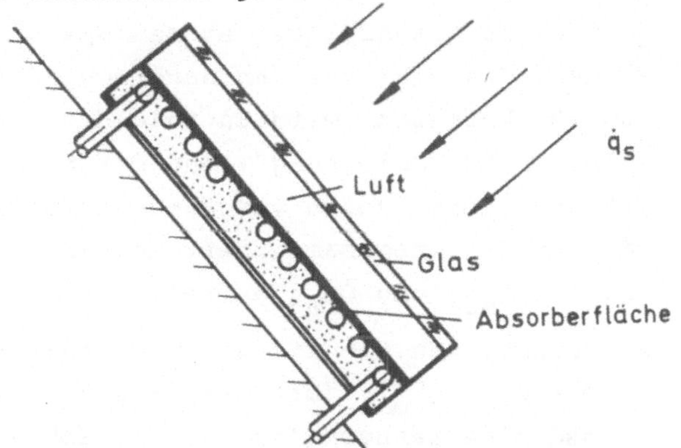

Berechnen Sie die maximal an der Absorberfläche auftretende Temperatur $\vartheta_{A,max}$ (d.h. für den Fall, daß dem Kollektor keine Nutzleistung entzogen wird) unter den folgenden vereinfachenden Annahmen:

Die Sonneneinstrahlung habe die konstante Leistungsdichte von $\dot{q}_S$ = 700 W/m^2. Die Glasscheibe sei für die auftreffende Sonnenstrahlung (Intensitätsmaximum im sichtbaren Bereich) vollkommen durchlässig, für die von der Absorberfläche ausgehende (langwellige) Wärmestrahlung aber vollkommen undurchlässig ("Treibhauseffekt"). Der Raum zwischen Absorberfläche und Glasscheibe ist mit Luft gefüllt. Der konvektive Wärmeübergangskoeffizient (innen) zwischen Absorberfläche und Luft bzw. zwischen Luft und Glas beträgt jeweils α_K = 2 W/m^{2}K.

Der Strahlungsaustausch (im langwelligen Bereich) zwischen Absorberfläche und Glasscheibe soll näherungsweise durch einen konstanten Wärmeübergangskoeffizienten α_S = 8 W/m^{2}K berücksichtigt werden.

Die Wärmeübertragung zwischen der Glasscheibe und der Umgebung (mit der Temperatur ϑ_∞ = 10°C) soll pauschal, d.h. für Konvektion und Strahlung zusammen, durch einen konstanten Wärmeübergangskoeffizienten α_a = 25 W/m^{2}K erfaßt werden. Der Temperaturunterschied innerhalb der Glasscheibe ist vernachlässigbar (dünnes Glas). Wärmeverluste nach unten oder über die Ränder des Kollektors sind ebenfalls zu vernachlässigen.

<u>Wärmeübertragung</u>

6. Übungsblatt

1. Aufgabe

Über einen gasgefüllten ebenen Spalt zwischen zwei festen Wänden, die sich auf den unterschiedlichen Temperaturen ϑ_1 bzw. ϑ_2 befinden, wird Energie durch die Bewegung der Gasmoleküle ("Wärmeleitung") und durch Photonen ("Wärmestrahlung") transportiert. Beide Vorgänge laufen in Gasen parallel, so daß man den insgesamt übertragenen Wärmestrom $\dot{Q}$ in die beiden Anteile $\dot{Q}_{mol}$ und $\dot{Q}_{rad}$ aufteilen kann.

a) Unterteilen Sie die gesamte Spaltweite s in zwei Randzonen der Dicke Λ_{mol} (mittlere freie Weglänge der Gasmoleküle) und eine Kernzone $(s-2\Lambda_{mol})$. Schreiben Sie für jede der drei Schichten den entsprechenden Ansatz für $\dot{Q}_{mol}$ und addieren Sie dann die drei hintereinandergeschalteten Transportwiderstände zu einem Gesamtwiderstand $(1/\alpha_{mol})$.

   Hinweis: In den Randzonen wird der Wärmestrom $\dot{Q}_{mol}$ noch durch einen Faktor $\gamma(\leq 1)$, den sogenannten Akkommodationskoeffizienten vermindert, der die Unvollkommenheit des Energieaustausches beim Wandstoß der Gasmoleküle berücksichtigt: $\dot{Q}_{mol} = \frac{1}{6}\rho c w A \gamma\,(\vartheta_1-\vartheta_1')$. Für Luft von $\approx 20^\circ C$ ist $\gamma \cong 0{,}9$.

b) Für den Wärmetransport durch Strahlung gilt $\dot{Q}_{rad} = A\cdot C_{12}\,(T_1^4 - T_2^4)$. Definiert man einen Wärmeübergangskoeffizienten α_{rad} durch die Gleichung $\dot{Q}_{rad} = \alpha_{rad}\,A(\vartheta_1-\vartheta_2)$, so läßt sich dieser durch Koeffizientenvergleich berechnen. Er ist abhängig von C_{12} und von den beiden Temperaturen (T_1,T_2). Berechnen Sie α_{rad} für $C_{12} \cong 0{,}9\cdot c_s \cong 5\cdot 10^{-8}$ $W/(m^2K^4)$ und $\vartheta_1 = 25^\circ C$, $\vartheta_2 = 15^\circ C$ (Umgebungstemperaturen).

c) Berechnen Sie schließlich den gesamten Wärmeübertragungskoeffizienten $\alpha = (\alpha_{mol} + \alpha_{rad})$ für einen Spalt von $s = 0{,}1$ mm und eine Wärmeleitfähigkeit von $\lambda = 0{,}025$ W/mK $(\lambda \cong \frac{1}{3}\rho c w \Lambda_{mol}$, $\vartheta_1 = 25^\circ C$, $\vartheta_2 = 15^\circ C$, $C_{12} = 5\cdot 10^{-8}\ W/m^2K^4)$

Dabei gilt $\Lambda_{mol} = \Lambda_{mol,o} \cdot p_o/p$

mit $\Lambda_{mol,o} = \Lambda_{mol}(p_o = 1\,bar) = 0{,}07\ \mu m$.

Stellen Sie das Ergebnis der Rechnung für Drücke von 10^{-5} bis 10 bar in einem Diagramm - $\log(\alpha/W/m^2K)$ über $\log(p/p_o)$ - dar. Diskutieren Sie mögliche Nutzanwendungen.

2. Aufgabe

Wenden Sie das in der ersten Aufgabe gefundene Ergebnis $\alpha_{mol} = \alpha_{mol}(\lambda, \Lambda_{mol}, \gamma, s)$ lokal auf den Gasspalt zwischen einer ebenen Wand und einer kugelförmigen Partikel bei punktförmiger Berührung an (siehe Skizze).

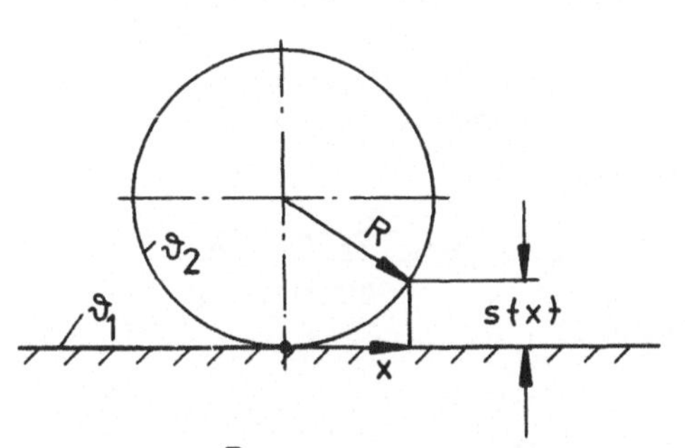

a) Berechnen und zeichnen Sie den Verlauf von $\alpha_{mol}(x)$ für eine Kugel von 1 mm Durchmesser (übrige Daten wie in Aufgabe 1 und Drücke zwischen 0,01 und 0,1 bar).

b) Berechnen Sie auch den über die Projektionsfläche der Kugel gemittelten Wärmeübergangskoeffizienten

$$\alpha_{WP} = \frac{1}{\pi R^2} \int_{x=o}^{R} \alpha_{mol}(x)\, 2\pi x dx$$ zwischen Wand- und Partikeloberfläche.

Für welche technischen Anwendungen könnte α_{WP} eine Rolle spielen?

<u>Hinweise:</u> Das Integral läßt sich einfacher lösen, wenn man über s (statt x) integriert (Substitution). Es ist zweckmäßig, den Ausdruck $2\Lambda_{mol}(\frac{2}{\gamma} - 1)$ zusammenzufassen und mit einem neuen Symbol (z.B. σ) abzukürzen.

WÄRMEÜBERTRAGUNG

7. Übungsblatt

1. Aufgabe

Die ebene Wand eines Industrieofens besteht aus einer Ausmauerung von hitzebeständigen Siliciumkarbid-Steinen (Schicht 1), wärmeisolierenden Schamottesteinen (Schicht 2) und einer Stahlplatte (Schicht 3). Die Temperatur im Ofen beträgt $\vartheta_i = 1400^{\circ}C$. Die Umgebungstemperatur beträgt $\vartheta_a = 20^{\circ}C$.

a) Berechnen Sie den Wärmeverlust des Ofens pro m^2 Wandfläche für folgende Daten:

Schicht 1 (Siliciumcarbid)	$s_1 = 150$ mm
Schicht 2 (Schamotte)	$s_2 = 300$ mm
Schicht 3 (Stahl)	$s_3 = 10$ mm

Wärmeleitfähigkeiten:

Siliciumcarbid $\lambda_1 = 4$ W/mK
(konstant zwischen 600 und 1400°)

Schamotte $\lambda_2 = \left(0{,}5 + \frac{\vartheta/^{\circ}C}{2200}\right) \frac{W}{mK}$
(linear zwischen $0^{\circ}C$ und $1400^{\circ}C$)

Stahl $\lambda_3 = 20$ W/mK
(konstant zwischen $20^{\circ}C$ und $600^{\circ}C$)

(Daten aus dem VDI-Wärmeatlas)

Wärmeübergangskoeffizienten:

Feuerraum-Innenwand	$\alpha_i = 1000\ W/m^2K$
Stahlplatte-Umgebung	$\alpha_a = 20\ W/m^2K$

Hinweis: Schätzen Sie zunächst die mittlere Temperatur der Schamotteschicht $\bar{\vartheta}_2$ und berechnen Sie $\bar{\lambda}_2 = \lambda_2(\bar{\vartheta}_2)$. Damit erhalten Sie eine erste Näherung für den Wärmeverlust pro Fläche $\dot{q}^{(1)}$, die Sie iterativ (durch Nachrechnen der mittleren Wärmeleitfähigkeit $\bar{\lambda}_2$ der Schamotteschicht) verbessern können). Zwei bis drei Iterationsschritte genügen.

b) Macht man bei der Berechnung des Wärmeverlustes einen Fehler, wenn man die mittlere Wärmeleitfähigkeit der Schamotteschicht mit dem arithmischen Mittel der Randtemperaturen ($\bar{\vartheta}_2 = (\vartheta_{2i} + \vartheta_{2a})/2$) dieser Schicht berechnet?

c) Ist die Temperatur in der Mitte der Schamotteschicht (bei $s_2/2$) größer, kleiner oder gleich dem arithmetischen Mittelwert der Randtemperaturen dieser Schicht?

Begründen Sie die Antworten zu b) und c)!

2. Aufgabe

Berechnen Sie die Erstarrungszeit von Wassertropfen in ruhender Luft (gilt mit guter Näherung auch für frei fallende Tropfen, wenn der Tropfendurchmesser und damit auch die Fallgeschwindigkeit hinreichend klein sind.)

Der Tropfen habe schon zu Beginn des Vorgangs eine Temperatur von 0^oC.

Die Wärmekapazität der bereits erstarrten Kugelschale (und die Dichteänderung bei der Phasenumwandlung) sollen vernachlässigt werden. Man kann dann annehmen, daß sich in jedem Augenblick ein Temperaturfeld einstellt, wie es im stationären Fall vorliegen würde ("Quasistationäre Näherung").

Gegebene Daten:

Luft:	Temperatur	ϑ_∞	$= - 10\ ^oC$
	Wärmeleitfähigkeit	λ_L	$= 0,022$ W/mK
Wasser:	Dichte	ρ	$= 10^3$ kg/m^3
	Wärmeleitfähigkeit des Eises	λ_E	$= 2,2$ W/mK
	Schmelzenthalpie	Δh_s	$= 333$ kJ/kg
	Tropfendurchmesser	d	= 1; 0,5; 0,2; 0,1 mm

8. Übungsaufgabe

1. Berechnen Sie in allgemeiner Form für die (unendlich ausgedehnte) Platte der Dicke d, den (unendlich langen) Zylinder und die Kugel mit dem Durchmesser d die Dauer der Abkühlung bzw. Aufheizung, nach der die Temperaturdifferenz zwischen kalorischer Mitteltemperatur $\bar{\vartheta}$ des Körpers und der konstanten Oberflächentemperatur ϑ_0 auf den n-ten Teil der Anfangsdifferenz $(\vartheta_A - \vartheta_0)$ abgesunken ist. Beziehen Sie die Zeiten für Platte und Zylinder auf die der Kugel und betrachten Sie speziell die Grenzfälle $(n \to 1,\ n \to \infty)$ und die sogenannten Halbwertszeiten $(n = 2)$.

   Anmerkung: Der Wärmeübergangskoeffizient kann näherungsweise nach der Beziehung $\alpha \cong \frac{\lambda}{d} \cdot \sqrt{Nu_\infty^2 + Nu_0^2}$ berechnet werden. Dabei sind Nu_0 und Nu_∞ die bekannten asymptotischen Lösungen für die Nusseltzahl $Nu \equiv \alpha d/\lambda$ bei kurzen bzw. langen Zeiten.

2. In einem Wasserbad von der Länge L und der konst. Badtemperatur ϑ_0 wird ein Polyesterband der Dicke s und der Bandbreite $b = 15 \cdot s$ so abgekühlt, daß die Temperaturdifferenz $(\vartheta_a - \vartheta_o)$ am Ausgang des Bades noch ein Viertel des Anfangswertes $(\vartheta_e - \vartheta_o)$ ist. Aufgrund einer Produktionsumstellung soll der Kunststoff bei unverändertem Durchsatz $(\dot{V}_1 = \dot{V}_2)$ in Form von Drähten des Durchmessers d im vorliegenden Wasserbad abgekühlt werden. Dabei sollen die Temperaturdifferenzen $(\vartheta_a - \vartheta_o) = 1/4\ (\vartheta_e - \vartheta_o)$ erhalten bleiben. Die Drähte werden aus einer Lochplatte mit n Bohrungen ausgesponnen, wobei der Drahtdurchmesser d gleich der Banddicke s sein soll.

   Berechnen Sie:

   2.1 Das Verhältnis der Bandgeschwindigkeit u_1 zur Drahtgeschwindigkeit u_2.

   2.2 Die Anzahl n der Bohrungen vom Durchmesser d in der Lochplatte.

   Voraussetzungen

   Die Oberflächentemperatur des Bandes wird wegen des hohen Wärmeübergangskoeffizienten auf der Wasserseite der Badtemperatur ϑ_0 gleichgesetzt. Ferner kann für $b \gg s$ (hier $b = 15 \cdot s$), das Band als unendlich ausgedehnte Platte angesehen werden. In Laufrichtung des Bandes soll die Änderung des Wärmeflusses gegenüber der Enthalpieänderung vernachlässigt werden.

WÄRMEÜBERTRAGUNG

9. Übungsblatt

1. Aufgabe

Mit Hilfe von Kältemitteldampf, der bei $\vartheta_o = 45^oC$ kondensiert, sollen 2 kg/s Benzol (C_6H_6) von $\vartheta_e = 10^oC$ auf $\vartheta_a = 30^oC$ erwärmt werden. Dafür stehen zwei unterschiedliche Apparateanordnungen zur Verfügung, die jeweils aus mehreren (2 bzw. 3) hintereinandergeschalteten Rohrbündelwärmeübertragern zusammengesetzt sind (siehe Skizze)

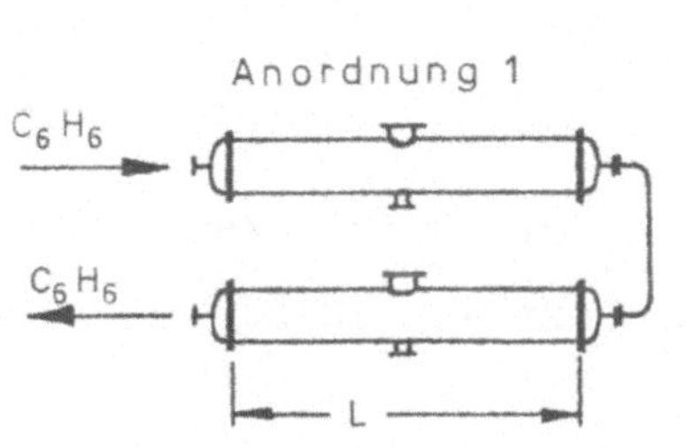

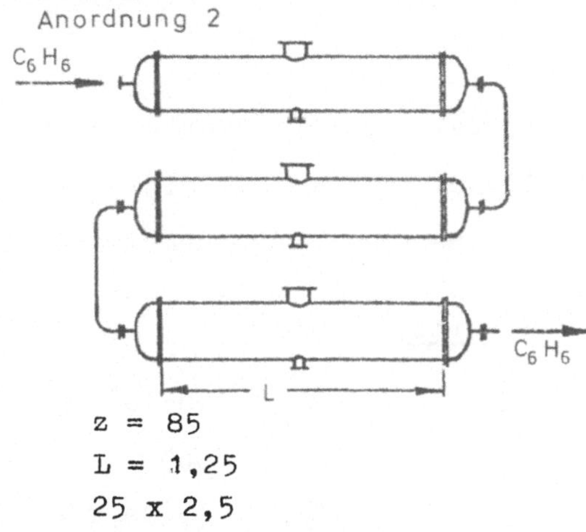

	Anordnung 1	Anordnung 2
Anzahl der Rohre in jedem Rohrbündel	z = 40	z = 85
Rohrlänge	L = 1 m	L = 1,25
Rohre	10 x 1	25 x 2,5

(Außendurchmesser x Wandstärke in mm)

In beiden Apparateanordnungen kondensiert der Kältemitteldampf auf der Außenseite der vom Benzol durchströmten Rohre.

Frage: Welche der beiden Apparateanordnungen ist dazu geeignet, das Benzol auf die geforderte Austrittstemperatur von (mindestens) $\vartheta_a = 30^oC$ zu erwärmen?

Anmerkung:

Die Wärmeübergangswiderstände auf der Kondensatseite und in der Rohrwand können vernachlässigt werden. Es kann mit mittleren Stoffwerten bei $\vartheta_m = \frac{1}{2}(\vartheta_e + \vartheta_a)$ gerechnet werden. Wärmeverluste an die Umgebung werden nicht berücksichtigt.

Stoffwerte:

Benzol (20°C)		
ρ	=	879 kg/m^3
c_p	=	1,74 kJ/kgK
λ	=	0,153 W/mK
ν	=	$0{,}74 \cdot 10^{-6}$ m^2/s

2. Aufgabe

Ein waagerecht frei verlegtes Rohr von 250 mm Außendurchmesser wird von heißem Wasser durchströmt. Die äußere Rohroberfläche habe dabei eine Temperatur von $\vartheta_0 = 90^\circ C$.
Berechnen Sie den Wärmeverlust pro m Rohrleitung (ohne Strahlungsverlust)

a) bei ruhender Umgebungsluft

b) bei Windgeschwindigkeiten von 1, 2, 5, 10, 20 m/s.

und einer Umgebungstemperatur der Luft von $10^\circ C$.

Stoff werte: Luft

$\vartheta_m = 50^\circ C$ $\quad \nu_m = 18 \cdot 10^{-6}\ m^2/s$

$Pr = 0{,}69$

$\lambda_m = 0{,}028\ W/mK$

$\varrho \sim \frac{1}{T}$ (ideales Gas)

Wärmeübertragung

10. Übungsblatt

Aus der Endstufe einer Dampfturbine soll durch Kondensation ein Naßdampfmassenstrom von $\dot{N}_D$ = 40 kg/s bei einem Druck von p_D=0,05 bar mit einem Dampfgehalt von x = 0,9 abgezogen werden.

Zur Kühlung des Kondensators steht Flußwasser mit einer Temperatur von ϑ_e = 10°C zur Verfügung.

a) Berechnen Sie den zur Totalkondensation minimal erforderlichen Kühlwassermassenstrom $\dot{N}_{W\,min}$.

b) Wie groß wird die erforderliche Übertragungsfläche des Kondensators für einen Kühlwassermassenstrom von $\dot{N}_W = 2 \cdot \dot{N}_{W\,min}$, wenn man zunächst mit einem geschätzten Wärmedurchgangskoeffizienten von k = 2000 W/m²K rechnet?

c) Wie viele parallele Kondensatorrohre 22 x 2 mm von 7 m Länge werden benötigt? Wie groß wird etwa der Manteldurchmesser, wenn die Rohre in quadratischer Teilung von 35 mm angeordnet werden?

d) Wie hoch ist die Strömungsgeschwindigkeit des Kühlwassers bei einem wasserseitigen Durchgang?

e) Berechnen Sie nun den Wärmedurchgangskoeffizienten und korrigieren Sie gegebenenfalls die berechnete Übertragungsfläche.

f) Wie ändert sich k durch Anlagerung einer 0,05 mm starken Gallertschicht (λ = 0,35 W/mK) in den Rohren?

Gegebene Daten:

Dampfdichte bei 0,05 bar(ϑ_s=33°C) ρ'' = 0,0355 kg/m³

Verdampfungsenthalpie bei 33°C h_V = 2423 kJ/kg

Tabelle 1. Stoffwerte von Wasser

ϑ °C	ρ kg/m³	c_p kJ/kgK	β 10^{-3}/K	λ 10^{-3} W/mK	η 10^{-6}kg/ms	ν 10^{-6}m²/s	a 10^{-6}m²/s	Pr –
0	999,8	4,217	–0,0852	569	1750	1,75	0,135	13,0
10	999.8	4,192	+0,0823	587	1300	1,30	0,140	9,28
20	998,4	4,182	0,2067	604	1000	1,00	0,144	6,94
30	995,8	4,178	0,3056	618	797	0,800	0,148	5,39
40	992,3	4,179	0,3890	632	651	0,656	0,153	4,30
50	988,1	4,181	0,4623	643	544	0,551	0,156	3,54
60	983,2	4,135	0,5288	654	463	0,471	0,159	2,96
70	977.7	4,190	0,5900	662	400	0,409	0,162	2,53
80	971,6	4,196	0,6473	670	351	0,361	0,164	2,20
90	965,2	4.205	0,7018	676	311	0,322	0,166	1,94

ϑ Celsius-Temperatur
ρ Dichte
c_p spezifische Wärmekapazität bei konstantem Druck
β Wärmeausdehnungskoeffizient
λ Wärmeleitfähigkeit
η dynamische Viskosität
ν kinematische Viskosität
a Temperaturleitfähigkeit
Pr Prandtlzahl

Wärmeleitfähigkeit des Rohrwerkstoffes (Ms) λ_R = 80 W/m K

Dampfgeschwindigkeit und Einflüsse durch abtropfendes Kondensat auf weiter unten liegende Rohre können vernachlässigt werden.

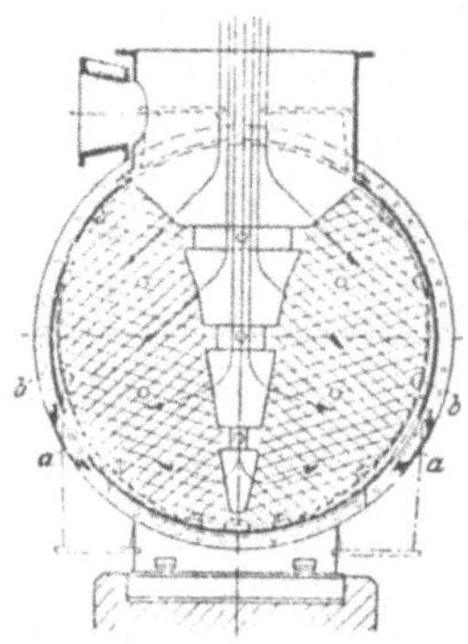

Bild 2. OV-Kondensator von *Brown, Boveri & Cie.* Bei senkrechter Anordnung der Führungswände in den Wasserkammern haben übereinanderliegende Rohre annähernd gleiche Kühlwassertemperatur; dadurch geringe Unterkühlung des Kondensats. *a* Luftsaugstutzen, *b* Bleche mit Öffnungen für gleichmäßige Luftabsaugung

Oberflächenkondensator für eine große Dampfturbine (unten).

Neuere Bauweise mit Anordnung der Rohre in parallel liegenden Teilbündeln. Hier sind es 8 parallele Rohrbündel zu je ≈2000 Rohren.

Rohraußendurchmesser 17 bis 25 mm

Übertragungsfläche $A \cong 10\,000\ m^2$.

Äußere Abmessungen Länge x Breite x Höhe in m ca. 12 x 8 x 6 .

aus: G. Oplatka, H. Lang. Brown Boveri Mitt. 60, 1973 (7/8) S. 326-336

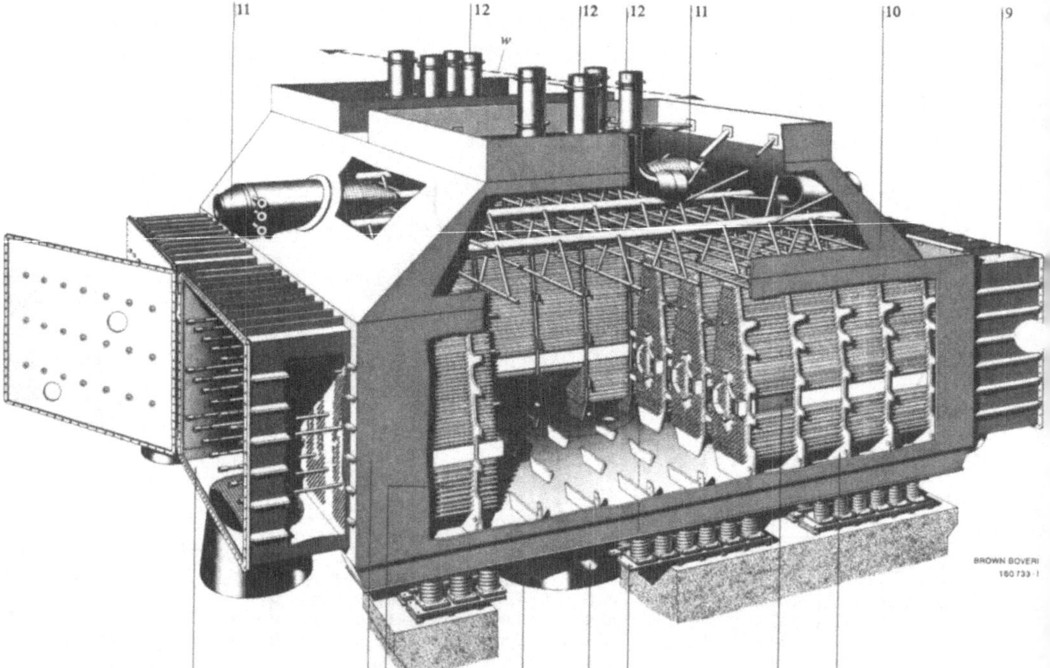

Bild 8 – Perspektivische Darstellung eines Teilbündelkondensators mit Teilausschnitten

1 = Wasserkammer-Eintritt
2 = Dampfraum
3 = Rohrbündel
4 = Kondensat-Sammelgefäss (Hotwell)
5 = Kondensatabsaugung
6 = Feder-Auflager
7 = Luftkühler
8 = Stützplatte
9 = Wasserkammer-Austritt
10 = Abdampfgehäuse
11 = Umleitdampf-Einführung
12 = Anzapfleitungen
w = Richtung der Turbinenachse

Wärmeübertragung

11. Übungsblatt

In einem Röhrenkesselverdampfer soll Leitungswasser von $\vartheta_{L,ein} = 18^\circ C$ auf $\vartheta_{L,aus} = 8^\circ C$ abgekühlt werden. Die Kühlung erfolgt durch Frigen 12, das auf der Außenfläche der Stahlrohre (38 ∅ x 3,5 mm) bei einem Druck von p = 3 bar (Siedetemperatur $\vartheta_s = 0^\circ C$) verdampft. Die Strömungsgeschwindigkeit des Wassers in den Rohren soll w = 1 m/s betragen. Für die Verdampfung (Frigenseite) gilt

$$\alpha_s = C \cdot \dot{q}^n \ \frac{W}{m^2 K} \qquad \left[\dot{q} \text{ in } \frac{W}{m^2}\right]$$

mit C = 1,56; n = 7/10 im Bereich des Blasensiedens
und C = 36 ; n = 1/4 im Bereich des konvektiven Siedens.

1. **Bei welcher Gesamttemperaturdifferenz $(\vartheta_L - \vartheta_s)_{Um}$ erfolgt der Umschlag vom Konvektions- zum Blasensieden?**
2. **Bestimmen Sie für einen zu kühlenden Leitungswasserstrom von $\dot{L}$ = 9 kg/s die erforderliche** Übertragungsfläche, **die Zahl der in einem Durchgang parallel liegenden Rohre (für w=1 m/s) und die Anzahl der wasserseitigen Gänge für eine Rohrlänge von l = 5 m.**

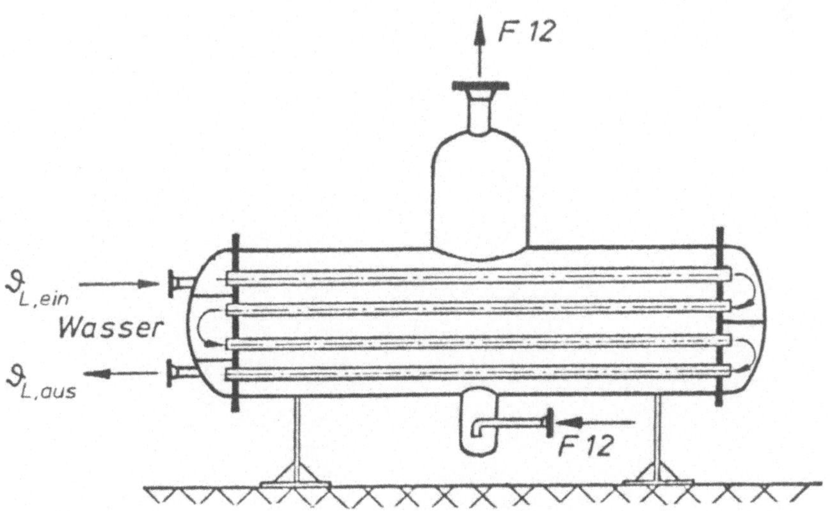

Hinweise:

Für die Rechnung ist es zweckmäßig, die Kopplung von Wärmebilanz und kinetischem Ansatz so durchzuführen, daß die Temperaturdifferenz eliminiert wird. Man erhält dann eine Differentialgleichung für die lokale Wärmeflußdichte $\dot{q}$ (A).

Der Wärmeübergangskoeffizient von Wasser an der Rohrwand kann als unabhängig von der Rohrlänge betrachtet werden $(d/L \ll 1)$.

Stoffwerte:

Für Wasser:	$Pr_w = 8{,}8$	
	$\nu_w = 1{,}239 \cdot 10^{-6}$	m^2/s
	$\lambda_w = 0{,}59$	W/mK
	$\rho_w = 10^3$	kg/m^3
	$c_w = 4{,}19 \cdot 10^3$	J/kgK
Rohr:	$\lambda_R = 50$	W/mK

Wärmeübertragung

12. Übungsblatt

1. Aufgabe

Eine wirksame Wärmeisolation besteht darin, daß man den zu isolierenden Raum mit einem evakuierten Doppelmantel umgibt, dessen Innenflächen verspiegelt sind ("Vakuumisolation")*

a) Berechnen Sie die Dicke s einer Isolierschicht aus einem homogenen Isoliermaterial der Wärmeleitfähigkeit λ, die erforderlich wäre, um die gleiche Isolierwirkung zu erzielen wie mit der Vakuumisolation für folgende gegebene Daten:

Emissionsverhältnis der verspiegelten Wände		$\varepsilon_W = 0{,}035$
Wärmeleitfähigkeit des Isoliermaterials		$\lambda = 0{,}04$ W/(mK)
Temperaturen der Wände:	1) $T_1 = 310$ K	$T_2 = 290$ K
	2) $T_1 = 210$ K	$T_2 = 190$ K
	3) $T_1 = 110$ K	$T_2 = 90$ K

b) Die Wirkung der Vakuumisolation kann schließlich noch dadurch erhöht werden, daß man den Spalt zwischen den Wänden des evakuierten Doppelmantels durch n parallele Folien in (n+1) einzelne Spalte unterteilt.

Berechnen Sie das Verhältnis der Wärmeflußdichten durch den Doppelmantel mit und ohne Folien in Abhängigkeit von der Zahl und dem Emissionsverhältnis der Folien (ε_F) und dem Emissionsverhältnis der Wände (ε_W).

2. Aufgabe

Berechnen Sie das Winkelverhältnis φ_{12} für den Strahlungsaustausch zwischen einer Kreisscheibe und einem Flächenelement, das sich parallel zu der Kreisscheibe im Abstand a auf der Mittelpunktsenkrechten befindet.

---

*Anm.: Die Wände des Doppelmantels dürfen näherungsweise als planparallele Flächen behandelt werden, deren Abstand klein gegen ihre Ausdehnungen in den senkrecht dazu stehenden Richtungen ist.

Lösungen der Übungsaufgaben

Wärmeübertragung

1. Lösungsblatt

1. Aufgabe

I. Beschreibung des Gegenstandes (Skizze)

II. Formulierung der Frage(n):

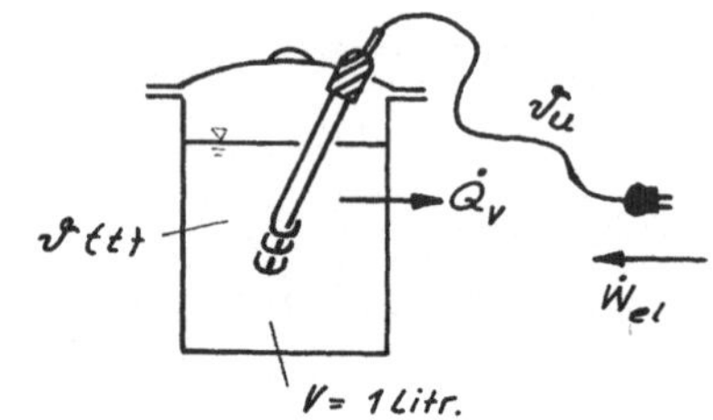

a) $\vartheta = \vartheta(t)$

b) $t_s = t(\vartheta = \vartheta_s)$

III. Grundgesetze: (Hier: $\dot{E}_{zu} = \dot{E}_{ab} + \frac{dE}{dt}$)

Bilanzraum: Wasservol. V (ohne Tauchsieder u. Topf)

$\dot{E}_{zu} = \dot{Q}_{(Tauchsieder/Wasser)} \cong \dot{W}_{el}$ (siehe Anmerkung)

$\dot{E}_{ab} \cong 0$ (keine Verluste, Behälter ohne Kapazität)

$\dot{W}_{el} = \frac{dH}{dt} = c_p \rho V \frac{d\vartheta}{dt}$ (Energiebilanz) ($\vartheta \leq \vartheta_s$)

IV.:

a) $d\vartheta = [\dot{W}_{el}/(c_p \rho V)] \cdot dt$

b) $dt = (c_p \rho V/\dot{W}_{el}) \cdot d\vartheta$

V.:

$$\vartheta(t) = \vartheta_A + \frac{\dot{W}_{el}}{c_p \rho V} t$$

$$t_s = (c_p \rho V/\dot{W}_{el}) \cdot (\vartheta_s - \vartheta_A)$$

VI. Temp. steigt linear mit t!

Zahlenwerte: $(c_p \rho V/\dot{W}_{el}) = (4{,}19 \cdot 10^3 \cdot 10^{-3}/1) \frac{kJ\, kg \cdot m^3 s}{kg\, K\, m^3\, kJ} = 4{,}19 \frac{s}{K}$

$t_s = 4{,}19\,(100 - 14)\,s \cong 360\,s = 6\,min$

---

2. Aufgabe

Lösung bitte selbst erarbeiten

---

3. Aufgabe (Teil 1)

Bilanzraum jetzt: Topf mit Wasser u. Tauchsieder

$\dot{W}_{el} = \dot{Q}_V + \frac{dH}{dt}$ $\qquad \frac{dH}{dt} = (c_p \rho V + S c_s) \frac{d\vartheta}{dt}$ (ϑ ist die kalorische Mitteltemp. des Bilanzraumes $\vartheta \cong \vartheta_{Wasser}$)

Kinetischer Ansatz: $\dot{Q}_V = k_V A_V (\vartheta(t) - \vartheta_u)$
(Richtung wie in der Bilanz)

$$\vartheta(t) = \left(\vartheta_u + \frac{\dot{W}_{el}}{k_V A_V}\right) - \left[\left(\vartheta_u + \frac{\dot{W}_{el}}{k_V A_V}\right) - \vartheta_A\right] e^{-\frac{k_V A_V}{c_p \rho V + S c_s} t}$$

$$t_s = \frac{c_p(\rho V) + c_s S}{k_V A_V} \ln \frac{(\dot{W}_{el}/(k_V A_V) + \vartheta_u) - \vartheta_A}{(\dot{W}_{el}/(k_V A_V) + \vartheta_u) - \vartheta_s}$$

Zahlenwerte: $\dot{W}_{el}/(k_V A_V) = 1000\,K$ $\qquad$ $t_s \cong 6{,}54\ min$

1. Aufgabe:

2. Lösungsblatt

1a) Beharrungstemperatur $\vartheta_{L,\infty}$: Lösung analog Vorlesung (einziger Unterschied: $\vartheta_u \neq \vartheta_{L,A} = \vartheta_{L,ein}$)

Höchste Temp. $\vartheta_{F,ein} = 100°C$; tiefste Temp. $\vartheta_{L,A} = \vartheta_{L,ein} = 10°C$

(Normierung auf maximale Temperaturdifferenz)

$$\Theta_{L,\infty} = \frac{m(1-e^{-NTU}) + v \cdot \Theta_u + w}{m(1-e^{-NTU}) + v + 1} \quad (1)$$

$$\Theta \equiv \frac{\vartheta - \vartheta_{L,ein}}{\vartheta_{F,ein} - \vartheta_{L,ein}} \qquad m \equiv \frac{c_F \dot{F}}{c_L \dot{L}} \qquad NTU \equiv \frac{k_H A_H}{c_F \dot{F}}$$

$$v \equiv \frac{k_V A_V}{c_L \dot{L}} \qquad w \equiv \frac{\dot{W}_{Rührer}}{c_L \dot{L}\,(\vartheta_{F,ein} - \vartheta_{L,ein})}$$

Zahlenwerte:

$m = 0,75$; $NTU = 2,0$; $v = 0,025$; $\Theta_U = 1/9$; $w = 0,5/90$

$\Theta_{L\infty} = 0,3925$ $\qquad \vartheta_{L\infty} = \vartheta_{L,ein} + (\vartheta_{F,ein} - \vartheta_{L,ein}) \cdot \Theta_{L\infty} = 45,3°C$

Rührleistung u. Wärmeverluste sind (hier) praktisch vernachlässigbar ($v, w \ll m$). Mit $v = w = 0$ erhält man $\vartheta_{L\infty} = 45,4°C$.

Vergrößern der Übertragungsfläche der Heizschlange bringt wenig: $\lim_{NTU \to \infty} \Theta_{L,\infty} \cong \frac{m}{m+1}$ ➡ $\vartheta_{L\infty}(NTU \to \infty) = 48,6°C$

1b) Für $\dot{L} \to 0$ gehen $(m, v, w) \to \infty$. Dividiert man Gl.(1) durch m in Zähler u. Nenner, dann bleiben $\nu \equiv \frac{v}{m} = \frac{k_V A_V}{c_F \dot{F}}$ und $\omega \equiv \frac{w}{m} = \frac{\dot{W}}{c_F \dot{F}(\vartheta_{F,ein} - \vartheta_{L,ein})}$ endlich.

Für $\dot{L} \to \infty$ gehen $(m, v, w) \to 0$.

$$\frac{1-e^{-NTU} + \nu\Theta_U + \omega}{1-e^{-NTU} + \nu} \geq \Theta_{L,\infty} > 0$$

Z.W.: $\nu = 1/30$ $\quad \omega = 1/135$ $\quad$ max. $\Theta_{L,\infty} = 0,975$

$$97,8°C \geq \vartheta_{L,\infty} > 10°C$$

2. Lösungsblatt

2.) Aus der Energiebilanz für den gesamten Kessel und dem kinetischen Ansatz für $\dot{Q}_V$ folgt:

$$-\frac{L}{\dot{L}}\left(1+\frac{c_S S}{c_L L}\right)\frac{d\vartheta_L}{dt} = \vartheta_L - \vartheta_{L,ein} + m\left(\vartheta_{F,aus} - \vartheta_{F,ein}\right) + v\left(\vartheta_L - \vartheta_u\right) - \frac{\dot{W}}{c_L \dot{L}} \quad (2)$$

Die darin noch unbekannte Temp. $\vartheta_{F,aus}(t)$ ergibt sich aus einer lokalen Bilanz am Volumenelement der Heizschlange u. dem kinetischen Ansatz für $d\dot{Q}_H$ mit $\partial\vartheta_F/\partial t \cong 0$ (siehe Hinw.):

$$\vartheta_{F,aus}(t) = \vartheta_{F,ein} - \left(\vartheta_{F,ein} - \vartheta_L(t)\right)\cdot\left(1 - e^{-NTU}\right) \quad (3)$$

Aus (2) u. (3) erhält man mit (1) und $\tau \equiv \dfrac{(\dot{L}/L)\cdot t}{1 + c_S S / c_L L}$:

$$\frac{d\Theta_L}{\Theta_L - \Theta_{L,\infty}} = -\left(1 + m\left(1 - e^{-NTU}\right) + v\right) d\tau \quad (4)$$

Nach Integration u. Auflösung nach der gesuchten Größe findet man:

$$\boxed{\vartheta_L(t) = \vartheta_{L,\infty} - \left(\vartheta_{L,\infty} - \vartheta_{L,A}\right)\exp\left(-\frac{t}{t_R}\right)}$$

mit $t_R = \dfrac{L}{\dot{L}}\left(1 + \dfrac{c_S S}{c_L L}\right) \Big/ \left(1 + m\left(1 - e^{-NTU}\right) + v\right)$

Z.W.: $t_R = 1600\,s\left(1 + \frac{100}{3200}\right) \Big/ \left(1 + 0{,}6485 + 0{,}025\right)$

$t_R = 986\,s$ $(= 16{,}4\ min)$ $\quad t_{99\%} = (\ln 100)\cdot t_R \cong 1h\ 16\ min$

t / min	5	10	15	20	40	60	80
ϑ_L / °C	19,3	26,1	31,2	34,9	42,2	44,4	45,0
$\vartheta_{F,aus}$ / °C	30,2	36,1	40,5	43,7	50,0	51,9	52,5

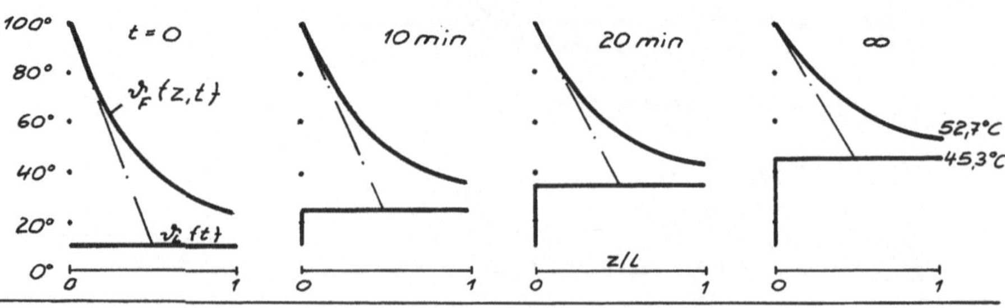

3.) Hinweis: Mit $\vartheta_{F,ein} = 250°C \Rightarrow \vartheta_{L,\infty} = 103{,}5°C$ d.h. es entst. Dampf, $\vartheta_{L\infty}$ wird nicht erreicht.

1. Aufgabe

Skizze:

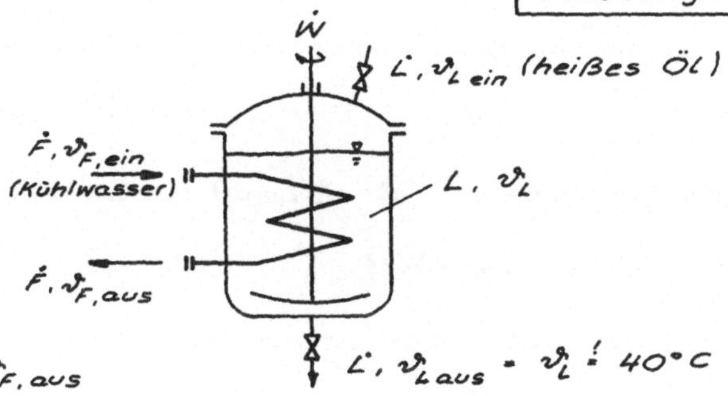

Unbekannt: $\dot{F}, \vartheta_{F,aus}$

a.) $\dot{F}_{min} = ?$

Energiebilanz um gesamten Kessel:

$$c_L \dot{L} \left(\vartheta_{L\,ein} - \vartheta_{L\,aus}\right) + c_F \dot{F} \left(\vartheta_{F\,ein} - \vartheta_{F\,aus}\right) + \dot{W} = \dot{Q}_V + \frac{dH}{dt}$$

$(\dot{W} - \dot{Q}_V) \cong 0$ (vernachlässigt) $\qquad dH/dt = 0$ (stationär)

$$\rightarrow \boxed{\dot{F} = \dot{L} \cdot \frac{c_L}{c_F} \cdot \frac{\vartheta_{L\,ein} - \vartheta_{L\,aus}}{\vartheta_{F\,aus} - \vartheta_{F\,ein}}} \quad (1)$$

$\dot{F}_{min}$ ergibt sich daraus für $\vartheta_{F\,aus} = \vartheta_{F\,aus,max} = \vartheta_{L,aus}$ (therm. Ausgleich, Gleichgew.)

$$\dot{F}_{min} = \dot{L} \frac{c_L}{c_F} \; \frac{\vartheta_{L\,ein} - \vartheta_L}{\vartheta_L - \vartheta_{F\,ein}} \quad (2)$$

$$\underline{\underline{\dot{F}_{min}}} = 0{,}5\,kg/s \cdot \frac{2}{4} \cdot \frac{100-40}{40-10} = \underline{\underline{0{,}5\,kg/s}}$$

---

b.) $d_i = ?$ für $\dot{F} = 1{,}5 \cdot \dot{F}_{min} = 0{,}75\,kg/s$

Massenbilanz für die Rohrschlange (Kontinuität) $\dot{F}_{ein} = \dot{F}_{aus} = \dot{F}$

$$\dot{F} = \varrho_F u \frac{\pi}{4} d_i^2 \longrightarrow \underline{\underline{d_i \overset{!}{\geq} \left(\frac{4\dot{F}}{\pi \varrho_F u_{max}}\right)^{1/2}}} = 30{,}9\,mm$$

Gewähltes Rohr daher 35×2 (mit $d_i = 31\,mm$)

---

c.) $A = ?$

Energiebilanz um die Rohrschlange

$$\dot{F} c_F \left(\vartheta_{F\,ein} - \vartheta_{F\,aus}\right) + \dot{Q} = 0 \quad \text{(stationär)} \quad (3)$$

Darin läßt sich $\vartheta_{F\,aus}$ aus der Gesamtbilanz (Teil a) berechnen:

$$\vartheta_{F\,aus} = \vartheta_{F\,ein} + \frac{c_L \dot{L}}{c_F \dot{F}} \left(\vartheta_{L\,ein} - \vartheta_{L\,aus}\right) \qquad \vartheta_{F\,aus} = 30°C$$

Kinetischer Ansatz: $\quad \dot{Q} = kA \left(\vartheta_L - \vartheta_F\right)_m$

3. Lösungsblatt

Problem: ϑ_F ist (im Gegensatz zu ϑ_L) nicht konstant. Es variiert zwischen 10 °C am Eintritt u. 30 °C am Austritt. Welcher Mittelwert der Temperaturdifferenz $(\vartheta_L - \vartheta_F)$ muß in den kinetischen Ansatz eingesetzt werden?

Lösung: Bilanzraum kleiner wählen: Volumenelement

$dV = f dz \qquad (f = (\pi/4)\, di^2)$ der Rohrschlange:

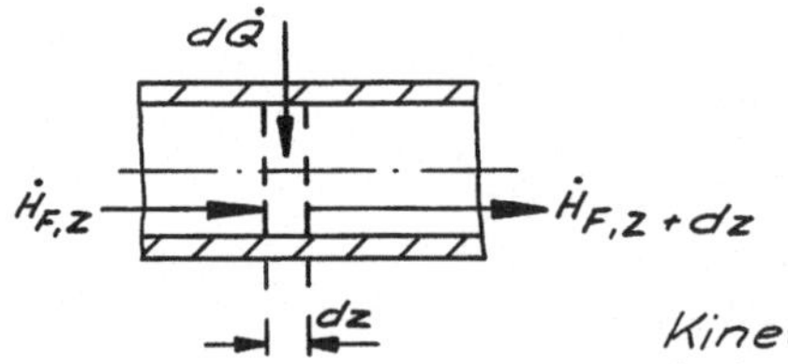

$$\dot{H}_{F,z} + d\dot{Q} = \dot{H}_{F,z+dz}$$

$$d\dot{Q} = \frac{d\dot{H}_F}{dz} dz = c_F \dot{F} \frac{d\vartheta_F}{dz} dz$$

Kinetik (lokal) $d\dot{Q} = k dA (\vartheta_L - \vartheta_F f z))$
(Richtung wie in der Bilanz)

Kopplung von Bilanz u. Kinetik, Trennung der Variablen u. Integration über dz oder $dA = \pi d_a dz$ liefert:

$$\ln \frac{\vartheta_{F aus} - \vartheta_L}{\vartheta_{F ein} - \vartheta_L} = - \frac{kA}{c_F \dot{F}}$$

Ersetzt man darin $c_F \dot{F}$ aus der Bilanz (3)

$$c_F \dot{F} = - \dot{Q} / (\vartheta_{F,ein} - \vartheta_{F aus})$$

dann erhält man:

$$\dot{Q} = kA \cdot \frac{(\vartheta_L - \vartheta_{F ein}) - (\vartheta_L - \vartheta_{F aus})}{\ln \frac{\vartheta_L - \vartheta_{F ein}}{\vartheta_L - \vartheta_{F aus}}} = kA \cdot \Delta\vartheta_{log}$$

d.h. es ist der logarithm. Mittelwert der Temp.-differenzen am Eintritt u. Austritt der Rohrschl. einzusetzen

$$\boxed{A = \frac{\dot{Q}}{k \Delta\vartheta_{log}}}$$

$\dot{Q}$ aus Bilanz (3) $\quad \dot{Q} = 0{,}75 \cdot 4 \cdot 10^3 (30-10)$ W

$\dot{Q} = 60$ kW $\quad \Delta\vartheta_{log} = \frac{30-10}{\ln 30/10}$ K $= 18{,}2$ K

$\underline{\underline{A = 4{,}12\ m^2}} \qquad \underline{\underline{l = A/(\pi d_a) = 37{,}5\ m}}$

2.) Analog zur 1. bitte selbst lösen. (Was ist beim Rührkessel anders als beim Gleichstromwärmeübertrager? Temperaturverlauf aufzeichnen!)

Endergebnis: $A_{GL} = 2{,}75\ m^2 \quad (\Delta\vartheta_{log} = 36{,}4\ K)$

$A_{GG} = 2{,}12\ m^2 \quad (\Delta\vartheta_{log} = 47{,}2\ K)$

4. Lösungsblatt

1.

$$NTU_L = \frac{kA}{c_L \dot{L}} = \frac{c_F \dot{F}}{c_L \dot{L}} \cdot NTU_F \qquad \frac{c_L \dot{L}}{c_F \dot{F}} = \dot{R}$$

Zahlenwerte: $\dot{R} = 4 \cdot 0{,}5/(2 \cdot 1) = 1$ $\qquad NTU_F = NTU_L = 4{,}29$

2.

$$NTU_Z = \frac{1}{6} NTU \qquad \left(A_Z = \frac{1}{6} A\right) \qquad NTU_Z = 0{,}715$$

$$\varepsilon_L = \frac{1}{\dot{R}} \left\{ 1 - \exp\left[-\dot{R} \left\{ 1 - \exp(-NTU_{L,Z}) \right\} \right] \right\} \qquad \varepsilon_L = \varepsilon_F = 0{,}400$$

---

3. Es gibt 4 verschiedene Möglichkeiten der Strömungsführung

G1 (gleiche Eintrittszelle) $\qquad \dot{F} \to -\dot{F}$ $\qquad \dot{L} \to -\dot{L}$ $\qquad$ G2 (Eintrittszellen benachbart) $\qquad \dot{F} \to -\dot{F}$

G4 (Eintrittszellen um 2 getr.) $\qquad \dot{L} \to -\dot{L}$ $\qquad$ G3 (Eintrittsz. um 1 getrennt)

---

4. $\Theta_L''(j) = (1 - \varepsilon_L)\, \Theta_L''(i) + \varepsilon_L\, \Theta_F''(k)$

$\Theta_F''(j) = (1 - \varepsilon_F)\, \Theta_F''(k) + \varepsilon_F\, \Theta_L''(i)$

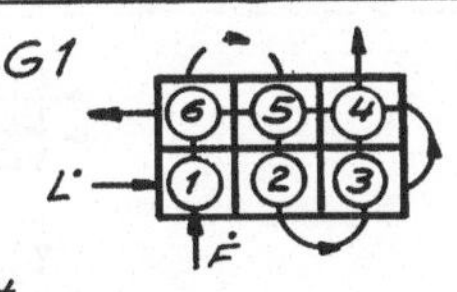

j = Zellennummer in L-Stromrichtung gezählt

i = Nummer der in L-Richtung stromaufwärts liegenden Zelle

k = Nummer der in F-Richtung stromaufwärts liegenden Zelle

j	i	k	0	1	2	3	4	5	6	7	8	
1	0	0	0.	.4	.4	.4	.40	.40	.40	.400	.400	
2	1	5	0.	.6	.6	.5	.48	.46	.45	.448	.448	
3	2	2	0.	.8	.6	.5	.49	.47	.46	.457	.457	$\Theta_L''(j)$
4	3	3	0.	.9	.6	.5	.49	.47	.47	.458	.459	L
5	4	6	0.	.9	.6	.6	.54	.51	.50	.499	.499	
6	5	1	0.	1.	.6	.6	.56	.55	.54	.539	<u>.540</u>	$= \Theta_L''(6) = \bar{\varepsilon}_L$
j	k	i										
1	0	0	1.	.6	.6	.6	.60	.60	.60	.600	.600	
6	1	5	1.	.7	.6	.6	.58	.56	.56	.560	.560	
5	6	4	1.	.8	.6	.6	.54	.53	.52	.519	.519	$\Theta_F''(j)$
2	5	1	1.	.6	.5	.5	.48	.48	.47	.471	.472	F
3	2	2	1.	.6	.6	.5	.48	.47	.46	.462	.462	
4	3	3	1.	.7	.6	.5	.49	.47	.46	.460	<u>.460</u>	

Kontrolle: $\Theta_{L,aus} + \Theta_{F,aus} = 1{,}000$ folgt aus

Bilanz: $\dot{R}\,\Theta_{L\,ein} + \Theta_{F\,ein} = \dot{R}\,\Theta_{L\,aus} + \Theta_{F\,aus} \qquad \Theta_{L\,ein} = 0$

$\qquad 0 + 1 = \dot{R}\,\Theta_{L\,aus} + \Theta_{F\,aus} \qquad \Theta_{F\,ein} = 1$

$\varepsilon_L = \varepsilon_F = 0.40$

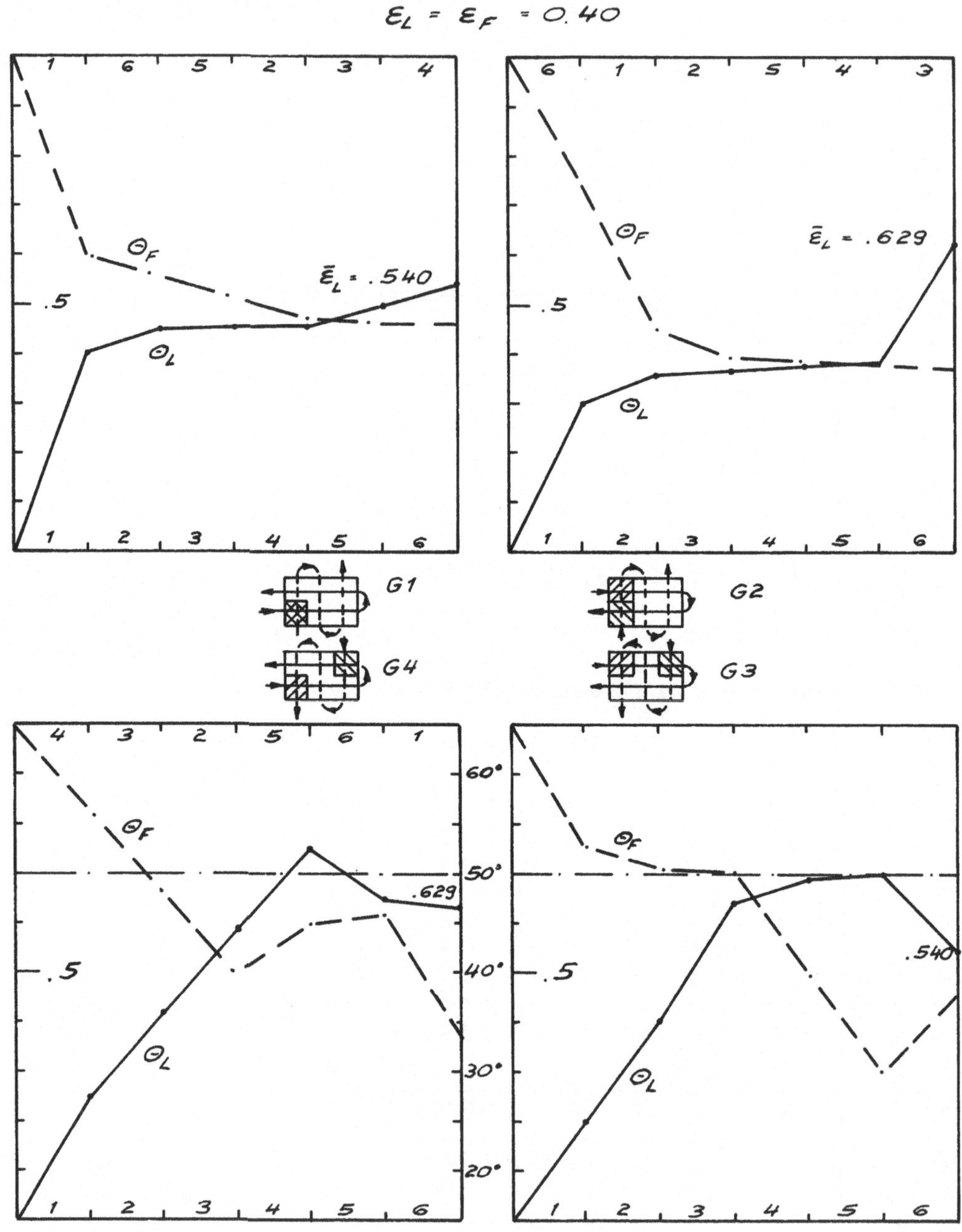

5. Lösungsblatt

1. Aufgabe: Bitte selbst lösen (sehr einfach)

2. Aufgabe

I. Beschreibung des Gegenstandes (siehe Aufgabenstell. + Skizze)

II. Formulierung der Frage: $\vartheta_{A,max} = ?$

III. Bereitstellung der physikalischen Grundgesetze.

Bilanz: Im stationären Zustand ohne Entnahme von Nutzleistung (kein Flüssigkeitsstrom durch die Rohre) gilt:

$$\dot{q}_s = \dot{q}_v \quad (1)$$

$$\dot{q}_v = \dot{q}_{v,K} + \dot{q}_{v,s} \quad (2)$$

Kinetik:

$$\dot{q}_{v,K} = \alpha_K (\vartheta_A - \vartheta_L) \quad (3)$$

$$\dot{q}_{v,K} = \alpha_K (\vartheta_L - \vartheta_G) \quad (4)$$

$$\dot{q}_{v,K} = \frac{\alpha_K}{2} (\vartheta_A - \vartheta_G) \quad (5)$$

$$\dot{q}_{v,s} = \alpha_s (\vartheta_A - \vartheta_G) \quad (6)$$

$$\dot{q}_v = \alpha_A (\vartheta_G - \vartheta_\infty) \quad (7)$$

Aus (2), (5) u. (6) folgt:

$$\dot{q}_v = \left(\alpha_s + \frac{\alpha_K}{2}\right)(\vartheta_A - \vartheta_G) \quad (8)$$

IV. Entwicklung nach den gesuchten Größen

Aus (7) und (8)

$$\dot{q}_v \left(\frac{1}{\alpha_a} + \frac{1}{\alpha_s + \frac{\alpha_K}{2}} \right) = (\vartheta_A - \vartheta_\infty) \quad (9)$$

V. Math. Auflösung

mit (1) folgt aus (9):

$$\vartheta_{A(max)} = \vartheta_\infty + \dot{q}_s \left(\frac{1}{\alpha_a} + \frac{1}{\alpha_s + \frac{\alpha_K}{2}} \right)$$

Zahlenwerte: $\vartheta_{A(max)} = 115{,}8\,°C$ $\qquad \vartheta_G = 38\,°C$ (aus 7)

$\dot{q}_{v,s} = 622{,}2\ W/m^2$ (aus 6)

$\dot{q}_{v,K} = 77{,}8\ W/m^2$ (aus 2 oder 5)

$\vartheta_L = 76{,}9\,°C$ (aus 3 oder 4)

6. Lösungsblatt

1. Aufgabe

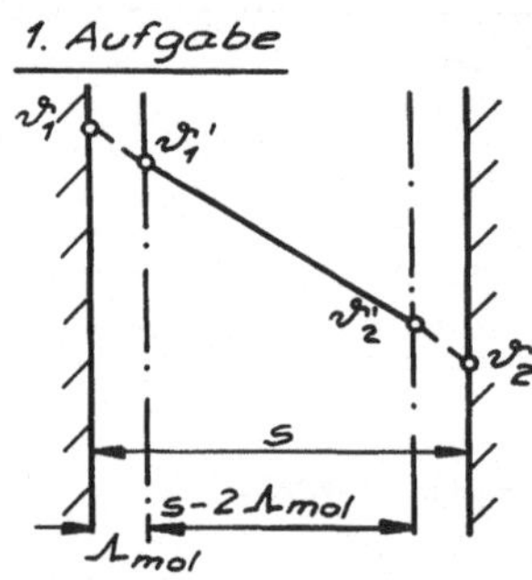

a.)

$$\dot{Q}_{mol} = \frac{1}{6}\varrho c w A \gamma (\vartheta_1 - \vartheta_1') \quad \text{(Randzone)} \quad (1)$$

$$\dot{Q}_{mol} = \frac{\lambda}{s - 2\Lambda_{mol}} (\vartheta_1' - \vartheta_2') \quad \text{(Kernzone)} \quad (2)$$

$$\dot{Q}_{mol} = \frac{1}{6}\varrho c w A \gamma (\vartheta_2' - \vartheta_2) \quad \text{(Randzone)} \quad (3)$$

Mit $\lambda = \frac{1}{3}\varrho c w \Lambda_{mol} \Rightarrow \frac{1}{6}\varrho c w = \frac{\lambda}{2\Lambda_{mol}}$

$$\dot{Q}_{mol} = \alpha_{mol} A (\vartheta_1 - \vartheta_2) \quad (4)$$

Aus (1), (2), (3) folgt:

$$\dot{Q}_{mol} \left\{ \frac{2}{\gamma}\cdot\frac{\Lambda_{mol}}{\lambda} + \frac{s - 2\Lambda_{mol}}{\lambda} + \frac{2}{\gamma}\cdot\frac{\Lambda_{mol}}{\lambda} \right\} = A(\vartheta_1 - \vartheta_2) \quad (5)$$

Aus (4) u. (5) $\quad \frac{1}{\alpha_{mol}} = \frac{1}{\lambda}\left\{ s + 2\Lambda_{mol}\cdot\left(\frac{2}{\gamma} - 1\right)\right\} \quad (6)$

oder $\quad \boxed{\alpha_{mol} = \frac{\lambda}{s+\sigma} \quad \text{mit } \sigma = 2\Lambda_{mol}\cdot\left(\frac{2}{\gamma}-1\right)} \quad (7)$

b.)

$$\left.\begin{aligned}\dot{Q}_{rad} &= c_{12} A (T_1^4 - T_2^4)\\ \dot{Q}_{rad} &= \alpha_{rad} A (T_1 - T_2)\end{aligned}\right\} \alpha_{rad} = c_{12}\cdot\frac{T_1^4 - T_2^4}{T_1 - T_2} \quad (8)$$

Mit $(a^4 - b^4)/(a-b) = (a+b)\cdot(a^2+b^2)$ und

$a^2 + b^2 = \frac{1}{2}\left((a+b)^2 + (a-b)^2\right)$ kann man Gl. 8 auch

in der Form: $\boxed{\alpha_{rad} = 4 c_{12} T_m^3 \left\{1 + \left(\frac{T_1 - T_2}{T_1 + T_2}\right)^2\right\}}$ schreiben. (8a)

$T_m = (T_1 + T_2)/2 \qquad (T_1+T_2)^2 \geq (T_1 - T_2)^2$

Für $(T_1 - T_2)^2 \ll (T_1 + T_2)^2$ folgt $\alpha_{rad} \cong 4 c_{12} T_m^3$

Zahlenwerte: $T_1 = 298\,K$, $T_2 = 288\,K$, $T_m = 293\,K$, $\alpha_{rad} = 5\,W/m^2K$

c.)

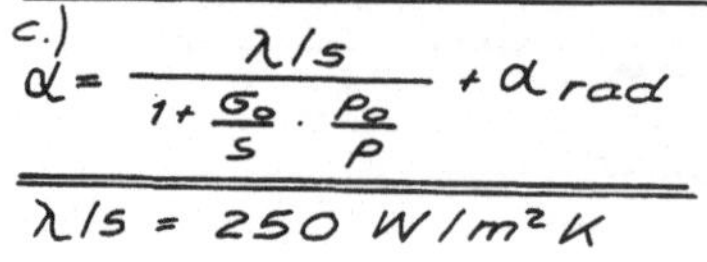

$$\alpha = \frac{\lambda/s}{1 + \frac{\sigma_0}{s}\cdot\frac{p_0}{p}} + \alpha_{rad}$$

$\lambda/s = 250\,W/m^2K$

$\sigma_0/s = 1{,}71\cdot 10^{-3}$ $(\gamma = 0{,}9)$

$\alpha_{rad} = 5\,W/m^2K$

$s = 0{,}1\,mm$

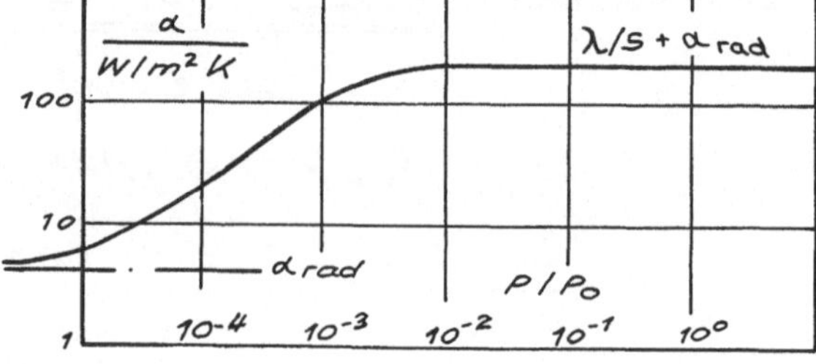

6. Lösungsblatt

2. Aufgabe

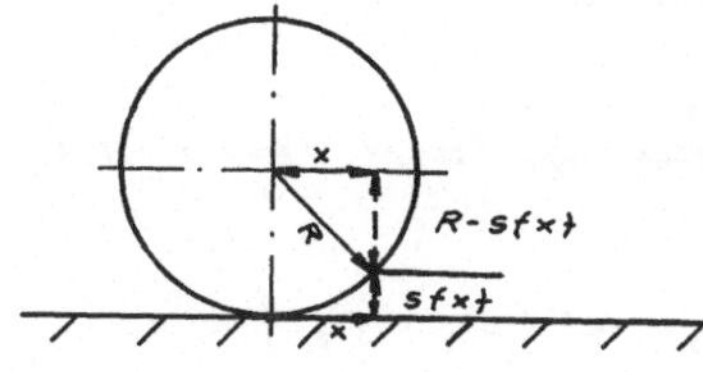

x = Radiuskoordinate in der Ebene

s(x) = lokale Spaltweite

Geometrischer Zusammenhang:

$$x^2 + (R-s)^2 = R^2 \quad (1)$$

$$s(x) = R\left\{1-\sqrt{1-(x/R)^2}\right\} \quad (2)$$

a.) $$\alpha_{mol}(x) = \frac{\lambda}{s(x)+\sigma} = \frac{\lambda/R}{\left(1+\frac{\sigma}{R}\right)-\sqrt{1-(x/R)^2}} \quad (3)$$

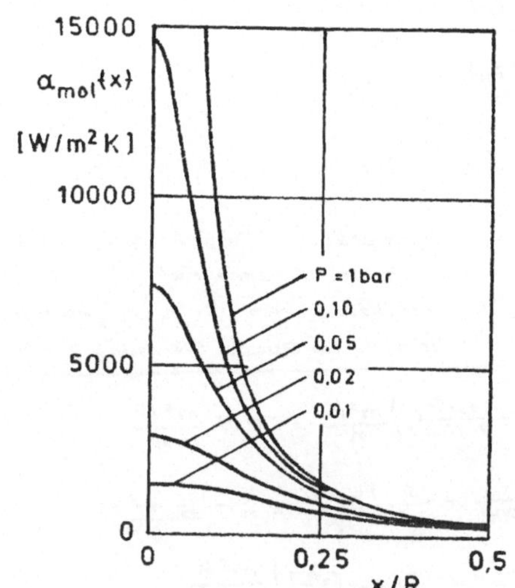

$\lambda/R = 50\ W/m^2K$

$(\sigma/R) = 3{,}42 \cdot 10^{-4}\ P_0/P\ ;\ (P_0 = 1\,bar)$

$R = 0{,}5\ mm$

Technische Anwendungen:

WÜ zw. festen Wänden und Partikeln bei Vakuumkontakttrockn., Kohlenstaubfeuerung, Kohlevergasung in der Wirbelschicht u.v.a

b.) Gl. 1 differenziert:

$$2x\,dx = 2(R-s)\,ds \quad (4)$$

$$\alpha_{WP} = \frac{1}{\pi R^2}\int_{x=0}^{R}\alpha_{mol}(x)\,2\pi x\,dx \quad (5)$$

$$\alpha_{WP} = 2\frac{\lambda}{R}\int_{s=0}^{R}\frac{(R-s)\,ds}{R(s+\sigma)} \quad (6) \qquad \frac{s+\sigma}{R} \equiv z$$

$$\alpha_{WP} = 2\frac{\lambda}{R}\int_{\sigma/R}^{1+\sigma/R}\left\{\left(1+\frac{\sigma}{R}\right)\frac{dz}{z} - dz\right\} \quad (7)$$

$$\boxed{\alpha_{WP} = 2\frac{\lambda}{R}\left\{\left(1+\frac{\sigma}{R}\right)\ln\left(\frac{R}{\sigma}+1\right)-1\right\}} \quad (8)$$

E.U. Schlünder, Chemie-Ing. Techn. 43 (1971) 651/54; Krischer, Kast „Trocknungstechnik" 1978 S. 121

Zahlenwerte:

P [bar]	1	0,1	0,05	0,02	0,01
α_{WP} [W/m²K]	698	470	403	316	253
$(\lambda/\sigma)/\alpha_{WP}$	209	31,1	18,1	9,25	5,78

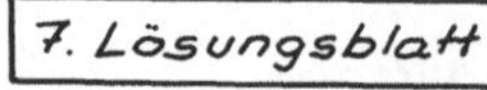

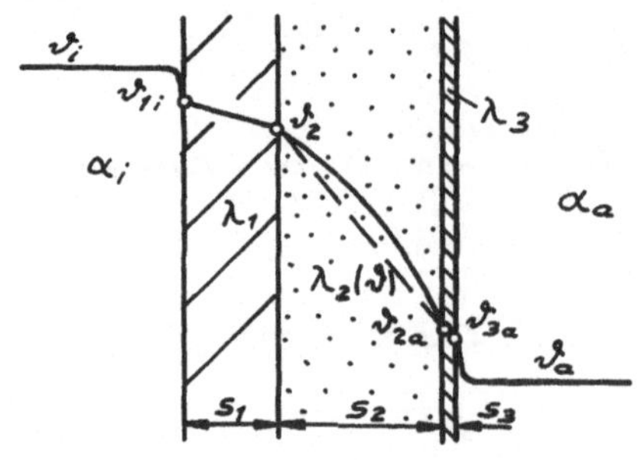

1. Aufgabe

a.)

$\dot{Q}/A = \dot{q} = ?$

Stationär: $\dot{q} = const.$ $(A = const.)$

Kinetik:

$$\dot{q} = \alpha_i\,(\vartheta_i - \vartheta_{1i}) \qquad (1)$$
$$\dot{q} = \alpha_1\,(\vartheta_{1i} - \vartheta_{2i}) \qquad (2)$$
$$\dot{q} = \alpha_2\,(\vartheta_{2i} - \vartheta_{2a}) \qquad (3)$$
$$\dot{q} = \alpha_3\,(\vartheta_{2a} - \vartheta_{3a}) \qquad (4)$$
$$\dot{q} = \alpha_a\,(\vartheta_{3a} - \vartheta_a) \qquad (5)$$
$$\dot{q} = k\,(\vartheta_i - \vartheta_a) \qquad (6)$$

$$\alpha_k = \frac{\lambda_k}{s_k} \qquad k = 1,2,3$$

$$\frac{1}{k} = \left(\frac{1}{\alpha_i} + \frac{s_1}{\lambda_1}\right) + \frac{s_2}{\lambda_2(\bar{\vartheta}_2)} + \left(\frac{s_3}{\lambda_3} + \frac{1}{\alpha_a}\right) \qquad (7)$$

$$\frac{1}{k} = R_{i,1} + R_2(\bar{\vartheta}_2) + R_{3,a} \qquad (7a)$$

$$\bar{\vartheta}_2 = \frac{1}{2}\left(\vartheta_{2i} + \vartheta_{2a}\right) \qquad (8)$$

Aus (1+2); (4+5) u. (7a) u. (8);

$$\bar{\vartheta}_2 = \frac{1}{2}\left\{\vartheta_i + \vartheta_a + (R_{3,a} - R_{i,1})\,\dot{q}\right\} \qquad (9)$$

$$\bar{\lambda}_2 = \left(0{,}5 + \frac{\bar{\vartheta}_2/°C}{2200}\right)\frac{W}{m\,K} \qquad (10)$$

Anmerkung: Das Problem läßt sich in diesem Fall – λ = lineare Funktion von ϑ – auch geschlossen lösen: ➔ Quadr. Gleichung für $\dot{q}$.

Zahlenwerte: $R_{i,1} = \left(\frac{1}{\alpha_i} + \frac{s_1}{\lambda_1}\right) = \left(\frac{1}{1000} + \frac{150}{4\cdot 1000}\right)\frac{m^2K}{W} = 38{,}5\ \frac{m^2K}{kW}$

$R_{3,a} = \left(\frac{s_3}{\lambda_3} + \frac{1}{\alpha_a}\right) = \left(\frac{10}{20\cdot 1000} + \frac{1}{20}\right)\frac{m^2K}{W} = 50{,}5\ \frac{m^2K}{kW}$

$\bar{\vartheta}_2 = (710 + 6\cdot\dot{q}/kW)\,°C \qquad 1/k = (89 + 300/\lambda_2(\bar{\vartheta}_2))\ \frac{m^2K}{kW}$

$\dot{q} = k\cdot 1380\ K \qquad$ Erste Schätzung $\bar{\vartheta}_2^{(0)} = 710\,°C$ ➔

$\lambda_2^{(0)} = 0{,}823\ W/mK \qquad \dot{q}^{(0)} = 3{,}042\ kW/m^2 \Rightarrow \bar{\vartheta}_2^{(1)} = 728\,°C \rightarrow k = 2{,}22\ W/m^2K$

$\lambda_2^{(1)} = 0{,}831\ W/mK \qquad \dot{q}^{(1)} = 3{,}067\ kW/m^2 \Rightarrow \bar{\vartheta}_2^{(2)} = 728\,°C \qquad \underline{\dot{q} = 3{,}067\ kW/m^2}$

b.) Nein. Es gilt $\dot{q}\cdot s_2 = -\int_{\vartheta_{2i}}^{\vartheta_{2a}} \lambda_2(\vartheta)\,d\vartheta$ d.h. $\dot{q} = (\bar{\lambda}_2/s_2)\cdot(\vartheta_{2i} - \vartheta_{2a})$

c.) Größer. Gradient auf der warmen Seite $|d\vartheta/dx|_{2i} = \dot{q}/\lambda_{2i}$ ist betragsmäßig kleiner als $|d\vartheta/dx|_{2a}$, da λ_2 mit der Temperatur ansteigt.

7. Lösungsblatt

2. Aufgabe

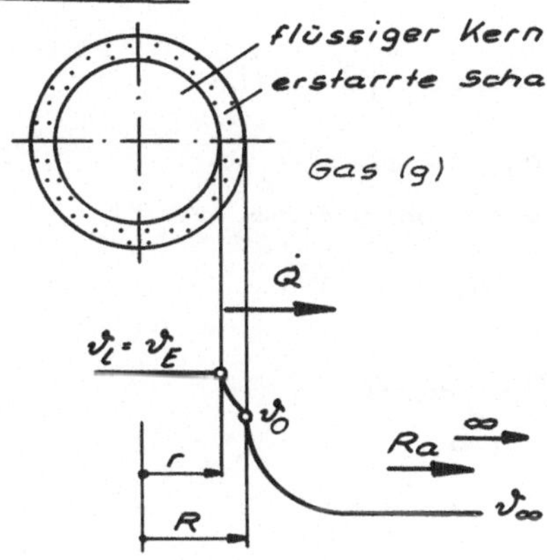

Bilanz um den gesamten Tropfen

$$-\dot{Q} = \frac{dH_l}{dt} + \frac{dH_s}{dt}$$

$$H_l = \rho_l V_l \left(\Delta h_s + c_{pl}(\vartheta_l - \vartheta_E)\right) + H_0$$

$$H_s = \rho_s V_s c_{ps} (\bar{\vartheta}_s - \vartheta_E) + H_0 \qquad \left(dH_s \ll dH_l \text{ vernachlässigt}\right)$$

$$-\dot{Q} \cong \rho_l \Delta h_s \cdot (dV_l/dt)$$

$$\boxed{-\dot{Q} = \rho_l \Delta h_s \, 4\pi r^2 \frac{dr}{dt}} \qquad (1)$$

Kinetik:

$$\left.\begin{array}{l}\dot{Q} = \alpha_s A (\vartheta_E - \vartheta_0) \\ \dot{Q} = \alpha_g A (\vartheta_0 - \vartheta_\infty)\end{array}\right\} \qquad \boxed{\dot{Q} = kA(\vartheta_E - \vartheta_\infty)} \qquad (2)$$

$$\frac{1}{kA} = \frac{1}{\alpha_s A} + \frac{1}{\alpha_g A} \qquad \alpha_s = \frac{\lambda_E}{R\left(\frac{R}{r} - 1\right)} \qquad \alpha_g = \frac{\lambda_L}{R\left(1 - \frac{R}{R_a}\right)}, \quad \frac{R}{R_a} \to 0$$

(Beide α-Werte auf die äußere Oberfläche $4\pi R^2$ bez.)

$$\boxed{\frac{1}{k} = \frac{R}{\lambda_E}\left(\frac{R}{r} - 1\right) + \frac{R}{\lambda_L}} \qquad (3)$$

Aus (1), (2), (3) folgt mit $x = r/R$:

$$(d\tau \equiv) \; \frac{\lambda_E (\vartheta_E - \vartheta_\infty)}{R^2 \rho_l \Delta h_s} dt = -\left\{\left(\frac{\lambda_E}{\lambda_L} - 1\right) x^2 + x\right\} dx$$

$$\boxed{\tau = -\int_{x=1}^{r/R} \left\{\left(\frac{\lambda_E}{\lambda_L} - 1\right) x^2 + x\right\} dx} \qquad \tau = \left(\frac{\lambda_E}{\lambda_L} - 1\right)\frac{1}{3}\left(1 - \left(\frac{r}{R}\right)^3\right) + \frac{1}{2}\left(1 - \left(\frac{r}{R}\right)^2\right)$$

Gesamte Erstarrungszeit für $r = 0$:

$$\tau_E = \frac{1}{3}\left(\frac{\lambda_E}{\lambda_L} - 1\right) + \frac{1}{2} = \frac{1}{3}\left(\frac{\lambda_E}{\lambda_L} + \frac{1}{2}\right)$$

$$\boxed{t_E = \frac{R^2 \rho_l \Delta h_s}{\lambda_E (\vartheta_E - \vartheta_\infty)} \cdot \frac{1}{3}\left(\frac{\lambda_E}{\lambda_L} + \frac{1}{2}\right)}$$

Zahlenwerte:

$$t_E = \frac{d^2 \cdot 10^3 \text{kg} \, 333 \cdot 10^3 \text{J} \, \text{mK}}{4 \, \text{m}^3 \text{kg} \, 2{,}2 \, \text{W} (0 - (-10)) \text{K}} \cdot \frac{1}{3}\left(\frac{2{,}2}{0{,}022} + \frac{1}{2}\right)$$

$$t_E = 127 \, (d/\text{mm})^2 \cdot \text{s}$$

d/mm	1	0,5	0,2	0,1
t_E/s	127	31,75	5,08	1,27

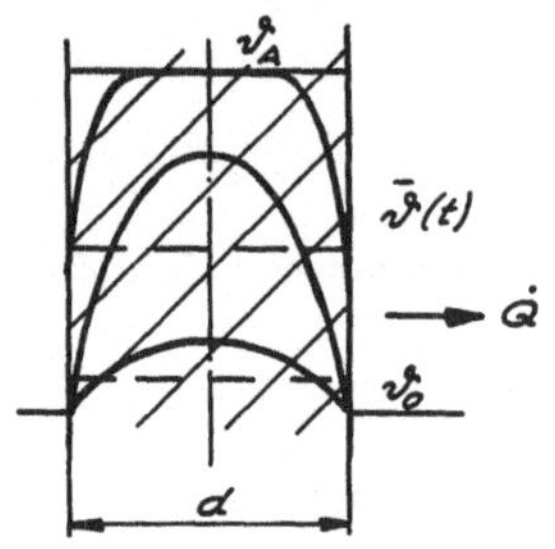

8. Lösungsblatt

1. Aufgabe

Bilanz: $-\dot Q = dH/dt = \rho c V \, d\bar\vartheta/dt$ (1)

Kinetik: $\dot Q = \alpha_t A \left(\bar\vartheta(t) - \vartheta_0\right)$ (2)

(α_t = der momentane WÜK)

Kopplung von (1) und (2):

$$\int_{\bar\vartheta=\vartheta_A}^{\bar\vartheta} \frac{d\bar\vartheta}{\bar\vartheta-\vartheta_0} = -\frac{A}{\rho c V}\int_{t=0}^{t}\alpha_t \, dt$$

$$\boxed{\ln\frac{\bar\vartheta-\vartheta_0}{\vartheta_A-\vartheta_0} = -\frac{\alpha A}{\rho c V}\, t} \quad (3) \qquad \text{mit } \alpha \equiv \frac{1}{t}\int_0^t \alpha_t \, dt$$

Mit $(\bar\vartheta-\vartheta_0) = \frac{1}{n}(\vartheta_A-\vartheta_0)$ und

$\alpha(t) \approx \frac{\lambda}{d}\sqrt{Nu_\infty^2 + \frac{4}{\pi}\frac{d^2}{\varkappa t}}$ erhält man eine quadratische Gleichung für die Zeit t oder die dimensionslose Zeit $Fo = \varkappa t/d^2$: $(\lambda/(\rho c) = \varkappa)$

$$\ln(n) = \frac{Ad}{V}\cdot Fo\sqrt{Nu_\infty^2 + \frac{4}{\pi}\cdot\frac{1}{Fo}}$$

$$Fo^2 + \frac{4}{\pi\cdot Nu_\infty^2}\,Fo - \left(\frac{V}{Ad}\cdot\frac{\ln(n)}{Nu_\infty}\right)^2 = 0$$

$$\boxed{t = \frac{d^2}{\varkappa}\cdot\frac{2}{\pi Nu_\infty^2}\left\{\stackrel{+}{(-)}\sqrt{1+\left(\frac{\pi}{2}Nu_\infty\frac{V}{Ad}\ln(n)\right)^2}-1\right\}}$$

	Ad/V	Nu_∞
Platte	2	$\frac{1}{2}\pi^2$
Zylinder	4	5,78
Kugel	6	$\frac{2}{3}\pi^2$

$$\frac{t_{Platte}}{t_{Kugel}} = \frac{16}{9}\;\frac{\sqrt{1+\left(\frac{\pi^3}{8}\ln(n)\right)^2}-1}{\sqrt{1+\left(\frac{\pi^3}{18}\ln(n)\right)^2}-1}$$

$$\frac{t_{Zyl.}}{t_{Kugel}} = \left(\frac{\frac{2}{3}\pi^2}{5{,}78}\right)^2\cdot\frac{\sqrt{1+\left(\frac{\pi}{8}\cdot 5{,}78\ln(n)\right)^2}-1}{\sqrt{1+\left(\frac{\pi^3}{18}\ln(n)\right)^2}-1}$$

$$\lim_{n\to 1}\left(\frac{t_{Pl,Zyl.}}{t_{Kugel}}\right) = \frac{(Ad/V)^2_{Kugel}}{(Ad/V)^2_{Pl,Zyl.}}$$

$$\lim_{n\to\infty}\left(\frac{t_{Pl,Zyl.}}{t_{Kugel}}\right) = \frac{(Nu_\infty\cdot Ad/V)_{Kugel}}{(Nu_\infty\cdot Ad/V)_{Pl,Zyl.}}$$

	$\frac{t_{Platte}}{t_{Kugel}}$	$\frac{t_{Zylinder}}{t_{Kugel}}$
$n\to 1$	9	2,25
$n = 2$	5,95	2,01
$n\to\infty$	4	1,71

Anmerkung zum $\lim_{n\to 1}\left(\frac{t_{P,Z}}{t_K}\right)$:

$\sqrt{1+x} = 1 + \frac{1}{2}x - + \ldots$

für $|x| \leq 1$

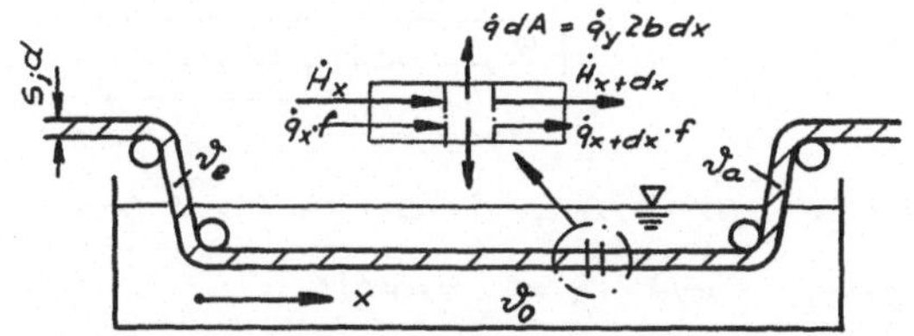

8. Lösungsblatt

2. Aufgabe

2.1

Bilanz an einem ortsfesten Volumenelement, das von dem Band "durchströmt" wird.

$$\dot H_x - \dot H_{x+dx} + \underbrace{(\dot q_x - \dot q_{x+dx})\cdot s\cdot b}_{\approx 0 \text{ (siehe Voraussetzungen)}} - \dot q_y\, 2b\,dx = 0 \qquad \text{(stationär)}$$

➡ Index bei $\dot q_y$ kann weggelassen werden (siehe Skizze)

$$-\frac{d\dot H}{dx}\,dx - \dot q\, dA = 0 \qquad \dot H = \rho c \dot V \vartheta + \text{const}$$

$$\rho c \dot V \frac{d\vartheta}{dx} = -\dot q \frac{dA}{dx} \qquad (1)$$

Kinetik: $\dot q = \alpha_x (\vartheta(x) - \vartheta_0)$ (2) (α_x ist der lokale WÜK) vgl. 1. Aufgabe

Kopplung von (1) und (2): mit $dA/dx = A/L$

$$\boxed{\ln \frac{\vartheta - \vartheta_0}{\vartheta_e - \vartheta_0} = -\frac{\alpha A}{\rho c \dot V}\,\frac{x}{L}} \quad (3) \qquad \left(\alpha \equiv \frac{1}{x}\int_0^x \alpha_x\, dx\right)$$

Für $x = L$ soll $\vartheta = \vartheta_a$, und $(\vartheta_a - \vartheta_0) = \frac{1}{4}(\vartheta_e - \vartheta_0)$ sein.

$\dot V = u \cdot f$ f = Querschnittsfläche $f = b\cdot s$ bzw. $n\cdot\frac{\pi}{4}d^2$

$A = 2\cdot b\cdot L$ bzw. $n\cdot\pi d L$; $f\cdot L = V$ Mit $t = x/u$ wird (3) mit der Lösung der 1. Aufgabe identisch.

$$\Rightarrow \frac{u_{1(\text{Band})}}{u_{2(\text{Draht})}} = \left(\frac{t_{\text{Zylinder}}}{t_{\text{Platte}}}\right)_{n=4} = \left(\frac{\pi^2/2}{5{,}78}\right)^2 \frac{\sqrt{1+\left(\frac{\pi}{8}\cdot 5{,}78 \ln 4\right)^2} - 1}{\sqrt{1+\left(\frac{\pi^3}{8}\ln 4\right)^2} - 1}$$

$$\frac{u_1}{u_2} = 0{,}376 = \frac{1}{2{,}66}$$

d.h. die Drähte können mit der 2.66fachen Geschwindigkeit durchlaufen.

2.2. $\dot V_1 = u_1\cdot b\cdot s$; $\dot V_2 = u_2\cdot n\,\frac{\pi}{4}d^2$ $\quad \dot V_1 \overset{!}{=} \dot V_2$

$$n = \frac{u_1}{u_2}\,\frac{4\cdot b\cdot s}{\pi d^2} = \frac{u_1}{u_2}\cdot\frac{60}{\pi} \qquad b = 15s\,;\ s = d$$

$$n = 7{,}18$$

9. Lösungsblatt

1. Aufgabe

Aus Bilanz, Kinetik, Kopplung und Integration erhält man für einen Wärmeübertrager (mit $\vartheta_0 = const$):

$$NTU = \frac{kA}{c_{pL}\dot{L}} = \ln \frac{\vartheta_{ein} - \vartheta_0}{\vartheta_{aus} - \vartheta_0} \qquad A = z \cdot \pi d_i \cdot l\ ;\ k \approx \alpha_i\ (sh.\ Anm.)$$

Werden n gleiche Wärmeübertrager hintereinander angeordnet (Annahmen: Totale Vermischung und keine Verluste zwischen den Apparaten), so erhält man mit $\vartheta_{ein,i} = \vartheta_{aus,i-1}$ für die gesamte Anordnung:

$$n \cdot NTU = \ln \frac{\vartheta_e - \vartheta_0}{\vartheta_{a,1} - \vartheta_0} + \ln \frac{\vartheta_{a,1} - \vartheta_0}{\vartheta_{a,2} - \vartheta_0} + \dots + \ln \frac{\vartheta_{a,n-1} - \vartheta_0}{\vartheta_{a,n} - \vartheta_0}$$

$$= \ln \frac{(\vartheta_e - \vartheta_0) \cdot \cancel{(\vartheta_{a,1} - \vartheta_0)} \cdot \dots \cancel{(\vartheta_{a,n-1} - \vartheta_0)}}{\cancel{(\vartheta_{a,1} - \vartheta_0)} \cdot \cancel{(\vartheta_{a,2} - \vartheta_0)} \cdot (\vartheta_{a,n} - \vartheta_0)} = \ln \frac{\vartheta_e - \vartheta_0}{\vartheta_{a,n} - \vartheta_0}$$

Gefordert wird $\vartheta_{a,n} \geq 30°C$, d.h.

$$n \cdot NTU \geq \ln \frac{10-45}{30-45} = \ln(7/3) = 0{,}847$$

Prüfung der beiden Apparateanordnungen:

		Anordnung 1	Anordnung 2
$n \cdot A$	$n \cdot z \cdot \pi \cdot d_i\, l$	2,01 m^2	20,0 m^2
$\bar{u}$	$4\dot{L}/(\rho \pi d_i^2 z)$	1,13 m/s	0,0852 m/s
Re	$u d_i/\nu$	12200 (turbulent)	2300 ($\approx Re_{krit}$)
Pr	$\nu \rho c_p/\lambda$	7,40	
d_i/l		0,0080	0,0160
Gz	$Re \cdot Pr \cdot d_i/l$	722	272
Nu		101 *	11,9 ** (16,8*)
$NTU \cdot n$	$4n \cdot Nu/Gz$	1,12	0,525 (0,741)
$\vartheta_{a,n}$		33,6 °C	24,3° (28,3°C)

$$^{*}Nu = \frac{\xi/8\,(Re-1000) \cdot Pr}{1 + 12{,}7\sqrt{\xi/8}\,(Pr^{2/3}-1)}\left[1 + (d/l)^{2/3}\right]\ ;\quad \xi = (1{,}82 \lg Re - 1{,}64)^{-2}$$

$$^{**}Nu = \left[49 + \left(4{,}25 + \sqrt{\frac{2Gz}{1+22Pr}}\right) \cdot Gz\right]^{1/3}$$

Ergebnis: Trotz der sehr viel größeren Übertragungsfläche (Faktor 10)! der Anordnung 2 ist nur die Anordnung 1 dazu geeignet, die gewünschte Temperatur zu erreichen.

9. Lösungsblatt

2. Aufgabe

$$\frac{\dot{Q}}{l} = \alpha \frac{A}{l}(\vartheta_0 - \vartheta_\infty) = \alpha \cdot \pi d_a (\vartheta_0 - \vartheta_\infty)$$

Bestimmung des Wärmeübergangskoeffizienten:

$$\alpha = \frac{\lambda_m}{L} Nu_L (Re, Pr) \quad \text{(Überströmter Einzelkörper)}$$

Überströmlänge: $L = A/U_S = \dfrac{\text{Übertragungsfläche}}{\text{Umfang der Schattenfläche}}$

Für den langen Zylinder:

$$L = \frac{\pi d_a l}{2(l+d_a)} = \frac{1}{1+d_a/l} \cdot \frac{\pi}{2} d_a \approx \frac{\pi}{2} d_a$$

Allgemein bei freier und erzwungener Strömung:

$$Re_L = \sqrt{Re^2_{L,erzw.} + \frac{Gr}{2,5}}$$

$$Nu_L = \min(Nu_L) + \sqrt{Nu^2_{L,lam} + Nu^2_{L,turb}}$$

$\min(Nu_L) \approx 0,3$ (Zylinder)
$Nu_{L,lam} = 0,664\, Pr^{1/3}\, Re_L^{1/2}$
$Nu_{L,turb} = \dfrac{0,037\, Re_L^{0,8} \cdot Pr}{1 + 2,44\, Re_L^{-0,1}(Pr^{2/3} - 1)}$

$$Gr = \frac{g L^3}{\nu_m^2} \frac{\varrho_\infty - \varrho_0}{\varrho_0} \quad \text{für ideale Gase: } \varrho \sim 1/T$$

$$\frac{\varrho_\infty - \varrho_0}{\varrho_0} = \frac{1/T_\infty - 1/T_0}{1/T_0} = \frac{T_0 - T_\infty}{T_\infty}$$

$$Gr = \frac{g(\pi/2\, d_a)^3}{\nu_m^2} \cdot \frac{T_0 - T_\infty}{T_\infty} \qquad Gr = \frac{9,81(\pi/2 \cdot 0,25)^3}{(18)^2 \cdot 10^{-12}} \cdot \frac{80}{283} = 5,18 \cdot 10^8$$

$$Re_{L,erzw.} = \frac{u\, \pi/2\, d_a}{\nu_m} \qquad Re_L = \sqrt{\frac{Gr}{2,5}} \cdot \sqrt{1 + 2,5 \frac{T_\infty u^2}{(T_0 - T_\infty) g\, \pi/2\, d_a}} = \sqrt{2,073 \cdot 10^8 \left(1 + 2,296 \cdot \left(\frac{u}{m/s}\right)^2\right)}$$

u[m/s]	0	1	2	5	10	20
$Re_L/10^4$	1,44	2,61	4,59	11,0	21,86	43,65
$Nu_{L,lam}$	70,4	94,8	125,7	194,6	274,33	387,7
$Nu_{L,turb.}$	68,2	108,1	167,6	331,0	565,90	971,9
Nu_L	98,3	144,1	209,8	384,3	629,20	1046,7
$\dot{Q}/l$ [kW/m]	0,44	0,64	0,94	1,72	2,82	4,69

Vorsicht: Der zusätzliche Wärmeverlust beträgt hier (bei $\varepsilon \approx 0,8$; $T_m = 328K$) etwa gerade soviel wie der durch freien Auftrieb.

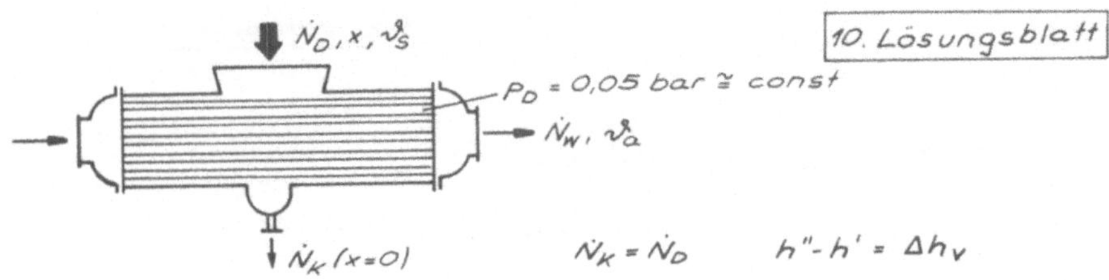

$\dot{N}_K = \dot{N}_D \qquad h'' - h' = \Delta h_v$

a.) Gesamtbilanz: $\dot{N}_D (x h'' + (1-x) h') - \dot{N}_K h' = \dot{N}_W c_W (\vartheta_a - \vartheta_e)$

$\dot{N}_{W,min}$ für $\vartheta_a = \vartheta_s$; $\dot{N}_{W,min} = \dot{N}_D \cdot \dfrac{x \cdot \Delta h_v}{c_W (\vartheta_s - \vartheta_e)} = \dot{N}_D \cdot \dfrac{0{,}9 \cdot 2423}{4{,}18\,(33-10)}$

$\dot{N}_{W,min} = 22{,}7 \cdot \dot{N}_D = 908$ kg/s

---

b.) $\dot{N}_W = 2 \dot{N}_{W,min} = 1816$ kg/s

$\dot{Q} = \dot{N}_D\, x\, \Delta h_v$ (dampfseitige Bilanz) $\dot{Q} = 87{,}23$ MW

$\dot{Q} = \dot{N}_W c_W (\vartheta_a - \vartheta_e)$ (wasserseitige Bilanz)

$\Rightarrow \vartheta_a = \vartheta_e + \dfrac{x\,\Delta h_v}{c_W} \dfrac{\dot{N}_D}{\dot{N}_W} \qquad \vartheta_a = 21{,}5\,°C$

$\dot{Q} = k \cdot A\, \Delta\vartheta_{log} \qquad \Delta\vartheta_{log} = \dfrac{\vartheta_e - \vartheta_s - (\vartheta_a - \vartheta_s)}{\ln \dfrac{\vartheta_e - \vartheta_s}{\vartheta_a - \vartheta_s}} \qquad \Delta\vartheta_{log} = 16{,}6$ K

$k^{(0)} = 2000$ W/m²K

$A = \dfrac{\dot{Q}}{k\,\Delta\vartheta_{log}} = 2630$ m²

---

c.) $A = z \cdot \pi\, d_a\, l \qquad z = \dfrac{A}{\pi\, d_a\, l} = 5440$ Rohre

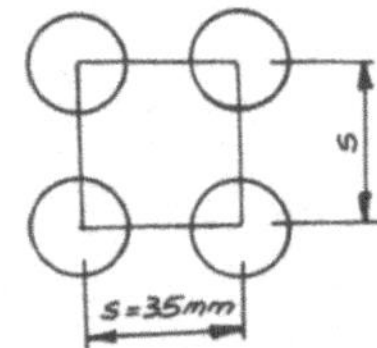

Teilung $s = 35$ mm

$z \cdot s^2 \cong \frac{\pi}{4} D^2 \qquad D \cong \sqrt{\frac{4}{\pi} z} \cdot s$

Manteldurchmesser $D \cong 2910$ mm

---

d.) $\dot{N}_W = \rho\, u\, z\, (\pi/4)\, d_i^2$

$u = \dfrac{4 \dot{N}_W}{\pi\, \rho\, z\, d_i^2}$

$u = 1{,}31$ m/s

---

10. Lösungsblatt

1e.) $\frac{1}{k} = \frac{1}{\alpha_i d_i/d_a} + \frac{1}{2\lambda_R/(d_a \ln \frac{d_a}{d_i})} + \frac{1}{\alpha_a} = \frac{1}{\alpha_i^*} + \frac{1}{\alpha_a}$

Berechnung von α_i (Stoffwerte bei $\vartheta_m = (\vartheta_e + \vartheta_a)/2 \cong 16°C$)

$\nu = 1{,}12 \cdot 10^{-6}\ m^2/s$, $\lambda = 0{,}597\ W/mK$, $Pr = 7{,}9$

$Re = u d_i/\nu = 21050$ (turb.) $\Rightarrow \xi = 0{,}0258$ $\quad Nu = 165{,}6$

$\alpha_i = 5490\ W/m^2K$ $\qquad \alpha_i^* = 3995\ W/m^2K$

Berechnung von α_a (Kondensation, dazu muß man die äußere Rohroberflächentemperatur kennen)

Aus $k(\vartheta_S - \vartheta_m) = \alpha_i^* (\vartheta_0 - \vartheta_m) \Rightarrow \vartheta_0 = \vartheta_m + \frac{k}{\alpha_i^*}(\vartheta_S - \vartheta_m)$

Mit dem geschätzten k erhält man $\vartheta_0 \cong 24{,}5°C$

Mittlere Kondensatfilmtemperatur $\bar{\vartheta}_f = (\vartheta_0 + \vartheta_S)/2 \cong 29°C$

$\nu_f = 0{,}82 \cdot 10^{-6}\ m^2/s$, $\lambda_f = 0{,}617\ W/mK$, $\eta_f = 817 \cdot 10^{-6}\ kg/ms$

$L = 2{,}85\ d_a$ $\left(2{,}85^{-1/4} \cong 0{,}77 \ ;\ Nu_{Rohr,\,waagr.} = 0{,}77\ Nu_{Wand,\,senk.}(d_a)\right)$

$K_L = \sqrt[3]{\frac{g}{\nu_f^2}}\, L = 1532$ $\qquad K_\vartheta = \frac{\lambda_f (\vartheta_S - \vartheta_0)}{\eta_f \Delta h_v} = 0{,}00265$

$K_L \cdot K_\vartheta = 4{,}059$ (lam. Kondensatfilm)

$Nu = \frac{2\sqrt{2}}{3} (K_L \cdot K_\vartheta)^{-1/4} = 0{,}664$

$\alpha_a = \frac{\lambda_f}{(L/K_L)} \cdot Nu = 10014\ W/m^2K$

$k = 2856\ W/m^2K$

Mit neuem k, ϑ_0 neu berechnen, neues $K_\vartheta \Rightarrow \alpha_a = 11890$

$k = 2990\ W/m^2K$ (d.h. statt der 7 m langen Rohre könnte man 5 m lange verwenden)

f.) Schmutzschicht von 5/100 mm!

$\frac{\lambda}{s} \frac{d_i}{d_a} = \frac{0{,}35}{0{,}05} 10^3 \cdot \frac{18}{22} \frac{W}{m^2K} = 5727 \frac{W}{m^2K}$

$K_{verschmutzt} = 1905 \frac{W}{m^2K}$

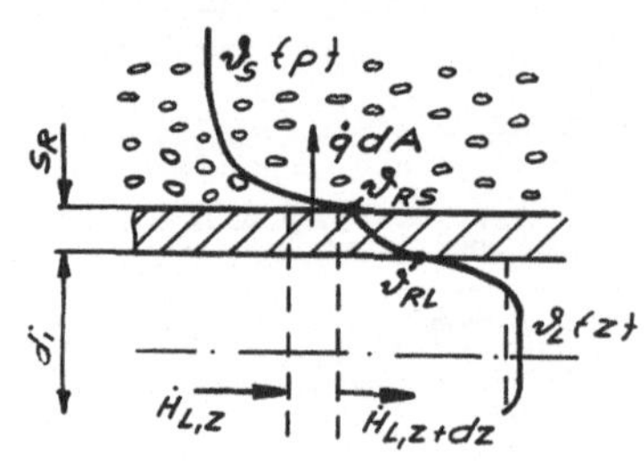

11. Lösungsblatt

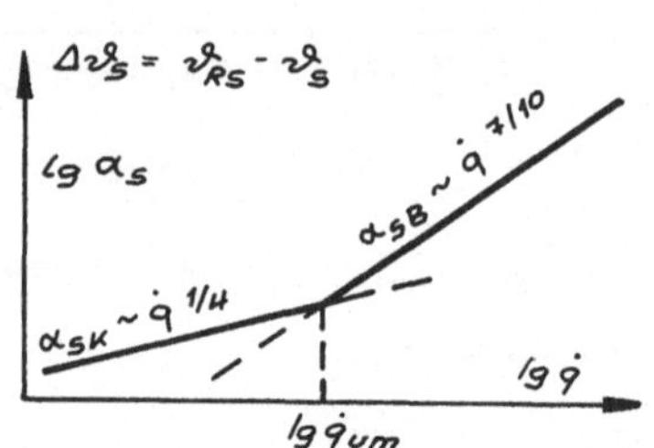

1. Teil: Für $(\vartheta_L - \vartheta_S)_{um}$ gilt $\alpha_{SK} = \alpha_{SB}$

$$c_K\,\dot{q}_{um}^{\,n_K} = c_B\,\dot{q}_{um}^{\,n_B} \Rightarrow \dot{q}_{um} = \left(\frac{c_K}{c_B}\right)^{\frac{1}{n_B - n_K}}$$

$$\Delta\vartheta_{S,um} = \frac{\dot{q}_{um}}{\alpha_{S,um}} = \frac{1}{c_K}\,\dot{q}_{um}^{\,(1-n_K)} = \frac{1}{c_B}\,\dot{q}_{um}^{\,(1-n_B)}$$

$$\alpha_{S,um} = c_K \cdot \dot{q}_{um}^{\,n_K} = c_B \cdot \dot{q}_{um}^{\,n_B}$$

Zahlenwerte: $n_K = 1/4$; $n_B = 7/10$; $c_K = 36$; $c_B = 1{,}56$

$\Delta\vartheta_{S,um}$	$= \frac{1}{c_K}\left(\frac{c_K}{c_B}\right)^{5/3} = \frac{1}{c_B}\cdot\left(\frac{c_K}{c_B}\right)^{2/3}$	$= \mathbf{5{,}196\ K}$
$\alpha_{S,um}$	$= c_K\left(\frac{c_K}{c_B}\right)^{5/9} = c_B\left(\frac{c_K}{c_B}\right)^{14/9}$	$= \mathbf{206\ W/m^2K}$

Aus $\dot{q} = k(\vartheta_L - \vartheta_S) = \alpha_S(\vartheta_{RS} - \vartheta_S)$ folgt:

$$(\vartheta_L - \vartheta_S)_{um} = \left(\frac{\alpha_S}{k}\right)_{um} \cdot \Delta\vartheta_{S,um} \qquad \frac{\alpha_S}{k} = 1 + \alpha_S\left(\frac{s_R}{\lambda_R}\cdot\frac{d_a}{d_m} + \frac{1}{\alpha_L}\cdot\frac{d_a}{d_i}\right)$$

Berechnung von α_L: $Re = u d_i/\nu_W = 25020$ (turbulent)

$\xi = (1{,}82 \lg Re - 1.64)^{-2} = 0{,}0247$

$$Nu = \frac{\xi/8\,(Re - 1000)\,Pr}{1 + 12{,}7\sqrt{\xi/8}\,(Pr^{2/3} - 1)} = 198 \qquad \alpha_L = 3760\ W/m^2K$$

$d_m = 2 s_R / \ln(d_a/d_i)$ $\Rightarrow$ $(\alpha_S/k)_{um} = 1{,}083$

$(\vartheta_L - \vartheta_S)_{um} = 5{,}63\ K < \min(\vartheta_L - \vartheta_S) = 8\ K$

d.h. Blasensieden an der gesamten Oberfläche

2. Teil:
Berechnung der Übertragungsfläche

Energiebilanz für den Wasserstrom
(Bilanzraum: $dV = n_R \cdot \frac{\pi}{4} d_a^2\, dz$; n_R = Zahl der Rohre pro Gang)

$dA = n_R \cdot \pi d_a\, dz$

$$-\dot{q}\, dA = c_L \dot{L}\, d\vartheta_L \quad (1)$$

Kinetik (siehe auch Teil 1):

$$\dot{q}\left(1/(k \cdot \dot{q}^n) + R_i\right) = \vartheta_L(z) - \vartheta_S \quad (2)$$

$$R_i = \frac{s_R}{\lambda_R} \cdot \frac{d_a}{d_m} + \frac{1}{\alpha_L} \cdot \frac{d_a}{d_i}$$

Aus (1) u.(2) wird $(\vartheta_L(z) - \vartheta_S)$ eliminiert: Gl. (2) ableiten:

$$d\vartheta_L = d(\dot{q}^{1-n}/c + R_i \cdot \dot{q}) = \left(\frac{1-n}{c}\dot{q}^{-n} + R_i\right) d\dot{q}$$

mit Gl.(1) folgt daraus:

$$\int_0^A dA = -c_L \dot{L} \int_{\dot{q}_{ein}}^{\dot{q}_{aus}} \left(\frac{1-n}{C}\dot{q}^{-(1+n)} + R_i \cdot \dot{q}^{-1}\right) d\dot{q}$$

$$A = c_L \dot{L}\left\{\frac{1-n}{nC}\left(\frac{1}{\dot{q}^n_{aus}} - \frac{1}{\dot{q}^n_{ein}}\right) + R_i \ln \frac{\dot{q}_{ein}}{\dot{q}_{aus}}\right\} \quad (3)$$

Zahlenwerte: Die lokalen Wärmestromdichten $\dot{q}_{ein;aus}$ sind iterativ aus aus Gl. (2) zu bestimmen:

$$\dot{q}\left(\frac{1}{1{,}56 \cdot \dot{q}^{0,7}} + \frac{1}{2479}\right) = \vartheta_L(z) - \vartheta_S$$

$\dot{q}$	15756	15000	10000	5000	4000	3000	2744	W/m^2
ϑ_L	18,0	17,5	14,2	10,3	9,33	8,29	8,0	°C
k	875	856	705	487	429	362	343	W/m^2K
z/L	0	0,021	0,206	0,583	0,726	0,931	1,0	-

$\Rightarrow$ A = 55,2 m^2 $\quad \dot{L} = n_R \cdot \rho_L w \frac{\pi}{4} d_i^2 \quad \Rightarrow n_R = 11{,}9$; d.h. 12 Rohre/Gang

$L_{ges} = A/(\pi d_a) \quad L_{ges} = 462\ m \quad L_{ges}/(l \cdot n_R) = n_G$ (Gangzahl)

$n_G = 7{,}7$ d.h. 8 Gänge $\Rightarrow$ A = 57,3 m^2

Hinweis: Für eine Abkühlung bis auf $\vartheta_{L,um} = 5{,}63\ K$ benötigt man schon A = 107 m^2. Kühlt man dagegen nur bis $\vartheta_L = 9\ °C$ ($\dot{q}_{aus} = 3669\ W/m^2$), so genügen schon 43,4 m^2.

(Prüfen Sie den Zahlenwert C = 1,56 mit den Angaben im Skriptum nach!)

1. Aufgabe:

a) Gleiche Isolierwirkung; d.h. gleiche Wärmeflußdichte durch die Isolierschichten:

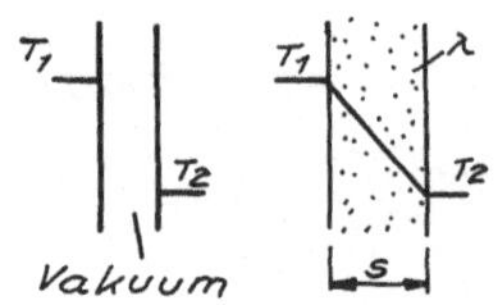

Vakuumisolation: $\dot{q}_V = C_{12}\,(T_1^4 - T_2^4)$ (1)

Homogene Isolierschicht: $\dot{q}_H = \frac{\lambda}{s}(T_1 - T_2)$ (2)

$\dot{q}_H \overset{!}{=} \dot{q}_V$

$$\boxed{s = \frac{\lambda\,(T_1 - T_2)}{C_{12}\,(T_1^4 - T_2^4)}} \quad (3) \qquad C_{12} = \frac{c_s}{2/\varepsilon_W - 1}$$

Mit $(a^4 - b^4)/(a-b) = 4\left(\frac{a+b}{2}\right)^3 \cdot \left[1 + \left(\frac{a-b}{a+b}\right)^2\right]$ u. $T_m = \frac{T_1 + T_2}{2}$

kann man Gl. (3) auch schreiben als:

$$\boxed{s = \frac{\lambda\left(\frac{2}{\varepsilon_W} - 1\right)}{4 c_s T_m^3 \left[1 + \left(\frac{T_1 - T_2}{T_1 + T_2}\right)^2\right]}} \cong \frac{\lambda}{4 c_{12} T_m^3}$$

Zahlenwerte: $c_s = 5{,}67 \cdot 10^{-8}$ W/m²K⁴ ; $c_{12} = 1{,}01 \cdot 10^{-9}$ W/m²K⁴

T_1/K	T_2/K	T_m/K	T_m^3/K³	$[1+(\Delta T/\Sigma T)^2]$	s/m
310	290	300	$27 \cdot 10^6$	1,0002778	0,367
210	190	200	$8 \cdot 10^6$	1,0006250	1,237
110	90	100	$1 \cdot 10^6$	1,0025000	9,877

b.)

0 1 2 … i-1 i i+1 … n n+1

T_0 T_i T_{n+1}

Bilanz (stationär): $\dot{q} = \dot{q}_{i-1,i} = \dot{q}_{i,i+1}$

$i = 1, 2, 3 \ldots n$

Kinetik:

$$\dot{q}_{i-1,i} = \frac{c_s}{\frac{1}{\varepsilon_{i-1}} + \frac{1}{\varepsilon_i} - 1}\left(T_{i-1}^4 - T_i^4\right)$$

bzw:

$$\dot{q}\left(\frac{1}{\varepsilon_{i-1}} + \frac{1}{\varepsilon_i} - 1\right) = c_s\left(T_{i-1}^4 - T_i^4\right)$$

Durch Aufsummieren von $i = 1$ bis n werden die unbekannten Zwischentemperaturen T_{i-1}, T_i $(i \neq 1, n)$ eliminiert:

$$\dot{q} \sum_{i=1}^{n} \left(\frac{1}{\varepsilon_{i-1}} + \frac{1}{\varepsilon_i} - 1 \right) = c_s \left(T_0^4 - T_{n+1}^4 \right)$$

Mit $\varepsilon_0 = \varepsilon_{n+1} = \varepsilon_W$ und $\varepsilon_{i-1} = \varepsilon_i = \varepsilon_F \quad (i = 2,3,4 \dots n)$

$$\sum_{i=1}^{n} \left(\frac{1}{\varepsilon_{i-1}} + \frac{1}{\varepsilon_i} - 1 \right) = \left(\frac{1}{\varepsilon_W} + \frac{1}{\varepsilon_F} - 1 \right) + (n-1)\left(\frac{2}{\varepsilon_F} - 1 \right) + \left(\frac{1}{\varepsilon_W} + \frac{1}{\varepsilon_F} - 1 \right)$$

$$= \left(\frac{2}{\varepsilon_W} - 1 \right) + n \left(\frac{2}{\varepsilon_F} - 1 \right)$$

$$\boxed{\frac{\dot{q}_{\text{mit Folien}}}{\dot{q}_{\text{ohne Folien}}} = \frac{(2/\varepsilon_W - 1)}{\left(\frac{2}{\varepsilon_W} - 1 \right) + n \left(\frac{2}{\varepsilon_F} - 1 \right)} = \frac{1}{1 + n \left(\frac{2}{\varepsilon_F} - 1 \right) \Big/ \left(\frac{2}{\varepsilon_W} - 1 \right)}}$$

d.h. für $\varepsilon_W = \varepsilon_F$ wird der Wärmeverlust durch n Folien auf den $(n+1)$ten Teil vermindert.

---

2. Aufgabe

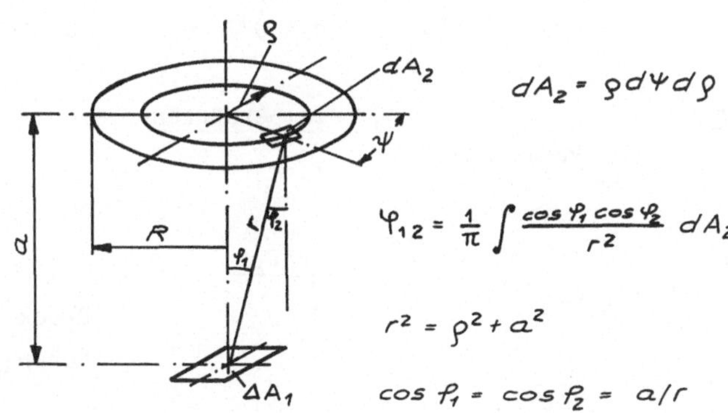

$dA_2 = \varrho \, d\psi \, d\varrho$

$$\varphi_{12} = \frac{1}{\pi} \int \frac{\cos\varphi_1 \cos\varphi_2}{r^2} \, dA_2$$

$r^2 = \varrho^2 + a^2$

$\cos\varphi_1 = \cos\varphi_2 = a/r$

$$\varphi_{12} = \frac{1}{\pi} \int_{\psi=0}^{2\pi} \int_{\varrho=0}^{R} \frac{a^2}{r^4} \varrho \, d\psi \, d\varrho = 2 \int_{\varrho=0}^{R} \frac{a^2}{(\varrho^2 + a^2)^2} \varrho \, d\varrho$$

Substitution: $x = a^2 + \varrho^2 \qquad dx = 2\varrho \, d\varrho$

$$\varphi_{12} = a^2 \int_{x=a^2}^{a^2+R^2} \frac{dx}{x^2} = -\frac{a^2}{x} \Big|_{a^2}^{a^2+R^2} = 1 - \frac{a^2}{a^2+R^2} = \frac{R^2}{a^2+R^2}$$

$$\boxed{\varphi_{12} = \frac{1}{1 + (a/R)^2}}$$

(Für $a \gg R$ folgt daraus Gl. 2.12.1 -(46) S.168 WÜ)
Siehe auch VDI Wärmeatlas 5. Aufl. Blatt Kb2 Gl.(6) mit B = 0

R/a	0	0,5	1	2	3	5	10	30	100
φ_{12}	0	0,2	0,5	0,8	0,9	0,962	0,990	0,999	0,9999

Oft gebrauchte Symbole

Längen

z, y, r	Koordinaten
d	Durchmesser
R	Radius, Halbm.
U	Umfang
L, l	Länge
b	Breite
h	Höhe
s	Dicke

Flächen

A	Oberfläche
f	Querschnitt

Volumen

V	Raumhinhalt

Zeiten

t

Mengen

L	Flüssigkeit
G	Gas, Dampf
S	Festkörper
K, D, M	je nach Anwendungsfall

Geschwindigkeiten

u, w

Mengenströme

$\dot{V}$	Volumenstrom
$\dot{L}$	Flüssigkeitsstr.
$\dot{G}$	Gasstrom
$\dot{F}$	Zulaufstrom
$\dot{K}$, $\dot{D}$, $\dot{B}$, $\dot{M}$	je nach Anwendungsfall
$\dot{m}=\dot{M}/A$, $\dot{n}$	Mengenstromdichten

Energien

H	Enthalpie
$h = H/M$	spez. Enthalpie
$\dot{H} = \dot{M}h$	Enthalpiestrom
Δh	Umwandlungsenthalpie
E	Energie
$\dot{E}$, $\dot{W}$	Leistung
$\dot{Q}$	Wärmestrom
$\dot{q} = \dot{Q}/A$	Wärmestromdichte

Temperaturen

T, ϑ

Kräfte

P	Druck
τ	Scherspannung

Stoffwerte

λ	Wärmeleitfähigkeit
c	Wärmekapazität
ρ	Dichte
η	dynamische Zähigkeit
$\nu = \eta/\rho$	kinematische Zähigkeit
$\kappa = \lambda/(\rho c)$	Temperaturleitfähigkeit
$\beta = 1/\rho(\partial\rho/\partial T)_p$	räumlicher Ausdehnungskoeffizient

Kinetische Koeffizienten

α	Wärmeübergangskoeffizient
k	Wärmedurchgangskoeffizient

Physikalische Konstanten

Normalfallbeschleunigung	$g_n = 9{,}80665$ m/s^2
Normdruck	$P_n = 101\ 325$ Pa
Normtemperatur	$T_n = 273{,}15$ K
Boltzmann-Konstante	$k = 1{,}380662 \cdot 10^{-23}$ J/K
Loschmidt-Konstante / Avogadro - Konstante	$Lo = 6{,}022045 \cdot 10^{23}$ 1/mol
Molare Gaskonstante	$\tilde{R} = k \cdot Lo = 8{,}31441$ J/mol K
Molares Normvolumen des idealen Gases	$V_n = \tilde{R}\ T_n/P_n = 22{,}41383$ m^3/kmol
Vakuumlichtgeschwindigkeit	$c = 299\ 792\ 458$ m/s
Planck-Konstante	$h = 6{,}626176 \cdot 10^{-34}$ J s

Einheiten

Länge	Meter	m
Masse	Kilogramm	kg
Zeit	Sekunde	s
Thermodynamische Temperatur	Kelvin	K
Stoffmenge	Mol	mol
Kraft	Newton	N
Druck, mech. Spannung	Pascal	Pa = N/m^2
Energie, Arbeit Wärmemenge	Joule	J = Nm
Leistung, Wärme strom	Watt	W = J/s

Literatur zur Wärmeübertragung

J.J. Fourier	Analytische Theorie der Wärme Deutsche Ausgabe von Dr.B. Weinstein, Berlin, Springerverlag, 1884
Gröber, Erk, Grigull	Wärmeübertragung, 3. Aufl. Berlin, Göttingen, Heidelberg, 1957
H. Hausen	Wärmeübertragung im Gegenstrom, Gleichstrom und Kreuzstrom Berlin, Heidelberg, New York, 1976
H. Schlichting	Grenzschichttheorie, 5. Aufl. Verlag G. Braun, Karlsruhe, 1965
H.S. Carslaw und J.C. Jaeger	Conduction of heat in solids, 2. edition Oxford, 1959
R.B. Bird, W.E. Stewart, E.N. Lightfoot	Transport Phenomena New York, London, 1960
VDI-Wärmeatlas	5. Aufl., VDI-Verlag, 1988

Sachwortverzeichnis